宁夏生态文明蓝皮书

编 委 会

宁夏蓝皮书系列丛书

宁夏生态文明蓝皮书
宁夏生态文明建设报告

（2023）

宁夏社会科学院 编

主编／李 霞

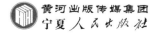

黄河出版传媒集团
宁夏人民出版社

图书在版编目(CIP)数据

宁夏生态文明蓝皮书：宁夏生态文明建设报告.
2023 / 李霞主编. —— 银川：宁夏人民出版社，2022.11
(宁夏蓝皮书系列丛书)
ISBN 978-7-227-07753-4

Ⅰ.①宁… Ⅱ.①李… Ⅲ.①生态环境建设 – 研究报
告 – 宁夏 – 2023 Ⅳ.①X321.243

中国版本图书馆 CIP 数据核字(2022)第 246369 号

宁夏蓝皮书系列丛书　　　　　　　　　　　宁夏社会科学院　编
宁夏生态文明蓝皮书：宁夏生态文明建设报告(2023)　　李　霞　主编

责任编辑　管世献　白　雪
责任校对　陈　晶
封面设计　张　宁
责任印制　宋　华

 黄河出版传媒集团
宁夏人民出版社　出版发行

出 版 人　薛文斌
地　　址　宁夏银川市北京东路 139 号出版大厦(750001)
网　　址　http://www.yrpubm.com
网上书店　http://www.hh-book.com
电子信箱　nxrmcbs@126.com
邮购电话　0951-5052104　5052106
经　　销　全国新华书店
印刷装订　宁夏银报智能印刷科技有限公司
印刷委托书号　(宁)0025199

开本　720 mm×1000 mm　1/16
印张　20
字数　320 千字
版次　2023 年 1 月第 1 版
印次　2023 年 1 月第 1 次印刷
书号　ISBN 978-7-227-07753-4
定价　49.00 元

目　录

总　报　告

综　合　篇

环　境　篇

改 革 篇

领 域 篇

区 域 篇

附 录

总报告

ZONG BAOGAO

奋力谱写美丽新宁夏的壮丽篇章

——2022年宁夏生态文明建设研究总报告

李 霞

　　生态文明建设是关系人民福祉、关乎民族未来的大计，是实现中华民族伟大复兴中国梦的重要内容。宁夏回族自治区党委、政府高度重视生态文明建设，坚持以习近平新时代中国特色社会主义思想为指导，深入学习党的二十大精神，坚决贯彻习近平总书记视察宁夏重要讲话和重要指示批示精神，牢固树立绿水青山就是金山银山的理念，坚决扛起生态文明建设的政治责任，实施生态优先战略，打造绿色生态宝地，着力推进黄河流域生态保护和高质量发展先行区建设，协同推进降碳、节水、减污、扩绿、增长，不折不扣推进中央环保督察反馈问题整改落实，积极探索"绿水青山就是金山银山"转化路径，全面提升资源生态系统稳定性和生态服务功能。全区生态文明制度体系逐步健全，生态环境质量持续改善，污染防治攻坚向纵深推进，绿色、循环、低碳发展迈出坚实步伐，宁夏贺兰山东麓葡萄酒产业园区、固原市隆德县被生态环境部命名为第六批"绿水青山就是金山银山"实践创新基地。全区生态文明建设发生历史性、转折性、全局性变化，极大地增强了人民群众的获得感、幸福感和安全感。

　　作者简介　李霞，宁夏社会科学院农村经济研究所（生态文明研究所）副所长，研究员。

一、宁夏生态文明建设取得的显著成效

（一）环境质量明显改善

强化大气、水、土壤污染防治，全区生态环境状况进一步改善。2022年1—10月，全区环境空气质量优良天数比例为84.2%，地级市空气优良天数比例保持在80%以上，五地市及宁东基地空气质量由好到差依次为固原市、中卫市、宁东基地、吴忠市、银川市、石嘴山市；水环境质量总体保持稳定，20个地表水国家考核断面水质优良比例达到目标要求，劣Ⅴ类水体和地级城市建成区黑臭水体全面消除，黄河干流宁夏段水质持续保持"Ⅱ类进Ⅱ类出"，地级城市地表水环境质量由好到差依次为宁东基地、固原市、石嘴山市、中卫市、银川市、吴忠市。土壤环境质量总体保持稳定，土壤环境风险得到基本管控。

（二）绿色转型迈出坚实步伐

以绿色高质量发展为导向，生态环境保护倒逼和促进作用明显增强，产业结构进一步优化。一是新材料、清洁能源产业强劲增长。2021年，全区规模以上工业新材料产业工业总产值比上年增长44.1%，清洁能源产业工业总产值增长42.0%；水电、风电、太阳能等可再生能源发电量485.0亿千瓦时，增长37.7%。二是高技术和装备制造业引领增长。全年规模以上工业高技术制造业增加值增长22.5%，装备制造业增加值增长12.7%，分别比全部规模以上工业增加值增速高14.5个和4.7个百分点。三是互联网经济快速成长。全年网上零售额302.8亿元，增长46.0%，其中，实物商品网上零售额83.5亿元，增长30.4%。快递业务量增长38.9%，快递业务收入增长32.5%，电信业务总量增长32.6%。

（三）污染防治能力日益提高

一是废气治理设施不断完善。工业企业脱硫、脱硝等废气治理设施增加到2871套，火电行业53台燃煤发电机组和13台自备火电机组全部完成超低排放改造；累计淘汰燃煤锅炉2622台、黄标车和老旧车辆14万余辆，城市建成区20蒸吨/小时以下燃煤锅炉基本清零，建成120个热点网格和520个监测微站。二是污水处理能力显著提高。在全国率先完成地表水型

集中式饮用水水源地保护专项整治任务，集中式污水处理设施增加到57座，处理规模达到160万立方米/天，全部达到一级A排放标准，自治区级以上工业园区废水全部实现集中处理，配套建设人工湿地尾水净化及生态修复工程45个，污水处理能力显著提高。建成一般工业固体废物填埋场68个，一般工业固体废物基本实现有效处置。化肥农药用量实现零增长，畜禽粪污资源化利用率达到90%，农作物秸秆综合利用率达到87%，农用残膜回收利用率达到85%。三是跨区域、跨流域污染联防联控机制不断完善。签订《宁夏回族自治区、甘肃省跨界流域突发水污染事件联防联控框架协议》和《石嘴山市、乌海市大气污染联防联控合作协议》，建立银川都市圈大气污染防治联动工作机制，推动跨区域跨流域污染防治联防联控。

（四）山水林田湖草沙生态保护修复更加扎实

在全国率先完成生态保护红线划定工作，围绕六盘山、贺兰山、罗山和黄河宁夏段4个重点区域，实施了国土综合整治、退化草原治理、生态防护林、湿地修复和露天矿山治理"五个百万亩"生态建设修复治理项目。"绿盾"自然保护区专项行动排查整改完成率达到99.74%。贺兰山等重点区域生态环境综合整治修复取得阶段性成果，贺兰山东麓山水林田湖草生态保护修复工程项目入选国家第三批试点。宁夏森林覆盖率从8.4%提高到16.91%，草原综合植被盖度达到56.5%，森林蓄积量达到995万立方米，湿地面积达到311万亩，湿地保护率为55%。依托三北防护林、退耕还林还草等国家重点林业生态工程，持续推进大规模国土绿化，重点实施北部绿色发展区防护林、中部防沙治沙、南部水源涵养等工程，完成第六次荒漠化和沙化监测，入选全国首批5个科学绿化试点示范省（区），荒漠化和沙化土地面积实现"双缩减"。

（五）生态环境体制机制改革取得重要进展

实施省（区）以下环保机构监测监察执法垂直管理改革和生态环境保护综合执法改革，22个县（市、区）全部单独设立生态环境部门，生态环境治理基础进一步夯实。颁布修订《自治区生态保护红线管理条例》《自治区大气污染防治条例》《自治区水污染防治条例》等地方法规，生态环境法规制度体系不断完善。着力落实省级领导包抓机制，建立健全整改工作制度体系，中央生态环境保护督察反馈问题整改成效明显。开展自治区生态环境保护督察，实现"五市一基地"全覆盖，推动解决了一批社会关注、百姓关心的突出环境问题。生态环境领域行政许可办理时限大幅压缩，"放管服"改革不断深化。自治区生态环境厅、科技厅、公安厅、司法厅等14个部门联合发文，明确职责，分工合作，深入推进和规范宁夏生态环境损害赔偿制度改革工作。办理生态环境损害赔偿案件22件，生态环境损害赔偿制度不断健全完善。

（六）生物多样性保护管理水平日益提高

生物多样性是人类赖以生存和发展的基础，是地球生命共同体的血脉和根基，为人类提供了安全的生态环境和别致的景观文化。宁夏高度重视生物多样性保护工作，不断健全生物多样性相关政策法规体系，制定了《宁夏生物多样性保护战略与行动计划（2011—2030年）》，确定了宁夏生物多样性保护的优先区域、优先领域，建立生物多样性监测、评价和预警制度。建立了自然保护地体系，持续开展生态保护修复，加大生物多样性保护监督和执法力度。截至2021年底，全区建立省级以上自然保护区14处，保护区面积占全区土地面积10.3%。全区500种高等野生动物和1699种高等野生植物得到全面保护与有效恢复。宁夏中部重要的生态屏障罗山，物种资源丰富度明显增加，高等植物增至418种，野生脊椎动物数量221种。世界级濒危物种雪豹再现宁夏贺兰山，红嘴鸥重游宁夏，生物多样性保护工作取得了显著的成效。

二、宁夏生态文明建设面临的严峻挑战

宁夏生态系统脆弱，污染重、损失大、风险高的生态环境状况还没有根本扭转，随着人民群众对清新空气、清澈水质、清洁环境等生态产品的需求越来越迫切，宁夏生态文明建设依然面临着重重挑战。

（一）生态环境保护形势仍然严峻

一是环保基础设施建设管理还存在短板弱项。污水处理能力尚未匹配初期雨水治理要求，再生水回用管网配套难，再生水和污泥综合利用能力有待提升。二是空气质量总体上仍未摆脱"气象影响型"，结构性、季节

性、区域性大气污染问题依然突出，大气污染物排放增量压力较大。三是水环境质量仍不稳定。固原市茹河、清水河，石嘴山市沙湖等河湖自净能力弱，水质易受外部条件影响。黄河支流和重点入黄排水沟仍存在非法排污口，部分水源地规范化建设滞后。四是土壤和地下水污染源头预防压力较大，土壤、地下水区域和场地与地下水污染协同防治不足。

（二）推动绿色转型发展任重道远

以煤为主的能源结构、以能源化工为主的工业结构和以公路货运为主的运输结构短期还难以转变，生态环境保护结构性、长期性的问题仍然存在。倚重倚能问题依然突出，重工业占规模以上工业能耗比重长期在 80% 以上，六大高耗能行业占规模以上工业能耗比重占 90% 以上。单位 GDP 能耗和二氧化碳排放量分别为全国平均水平的 4 倍和 5 倍；水资源粗放利用，万元 GDP 耗水量是全国平均水平的 2.7 倍。

（三）环境治理能力有待提升

一是环境监测监管与信息化建设水平仍需加强。土壤、地下水和农业农村等生态环境监管人员设备不足，监测和执法能力较弱，难以满足监管需要。大宗固废产生量快速增长，综合利用率较低。餐厨废弃物资源化利用处理设施难以满足实际需要。二是生态环境风险隐患日益突出。煤化工等环境风险企业布局性和结构性问题仍然存在，一些高污染企业距离黄河岸线不足 1 公里。垃圾填埋场、工业固体废物堆场等存在环境风险隐患，有的超期超库容运行，部分生活垃圾填埋场未配套建设渗滤液处理设施，渗滤液产生量大且长期积存。沙漠生态保护中的功能分区、地下水污染整治等还有一些不到位。

（四）生态文明建设压力越来越大

随着经济社会发展和人民生活水平提升，人民群众日益增长的优美生态环境需要与滞后的生态产品供给矛盾将长期存在，健全有效的公众参与环保的途径机制日益紧迫。新的环境问题不断显现，人民群众对生态环境质量要求越来越高，环境保护意识和环境维权意识在不断增强，生态文明建设压力也将越来越大。

三、"十四五"时期宁夏生态文明建设的重大战略机遇

（一）习近平生态文明思想深入人心

党的十八大以来，以习近平同志为核心的党中央，以高度理论自觉和实践自觉，把生态文明建设纳入中国特色社会主义事业"五位一体"总体布局。习近平总书记把生态文明上升到人类文明形态的高度，提出"生态兴，则文明兴；生态衰，则文明衰"；把生态文明上升到中华民族伟大复兴和中华民族永续发展的高度，提出"建设生态文明是中华民族永续发展的千年大计""根本大计"；把生态文明建设作为我们党贯彻全心全意为人民服务宗旨的政治责任，提出"生态环境是关系党的使命宗旨的重大政治问题""全党上下要把生态文明建设作为一项重要政治任务"；把生态文明建设作为满足人民群众对美好生活需要的重要内容，提出我们的人民期待"更优美的环境""热切期盼加快提高生态环境质量"。正是基于对生态文明建设重要意义的深刻理解，我们党把"生态文明建设"写入党章，并推动全国人大把生态文明建设写入宪法，成为我们党和国家最根本的思想遵循和行动指南。

习近平生态文明思想深入人心，"绿水青山就是金山银山"的理念成为全党全社会的共识和行动。在以习近平同志为核心的党中央坚强领导下，在习近平生态文明思想指引下，我国经济高质量发展稳步推进，资源能源利用效率持续提升。生态文明体制改革不断深化，生态环境质量从持续好转发展到根本好转，生态环境治理能力明显提高，我国生态文明建设取得显著成效，美丽中国建设迈出坚实步伐，人民群众获得感明显增强，为宁夏生态文明建设打开新局面。深入贯彻落实习近平生态文明思想，推动宁夏生态文明建设和生态环境保护迈上新台阶，切实把习近平生态文明思想转化为继续建设美丽新宁夏的生动实践。

（二）西部大开发和"一带一路"倡议为宁夏生态文明建设提供新平台

《关于新时代推进西部大开发形成新格局的指导意见》明确要求，推进西部大开发形成新格局，从中华民族长远利益考虑，把生态环境保护提高到重要位置，坚持走生态优先、绿色发展的新路子。在"一带一路"倡议

下，中央赋予宁夏建设内陆地区唯一一个覆盖整个省级区域的开放型经济试验区。随着西部大开发和国家"一带一路"倡议的不断纵深推进，西部崛起战略进入加速提档提质阶段，将助推宁夏发挥自身优势，加快新旧动能转换，改善区域生态环境质量，推进高质量发展，为宁夏生态文明建设提供新平台。

(三) 建设黄河流域生态保护和高质量发展先行区为宁夏生态文明建设注入强劲动力

2020 年 6 月，习近平总书记视察宁夏时强调，宁夏要有大局观念和责任担当，更加珍惜黄河，精心呵护黄河，努力建设黄河流域生态保护和高质量发展先行区，守好改善生态环境生命线。这是习近平总书记从全国生态文明建设大局、黄河流域生态保护和高质量发展全局出发，赋予了宁夏新的时代重任、寄予了宁夏人民殷切期望。党中央、国务院高度重视宁夏黄河流域生态保护和高质量发展先行区建设，国务院批复了《支持宁夏建设黄河流域生态保护和高质量发展先行区实施方案》，自然资源部、水利部等部委制定了相关政策措施，为宁夏带来了重大政策利好。自治区党委、政府坚持以习近平新时代中国特色社会主义思想为指导，深入学习贯彻习近平总书记视察宁夏重要讲话和重要指示批示精神，牢记领袖嘱托，切实担当起黄河流域生态保护和高质量发展先行区建设使命任务，先后出台《关于建设黄河流域生态保护和高质量发展先行区的实施意见》《关于深入打好污染防治攻坚战的实施意见》，加大资金投入，动员全区上下坚决打好污染防治攻坚战，守好改善生态环境生命线，生态文明建设日益加强。建设黄河流域生态保护和高质量发展先行区将为宁夏生态文明建设注入强劲动力，提供了千载难逢的战略机遇。

(四) 全社会对加强生态环境保护的认识显著提高

从绿色价值观念看，人民群众过去是"盼温饱""求生存"，现在是"盼环保""求生态"，良好生态环境是最普惠的民生福祉已成为普遍共识，绿水青山就是金山银山的理念深入人心，全民植绿、增绿、护绿，加强生态保护已成为共识和行动自觉。从全区生态环境综合治理能力看，全区各级党委、政府积极开展贺兰山生态保护和环境综合整治，自治区先后制订修订了 8 部生态环境相关条例，建立"1+6"排污权交易政策制度体系。同时，河长制、生态环境保护督察、生态环境保护综合行政执法、横向生态保护补偿等体制机制红利持续释放，全区生态环境综合治理能力明显提升，为宁夏加强生态文明建设奠定了坚实的基础。

（五）绿色低碳发展更加凸显

中国式现代化是体现"绿色""可持续发展"的现代化，是将生态文明建设融入全局发展中的现代化。党的二十大对我国实现碳达峰碳中和目标作出了既具有全局性，又具有针对性的规划与部署，我国将围绕"加快发展方式绿色转型""深入推进环境污染治理""提升生态系统多样性、稳定性、持续性""积极稳妥推进碳达峰碳中和"的"四条主线"进一步布局。"十四五"时期，是我国迈向高质量发展的紧要关口，是落实碳排放达峰目标与碳中和愿景的关键时期，更是全面推动美丽新宁夏建设的重要阶段。经济加快从高速增长向高质量增长转变，绿色低碳发展趋势更加凸显。宁夏打造现代产业基地，构建现代产业体系，特别是"六新"产业会得到快速发展。能源革命深入推进，风能、太阳能等清洁能源配置能力显著提升，工业、建筑、交通等领域终端能源利用的电气化技术、电力生产中的深度脱碳技术、生物质制氢造气发电技术等会得到规模应用；以特高压直流输电、智能电网、分布式可再生能源发电、先进储能、绿氢化工、零碳建筑为主的新型低排放基础设施建设成为未来重要发展方向，宁夏高质量发展的政策红利更加凸显。

四、推进美丽新宁夏建设路径选择

党的二十大对生态文明建设提出了新要求，制定了明确的时间表、美丽中国建设路线图。宁夏承担着维护西北乃至全国生态安全的重要使命，"十四五"时期，要坚持全地域加强生态环境保护、全领域推动绿色发展转型，加快建设人与自然和谐共生的现代化，构建生态保护大格局，推进美丽新宁夏建设。

（一）深化污染防治，持续改善生态环境质量

一是加强协同治理，持续改善环境空气质量。强化多污染物协同治理。

持续开展以 $PM_{2.5}$、O_3 "双控双减"为核心的挥发性有机物和氮氧化物区域协同减排，狠抓冬春季攻坚和夏季攻坚，深化固定源、移动源和面源污染治理，持续降低 $PM_{2.5}$ 浓度，有效遏制 O_3 浓度增长趋势，基本消除重污染天气。完善大气污染联防联控机制，强化银川—石嘴山—乌海大气污染相互影响较大城市间应急联动，逐步统一区域重污染天气应急启动标准和应对措施，推动跨城市大气污染应急预警机制和队伍建设。深化大气环境信息共享机制，动态更新应急减排清单。银川都市圈要不断巩固深化重点行业大气污染物特别排放限值要求，继续加强空气质量预测预报工作。巩固工业源全面达标排放成果。以六大高耗能行业为重点，完成重点污染治理升级改造。一企一策，构建污染源企业全生命周期数据，加大环境执法网格化监管和"双随机"力度，加大超标处罚和联合惩戒，实现达标排放闭环管理。深化面源污染管控。加强施工扬尘监管，全面推行绿色施工，规范渣土运输管理，强化料场、建筑垃圾堆场、弃土场扬尘管控。加大秸秆垃圾焚烧、餐饮油烟、露天烧烤等巡查管控力度。

二是巩固提升水环境质量。打造全域美丽河湖，统筹实施水资源扩容、水污染减排、水生态提质，完善水环境治理体系，加强集中式饮用水水源地、黑臭水体、入河排污口、城镇、工业聚集区等专项治理。开展黄河干支流入河排污口专项整治行动，加快构建覆盖所有排污口的在线监测系统，规范入河排污口设置审核。严格落实排污许可制度，沿黄所有固定排污源要依法按证排污。巩固提升城市和农村黑臭水体治理成效，全面消除城乡黑臭水体。深度治理工业水污染，沿黄工业园区全部建成污水集中处理设施并稳定达标排放，严控工业废水未经处理或未有效处理直接排入城镇污水处理系统。实施化工、医药、造纸、印染、农副产品加工等行业专项整治，推动工业废水全部达标排放。建设黄河生态廊道，打造集防洪护岸、水源涵养、生物栖息、生态农业、文化旅游等功能于一体，人、河、城和谐统一的复合型绿色生态廊道。开展重点河湖内源污染治理和生态修复，综合治理农田退水，建设生态沟道、污水净塘、人工湿地等氮、磷高效生态拦截净化设施，加强农田退水循环利用。

三是切实保障土壤环境安全。强化土壤污染源头管控，持续推进耕地周边污染源整治，开展涉重金属行业企业排查，定期开展土壤污染重点监管单位隐患排查、自行监测和监督性监测，加强重点行业企业和园区周边土壤环境监测，建立土壤污染风险监测预警机制。实行耕地土壤环境质量分类管理，推进落实安全利用类耕地和严格管控类耕地管控措施。以农用地土壤污染状况详查、第三次国土调查等数据为基础，动态调整耕地土壤环境质量类别。加大优先保护类耕地保护力度，建立优先保护类耕地保护措施清单和周边禁入产业清单，确保其面积不减少、土壤环境质量不下降。保障农产品质量安全和公众健康，重点监测工矿用地复垦为食用农产品的耕地。有效管控建设用地土壤污染风险，推进危险化学品生产企业搬迁改造腾退地块的风险管控和修复，从严管控农药、化工等行业的重度污染地块规划用途。

（二）积极稳妥推进碳达峰碳中和

实现碳达峰碳中和是一场广泛而深刻的经济社会系统性变革。立足宁夏能源资源禀赋，坚持先立后破，有计划分步骤实施碳达峰行动。

一是制定碳排放达峰实施方案。科学合理确定达峰目标，识别达峰关键因素，明确碳排放达峰的重点任务和具体项目，绘制宁夏回族自治区碳排放达峰时间表、路线图、施工图，分阶段、分层次、分领域开展碳达峰行动。探索开展宁夏碳中和研究，形成全区碳中和目标愿景、路线图及行动方案，选择典型区域开展碳中和示范区创建，为全国实现碳中和愿景提供可借鉴、可复制的宁夏样板。

二是开展全区碳达峰行动。推动全区地市碳排放总量保持稳定并争取达峰，确保全区实现二氧化碳排放稳中有降，能源清洁加快转型，可再生能源装机比重不断提升，清洁低碳、安全高效的能源体系更加成熟，形成低碳生产和生活模式。

争取银川市率先达峰。依托银川经济技术开发区、苏银产业园，做大做强光伏制造业，形成以光伏硅材料为核心，耗材、辅材和配套设备企业集聚发展的全产业链体系，加快实现经济高质量发展和生态环境高水平保护。

宁东基地与自治区同步达峰。从能耗总量控制和宁东基地煤化工发展方向等视角，加强对国能集团宁煤公司、宝丰能源、中石化长城能源、神华国能宁夏煤电鸳鸯湖发电、神华国能宁夏煤电、京能宁东电厂和马莲台发电厂等企业的碳排放管控，有规划有步骤地上马新项目，杜绝"两高"项目盲目上马，为煤化工下游行业留出发展空间。

固原市、吴忠市尽早达峰。深入推进清洁能源产业发展，合理制定清洁能源利用率目标。以产业结构调整为驱动，广泛布局新能源项目，打造红寺堡区光伏产业园、风电、光电、抽水蓄能等清洁能源发电基地。稳步提升清洁能源电量在能源消费中的占比，建立健全清洁能源外地消纳体制机制，着力做好新能源并网服务，积极推动形成规模化清洁能源外送能力。

中卫市、石嘴山市不晚于自治区达峰。积极总结石嘴山高新技术产业开发区国家低碳工业园区试点经验，以平罗县首朗吉元冶金工业尾气生物发酵法制燃料乙醇综合利用项目为试点，打造区域工业废气综合利用产业集群。进一步扩大"电能替代"成效，建设中宁县、平罗县前进农场等热电联产集中供热项目。围绕风能、光能等新能源产业，高标准建设中宁光伏基地和贺兰山、香山平价风电基地。因地制宜推动城市低碳发展，石嘴山市以资源枯竭型城市转型为目标，建设创新型山水园林工业城市，进一步巩固山水林田湖草生态保护修复等试点成效。中卫市依托区位优势和特色旅游资源优势，加快建设区域物流中心和全域旅游示范城市。

三是深化银川市、吴忠市国家低碳城市试点建设。创新思维及模式，鼓励银川市、吴忠市提前达峰，加快形成绿色低碳转型的发展模式和倒逼机制，协同推动经济高质量发展和生态环境高水平保护，做好银川、吴忠低碳发展特色和亮点、经验总结工作，进一步将低碳城市建设成功经验推广至全区，逐步扩大影响力，为全区低碳城市建设提供样板。

四是推动近零碳排放示范工程与碳中和试点示范建设。开展近零碳排放示范工程，研究制定技术路线图和实施方案，选择若干个有代表性的城镇、行业、园区和企事业单位，按照"减源增汇"建设路径，开展近零碳排放区示范工程建设。开展碳中和先行示范区建设，重点在基础条件较好、有创建意愿的区县、园区、企业等，开展碳达峰和碳中和先行示范区建设。实施碳捕集、利用和封存（CCUS）示范工程，制定全区开展碳捕集、利用和封存中长期规划，组织建立碳捕集、利用和封存重点示范项目清单和项目库，推进全区重点行业开展 CCUS 示范工程的可行性和潜力研究。加快研发引进并示范推广煤化工等重点排放行业二氧化碳减排和利用技术，实施二氧化碳捕集、驱油、封存一体化示范工程，持续探索二氧化碳资源化利用途径、技术和方法。

（三）推动产业绿色低碳转型升级

紧跟产业变革趋势、立足自身特色优势，对接国际国内市场，稳定扩展产业链、供应链、价值链，着力做强做大"六新六特六优"产业，优化产业结构和布局，推动产业向高端化、绿色化、智能化、融合化方向发展。

一是再造宁夏工业新优势。加快新型材料、清洁能源、装备制造、数字信息、现代化工、轻工纺织"六新"产业发展，再造宁夏工业新优势。大力发展碳基、晶硅、金属等新型材料产业，做强做大银川市光伏和电子信息材料、石嘴山市稀有金属、宁东基地化工新材料和高性能纤维材料三大产业集群。推进钽铌铍钛稀有金属、铝镁合金、特殊合金等精深加工，延链发展高分子材料、碳基材料等前沿新材料，打造全国重要的新材料生产基地；大力发展风电、光伏、氢能等清洁能源产业，开展大容量、高效率储能工程建设，推动新能源及储能产业联合发展，推动绿能开发、绿氢生产、绿色发展，加速推动能源产业绿色转型；大力发展先进机械、智能铸造、仪器仪表等装备制造产业，打造工业机器人、3D 打印等智能制造高端产品，提升装备制造产业价值链，打造行业领跑者、标准制定者；大力发展电子信息制造、大数据、软件和信息技术等数字信息产业，着力建设信息产业高地；大力发展煤化工、石油化工、电石深加工等现代化工产业，推动化工产业向精细化方向发展；大力发展食品制造、生物医药、现代纺织等轻工纺织产业，在增品种、提品质、创品牌上实现新突破。

加快制造业低效产能退出，制定自治区高耗低效产能退出方案，加大政策资金引导，坚决依法依规淘汰落后产能，重点化解退出铁合金、水泥、电石、碳素、活性炭等高耗能产品低效产能。严格执行钢铁、水泥、电解铝、铁合金等产能等量置换政策，坚决遏制"两高"项目盲目发展。

二是让宁夏更多的农产品走向市场。坚持以龙头企业为依托、以产业园区为支撑、以特色发展为目标，大力发展葡萄酒、枸杞、牛奶、肉牛、滩羊、冷凉蔬菜"六特"产业，构建现代农业产业体系、生产体系、经营体系，形成集研发、种养、加工、营销、文化、生态为一体的现代农业全产业链，打造世界葡萄酒之都，把"枸杞之乡""滩羊之乡""高端奶之乡"的品牌擦得更亮，建设全国重要的绿色食品生产基地，让宁夏更多的农产品走向市场。

三是深入实施现代服务业扩容计划。大力发展文化旅游、现代物流、现代金融、健康养老、电子商务、会展博览"六优"产业，高水平打造国家全域旅游示范区，建设区域物流枢纽、医养康养胜地，推动跨境电商综合试验区创新发展，促进金融更好服务实体经济发展，推动生产性服务业增容扩量、生活性服务业提质升级、新兴服务业发展壮大。

（四）推进山水林田湖沙系统治理，筑牢生态安全屏障

宁夏是全国重要生态节点、重要生态屏障和重要生态通道，调节水汽交换、改善着西北局部气候，阻挡沙尘东进，维护着全国生态安全。立足宁夏生态地位和重大生态责任，以生态问题治理和生态功能恢复为导向，探索源头保护、系统治理、全局治理新途径，统筹构建山水林田湖草沙一体化生态保护修复新格局，努力建设黄河流域生态保护和高质量发展先行区。

一是继续提高水土流失综合治理能力。以南部黄土丘陵沟壑区为重点，推广彭阳小流域综合治理和隆德渝河治理经验，以重点支流为骨架，以小流域为单元，继续加大水土流失综合治理力度，着眼增强六盘山天然水塔、生态绿岛功能。加强塬面保护与沟头治理，修建水利水保工程调节地表径流，加强淤地坝建设，推进库坝窖池联合高效利用，加快推进15度以下坡耕地全面梯田化，突出清水河支流大红沟、苋麻河、双井子沟、西河、折死沟等多沙河流治理，建立健全梁峁、坡面到沟道的水土保持综合防护体系。

二是扎实推进"一河三山"生态保护修复治理。全面落实国家发展改革委《支持宁夏建设黄河流域生态保护和高质量发展先行区实施方案》，抓住"双碳"战略机遇，按照自治区第十三次党代会提出的"五个区"战略定位和"一带三区"总体布局，在推进黄河大保护上先行先试、作出示范，大力探索以绿能开发、绿氢生产、绿色发展为主的能源转型发展新路，加快建设国家新能源综合示范区，奋力书写绿水青山转化为金山银山的宁夏答卷。

加快编制"三山"生态保护修复等专业规划。对现有自然保护区、森林公园、风景名胜区等各类自然公园开展评价，逐步形成以国家公园为主体、自然保护区为基础、各类自然公园为补充的自然保护地分类系统。加强贺兰山生态保护修复，全面开展历史遗留废弃矿坑治理和行洪沟道整治，依法逐步退出贺兰山内井工煤矿，构建"一屏两带两域"保护修复建设格局，深化贺兰山东麓山水林田湖草生态保护修复等试点成效，总结推广典型经验做法。加强六盘山生态保护修复，继续实施封山育林，建设以国家公园为主体的自然保护地体系，构建"一屏四区五流域"保护治理修复建设格局。加强罗山生态保护修复，加快培育天然林、补植补造未成林、营造灌草结合的水土保持林，构建"一核两廊两区"保护治理修复建设格局，打造中部干旱带"绿屏"。

三是深入推进防沙治沙示范。持续推进毛乌素沙地、腾格里沙漠治理。以宁夏防沙治沙示范省（区）和盐池县、沙坡头区、灵武市 3 个全国防沙治沙示范区为重点，持续推广"五带一体""六位一体"等防风固沙技术，大力开展植被恢复和防沙治沙工作。依托三北防护林、退耕还林还草、天然林保护等国家重点生态林业工程，建设中部防风固沙林体系。推进生态惠农惠民，鼓励引导村民在自家庭院房前屋后空地种植经果林，实施村庄绿化和庭院经济林建设，促进乡村旅游、康养等产业发展。大力推广使用防沙治沙先进技术，在保护好生态的基础上开展光伏治沙试点，科学发展沙产业。

（五）加强生物多样性保护

一是严格落实自治区《关于进一步加强生物多样性保护的实施意见》，持续优化生物多样性保护空间格局，落实就地保护体系，将生态功能极重要区域、生态极敏感脆弱区域划入生态保护红线实行严格保护。

二是建设黄河绿色生态廊道，加强珍稀濒危野生动植物及其栖息地、迁徙通道保护修复，实施生物多样性保护重大工程。完善打击野生动植物非法贸易制度机制，严格落实草原禁牧、休牧和黄河禁渔期制度。

三是加强生物多样性调查监测，开展贺兰山、六盘山等地生物多样性保护优先区域和黄河（宁夏段）重点生态区等重点区域生态系统、重点生物物种及重要生物遗传资源的调查，加快生物多样性保护与监测信息云平台建设，以大数据、云计算、移动互联等新技术为依托，结合现地调查、卫星遥感和无人机航空遥感技术应用，实现对全区重要生态系统的生态环境、野生动植物及林草资源动态监测、预警，确保重要生态系统、生物物种和生物遗传资源得到有效保护。

综合篇
ZONGHE PIAN

习近平生态文明思想在宁夏实践研究

杨 珺 吴 月 张学倩 宋春玲 徐 荣

　　生态文明建设关乎人民福祉、关乎中华民族永续发展。党的十八大以来，习近平总书记就生态文明建设提出一系列新理念、新思想、新战略，取得了生态文明建设理论创新、实践创新、制度创新成果，形成了习近平生态文明思想，成为习近平新时代中国特色社会主义思想重要组成部分。宁夏作为我国西部重要生态安全屏障区，在党中央正确领导下，始终坚持以习近平生态文明思想为指引，坚持生态优先、绿色发展，以建设黄河流域生态保护和高质量发展先行区为契机，奋力推进美丽宁夏建设，积极探索新路径。

一、习近平生态文明思想的形成与确立

　　我国的生态文明建设，是在继承和发展马克思主义人与自然关系思想的基础上，在具体实践过程中，深刻把握新时代我国生态文明建设所面临的新形势、新矛盾、新特征，因地制宜实施了针对性强的生态保护与修复

　　作者简介　杨珺，宁夏社会科学院党组成员；吴月，宁夏社会科学院农村经济研究所（生态文明研究所）副研究员；张学倩，宁夏社会科学院马克思主义研究所研究实习员；宋春玲，宁夏社会科学院农村经济研究所（生态文明研究所）助理研究员；徐荣，宁夏社会科学院办公室助理研究员。

的新战略、新举措，生态文明建设从实践—认识—实践发生根本性变革，习近平生态文明思想最终形成确立。

（一）习近平生态文明思想的理论来源

习近平总书记强调："学习马克思，就要学习和实践马克思主义关于人与自然关系的思想。"马克思主义认为，人与自然是辩证统一的关系。人在其生物属性上属于自然，人的自然属性决定了人必须依赖自然。同时，人的社会属性决定了人具有主观能动性，不是简单地适应自然，而是可以认识自然、改造自然，创造有利于人类自身生存与发展的自然环境。人的社会实践活动超出自然界的承载力，就会对自然环境造成一定的影响，进而反噬人类社会。习近平生态文明思想是当代马克思主义生态文明理论的创新发展。

习近平生态文明思想来源于中华文明中孕育着的优秀传统生态文化，具有中国特色和优势。①中国具有悠久的历史文化传统，有"人定胜天""天定胜人""天人合一""人法地，地法天，天法道，道法自然"的人地关系理论。在古代，主要是人依赖自然环境，人与自然环境是相互协调、共生的关系，人类社会被认为是自然的一部分；从农业社会到工业社会，人类社会从盲目的服从自然规律到开发利用自然资源，再到人类发挥其积极作用，使自然环境被动的接受人类活动，而自然环境遭受破坏又对人类进行了报复，产生了人与自然的冲突关系；人类逐渐认识到保护生态环境的重要性，人类向往人与自然和谐共生的关系。这些思想与实践成为习近平生态文明思想的重要来源。

西方国家的工业化起步早、发展快、程度高，大量积累资本的同时，全球性环境污染事件频繁发生，社会经济发展受到严重影响，人与自然矛盾日益凸显。因此，西方发达国家开始重视环境保护和治理，限制掠夺式开发资源，形成了众多部门及组织，推动全球生态保护和修复。西方国家先污染后治理的发展模式为我国构建人与自然和谐共生的现代化提供了可

---

① 梁红军、张颖珂：《中华优秀传统生态文化的当代转化与实践路径》，《石河子大学学报（哲学社会科学版）》2019年第5期。

借鉴的经验和启示。

（二）习近平生态文明思想的现实基础

中国共产党历来高度重视环境保护和生态建设。新中国成立之初，以毛泽东同志为代表的党的第一代领导集体就提出了绿化山川、植树造林的号召。1973年召开的第一次全国环境保护工作会议，党和政府提出了"全面规划、合理布局、综合利用、化害为利、依靠群众、大家动手、保护环境、造福人民"的32字方针，对我国环境保护作出全面安排和部署，成为新中国环境保护工作进程中的一个重要里程碑（见表1）。改革开放至20世纪90年代初期，以邓小平同志为代表的党的第二代中央领导集体把环境保护确定为基本国策，强调要在资源开发利用中重视生态环境保护。1996年7月，江泽民同志首次提出了可持续发展的战略构想，这是中国共产党发展理念的全新认识以及对人与自然关系的重要思考。党的十六大报告将"推动整个社会走上生产发展、生活富裕、生态良好的文明发展之路"列为全面建设小康社会的四大目标之一，为我国生态文明概念的提出奠定了基础。党的十七大首次把"生态文明"写入了党代会的报告中，这标志着中国共产党生态文明思想开始步入深化发展期。党的十八大报告中将生态文明建设纳入中国特色社会主义事业"五位一体"总布局。新中国成立以来，中国共产党人在中国特色社会主义生态文明建设的实践中积累的认识与经验，为习近平生态文明思想奠定了坚实的理论与实践基础。

表1 历次全国生态环境保护大会

历次全国环境保护会议	时间	内容
第一次	1973年8月5日至20日	《关于保护和改善环境的若干规定》中"32字工作方针"
第二次	1983年12月21日至1984年1月7日	环境保护三大政策——"预防为主,防治结合""谁污染,谁治理""强化环境管理"
第三次	1989年4月28日至5月1日	向环境污染宣战,经济与环境协调发展
第四次	1996年7月15日至17日	《国务院关于加强环境保护若干问题的决定》实施可持续发展战略,保护环境就是保护生产力
第五次	2002年1月8日	政府的一项重要职能——环境保护,贯彻国务院批准的《国家环境保护"十五"计划》

续表

历次全国环境保护会议	时间	内容
第六次	2006 年 4 月 17 日至 18 日	推动经济社会全面协调可持续发展,保护环境与经济增长并重,环境保护和经济发展同步
第七次	2011 年 11 月 20 日至 21 日	在发展中保护、在保护中发展,探索代价小、效益好、排放低、可持续的环境保护新道路
全国生态环境保护大会	2018 年 5 月 18 日至 19 日	加强生态文明建设,打好污染防治攻坚战

二、习近平生态文明思想的内涵和在宁夏的实践

习近平生态文明思想内涵丰富、博大精深,系统阐释了人与自然、保护与发展、环境与民生、国内与国际等关系,集中体现为"十个坚持"。这一思想继承和发展了马克思主义关于人与自然关系的论述,传承了我国优秀传统生态文化,顺应了时代潮流和人民意愿,借鉴了世界可持续发展的优秀成果,是对我们党领导人民建设生态文明的经验总结和升华。在实践过程中,宁夏各级党委、政府坚持以习近平生态文明思想为指引,结合宁夏实际,一以贯之,从思想、法律、体制、组织、作风上全面发力,不断压实生态文明建设政治责任,生态文明建设取得历史性成就、发生历史性变化,生态环境明显改善,天更蓝,水更清,全区推动绿色发展的主动性和自觉性显著增强,在推进经济社会发展的同时,创造了令人瞩目的生态环境,生动诠释了习近平生态文明思想的真理内涵和实践伟力。

(一) 把"坚持党对生态文明建设的全面领导"作为宁夏生态文明建设的政治引领

宁夏历届党委、政府立足区域实际,认真贯彻落实国家生态环境保护与开发建设各项战略任务,通过实施国家三北防护林建设、天然林资源保护工程、退耕还林与水土保持工程、防沙治沙与禁牧封育工程、野生动植物保护与自然保护区建设工程、湿地保护工程、400 毫米降水线绿化造林及生态修复等重大生态建设工程,并通过实施生态环境综合整治工程、小流域综合治理、矿山生态恢复、节能减排与资源循环利用等重点工程建设,鼓励全社会参与到生态文明建设各项事业中,宁夏的自然景观及社会风貌

发生了翻天覆地的变化。尤其党的十八大以来，深入学习习近平生态文明思想，持续高位推动生态文明建设，深入打好蓝天、碧水、净土保卫战，使全区生态环境质量明显改善，塞上江南越来越山清水秀。

（二）把"生态兴则文明兴"作为宁夏可持续发展的核心理念

黄河流域是我国重要的生态屏障和重要的经济地带。宁夏因黄河而兴，因黄河而美。宁夏党委、政府坚决贯彻落实习近平总书记关于黄河保护和治理的重要指示批示精神，推进黄河流域生态保护和高质量发现先行区建设，努力践行中华民族永续发展的使命和任务。

（三）把"人与自然和谐共生的现代化"作为建设社会主义现代化新宁夏的历史方位

宁夏属经济欠发达地区，现代工业起步较迟。在国家"开发大西北""三线建设""西部大开发"等战略的推动下，宁夏工业化、城镇化发展迅速。新时代，宁夏各级党委、政府深刻认识到人与自然是生命共同体，牢固树立生态优先、绿色发展战略，依托资源优势，围绕自治区"六新六特六优"产业布局，以高端化、绿色化、智能化、融合化为抓手，大力发展现代工业、现代农业、现代信息及服务业，以高质量发展引领和促进社会主义现代化事业发展，推动美丽新宁夏建设。

（四）把"绿水青山就是金山银山"作为建设黄河流域生态保护和高质量发展先行区的价值理念

2005 年，习近平总书记在浙江湖州安吉考察时提出"绿水青山就是金山银山"这一理论，深入阐释了经济发展与环境保护的关系。宁夏贯彻落实"两山"理论，必须尽最大可能维持经济发展与生态环境之间的精细平衡，积极探索推广绿水青山就是金山银山的路径，依托资源及生态优势，推动生态有机农业、低碳清洁工业、绿色服务业等产业生态转型，推动产业生态化与生态产业化的协同发展，实现经济效益、生态效益、社会效益。

（五）把"坚持良好生态环境是最普惠的民生福祉"作为解决宁夏最大民生问题的基本准则

习近平总书记在党的十八届三中全会上指出："良好生态环境是最公

平的公共产品，是最普惠的民生福祉。"①宁夏党委、政府秉持以人民为中心的发展思想，坚持走生态优先、绿色发展之路不动摇，通过深化"四尘"同治，强化"五水共治"，推进"六废联治"，不断满足人民日益增长的优美生态环境需要，人民群众生态环境获得感、幸福感和安全感不断增强。

（六）把"绿色发展是发展观的深刻革命"作为宁夏高质量发展的重要遵循

习近平总书记指出："坚定不移贯彻创新、协调、绿色、开放、共享的新发展理念。"绿色发展是构建高质量现代化经济体系的必然要求。宁夏积极响应国家绿色发展的号召，加快产业绿色转型升级和经济发展方式转变，培育绿色产业，打造现代产业基地。通过打造"点、线、面、体"一体化的产业组织，形成网络化的产业集群发展格局；通过传统产业绿色化和循环化改造，将产业发展纳入绿色发展轨道；通过税收优惠、低息贷款、生产要素倾斜性配置等政策手段，降低企业循环经济活动中的成本、风险和不确定因素，处理好循环不经济问题；通过建立绿色技术创新体系、绿色金融和绿色产业信息平台等手段，培育支撑绿色产业发展的服务体系。

（七）把"统筹山水林田湖草沙系统治理"作为宁夏生态系统治理的路径选择

山水林田湖草沙是一个生命共同体。宁夏要立足实际，统筹谋划、整体施策、多措并举深入实施山水林田湖草沙一体化治理，统筹推进"三山"综合整治，协调推进黄河流域生态保护，持续推进林草生态工程建设，加快农田等人工生态系统建设，开展大规模国土绿化行动，加快水土流失和荒漠化综合治理，充分发挥沙漠的生态功能，发展沙产业，推动宁夏生态环境整体改善，为我国生态环境整体改善作出宁夏贡献。

（八）把"坚持用最严格制度最严密法治保护生态环境"作为宁夏生态文明建设的根本制度保障

习近平总书记指出："加快生态文明体制改革，建设美丽中国。"宁夏

---

① 中共中央文献研究室：《习近平关于社会主义生态文明建设论述摘编》，中央文献出版社，2017年，第4页。

要使生态环境保护取得成效，就要用制度引导、规范和约束各类与自然资源相关的行为。宁夏涉生态环境立法以《宁夏回族自治区环境保护条例》为主，辅以水资源管理、大气污染防治、土壤污染防治、野生动物、草原、湿地、防沙治沙、自然保护区等条例，以及《宁夏回族自治区人民代表大会常务委员会关于加强检察机关公益诉讼工作的决定》等，法治体系逐渐完善、更具可操作性，为宁夏生态文明建设提供制度保障。

（九）"把建设美丽中国转化为全体人民自觉行动"作为建设社会主义美丽新宁夏的重要方法

宁夏为融入国家生态文明建设大格局，按照国家生态文明建设要求，积极推进全社会义务植树造林活动，加强生态文明宣传教育，开展"一河三山"生态环境保护行动，持续推进"四类"环保设施向公众开放，组织实施生态文明建设网络正能量行动，精心打造生态文明进机关、进社区、进学校、进农村、进企业"五进"和志愿服务项目等实施路径，并将生态文明教育纳入国民教育体系，使建设美丽新宁夏成为全体人民的自觉行动。

（十）把"共谋全球生态文明建设之路"作为彰显宁夏的责任担当

习近平总书记在 2019 年世界环境日指出："人类只有一个地球，保护生态环境、推动可持续发展是各国的共同责任。"宁夏自成立以来，积极响应党中央各项环境保护政策，在生态环境治理方面取得了一定的成就，尤其防沙治沙方面，不仅在中国生态文明建设中作出了重要贡献，而且为世界生态环境保护和治理提供了可借鉴的"宁夏经验"，彰显宁夏担当。

三、实践经验和启示

科学理论的价值在于回答时代课题、推动实践发展。习近平生态文明思想是在实践经验基础上提炼、升华而成，同时又在指导实践、推动实践中发挥出巨大作用，展现这一思想的真理力量和实践伟力。

（一）坚持党对一切工作的全面领导是美丽新宁夏建设之基

习近平生态文明思想在宁夏实践并取得成效，其根本在于自治区党委始终坚持党对一切工作的领导，将党对生态文明建设的领导作为重要内容和先决条件，把贯彻落实党中央重大决策部署作为第一要务。20 世纪五六十年代，在全区范围内大力开展植树造林，绿化山川大地。20世纪八九十年代，在全区范围内进行封山禁牧，使宁夏脆弱的生态环境得到休养生息并逐步改善，宁夏的山川重获绿色生机。党的十八大以来，宁夏党委按照习近平生态文明建设总要求，以壮士断腕的决心和勇气，大力推进黄河流域及贺兰山综合整治，切实保护"父亲山""母亲河"。

新时代新征程，宁夏要坚持以习近平生态文明思想为引领，坚持党对生态文明建设的全面领导，践行绿色发展理念，推进生态环境治理体系和治理能力现代化，统筹山水林田湖草沙系统治理，积极构建西部生态安全屏障，推动黄河流域生态保护与高质量发展先行区建设，扎实推动美丽新宁夏建设，为美丽中国建设贡献宁夏力量。

（二）伟大的理论引领伟大的时代是美丽新宁夏建设之魂

习近平生态文明思想在宁夏实践并取得成效，其根本在于强大的理论引领和精神鼓舞。宁夏各级党组织和广大党员干部在习近平总书记提出"社会主义是干出来的"精神感召下，发扬"不到长城非好汉"的革命精神和"走好新时代长征路"的奋斗精神，始终坚持革命理想高于天，永葆永不懈怠的精神状态和一往无前的奋斗姿态，以咬定青山不放松的韧劲和不达目的不罢休的拼劲，心往一处想、劲往一处使，坚持"实"字打底、"干"字为先，勇于担当、主动作为，勇于斗争、善于斗争，知重负重、攻坚克难，挺身而出、冲锋在前，立说立行，久久为功，以钉钉子精神坚持把工作做扎实、抓到位，努力创造经得起实践、人民、历史检验的业绩，勠力同心答好全面建设社会主义现代化美丽新宁夏的时代考题，锲而不舍把革命先辈为之奋斗的伟大事业继续推向前进，实现中华民族永续发展。

（三）把握新发展阶段，贯彻新发展理念，构建新发展格局，是美丽新宁夏建设之路

习近平生态文明思想在宁夏实践并取得成效，其根本在于按照习近平同志指引的方向，深刻理解和把握新发展阶段，坚定不移落实好新发展理念，以建设美丽新宁夏为奋斗目标，坚持走绿色发展、生态优先之路，构建新发展格局。宁夏要一以贯之落实好习近平生态文明思想，抓住新机遇和新挑战，确立生态文明建设新目标及新要求，严格贯彻落实"能耗双控"

"碳达峰碳中和"目标，推动产业结构、能源结构调整和优化升级，从源头倒逼减污降碳目标实现，切实保护生态环境，向全面建设社会主义现代化美丽新宁夏迈进，为全国乃至全球生态环境改善作出宁夏贡献。

（四）以人民为中心是美丽宁夏建设的价值追求

习近平生态文明思想在宁夏实践并取得成效，其根本是始终坚持人民至上，坚持以人民为中心推进社会主义现代化美丽新宁夏建设。在习近平生态文明思想的指引下，立足宁夏区位特点，统筹好发展和保护的关系，努力铸牢中华民族共同体意识，大力推进绿色低碳可持续发展新模式，努力构建新时代中国式现代化美丽新宁夏。

宁夏是全国最大的回族聚居区，民族团结不仅是我国各族人民的生命线，也是宁夏实践习近平生态文明思想的重要现实基础。多年来，历届自治区党委始终把加强民族团结放在经济社会发展最重要的地位，努力把宁夏打造成为全国民族团结示范区。在推进中国式现代化发展进程中，宁夏按照促进全方位社会进步和人的全面发展目标，政治、经济、社会、文化、生态各方面均取得显著成效，80.3万贫困人口全部脱贫，9个贫困县全部摘帽，如期全面建成了小康社会，为实现人民共同富裕作出宁夏贡献。城乡居住环境持续优化，生态环境更加优美，人民享有更多、更优、更公平、更普惠的发展成果。宁夏各级党委、政府继续保持战略定力，深刻把握习近平生态文明思想的实践要求，培育、发展、推广具有宁夏特色的生态产品，使其种类增多、品质更优、使用更安全。加快推动生产方式、生活方式变革，将生态保护理念贯彻社会发展各方面，以高水平生态保护促进高质量发展，创造高品质生活。

新时代，我们要实现中国特色社会主义现代化强国，必须深入贯彻落实习近平生态文明思想，坚决扛起生态文明建设的政治责任，将生态文明建设作为一项长期的、复杂的系统性工程来抓，为实现发展中国家绿色转型提供中国经验、为全球可持续发展提供中国智慧、为全球生态环境治理提供中国方案。

生态优先战略下宁夏加快推进黄河流域先行区建设研究

张　炜

　　党的二十大报告指出，要推动绿色发展，促进人与自然和谐共生，牢固树立和践行绿水青山就是金山银山的理念，站在人与自然和谐共生的高度谋划发展，坚持山水林田湖草沙一体化保护和系统治理，加快发展方式绿色转型，深入推进环境污染防治，提升生态系统多样性、稳定性、持续性，积极稳妥推进碳达峰、碳中和。党的二十大报告针对推动绿色发展、促进人与自然和谐共生，作出了新谋划新部署，为实施生态优先战略、打造绿色生态宝地，建设现代化美丽新宁夏，推进黄河流域生态保护和高质量发展先行区建设指明了前进方向、提供了根本遵循。

　　建设黄河流域生态保护和高质量发展先行区，宁夏始终坚持绿色发展理念，践行生态优先战略，坚持全地域加强生态环境保护、全领域推动绿色发展转型，奋力筑牢祖国西部生态屏障。自治区第十三次党代会聚焦全面建设社会主义现代化美丽新宁夏，把"绘就环境优美新画卷"列为必须紧盯的"四新任务"之一，把"实施生态优先战略"列为必须实施的"五大战略"之一，坚持全地域加强生态环境保护、全领域推动绿色发展转型，加快建设人与自然和谐共生的现代化。

作者简介　张炜，宁夏社会科学院《宁夏社会科学》编辑部助理研究员。

一、宁夏推进黄河流域先行区建设的生态治理现状

（一）生态环境治理能力不断提升

在生态环境治理能力方面，宁夏把生态文明建设摆在全局工作的突出位置，统筹推进山水林田湖草沙系统治理，积极探索建立生态保护补偿机制。宁夏积极完善财政投入与环境质量和污染物排放总量挂钩政策，累计兑现纵向生态补偿资金 10.1 亿元。生态环境执法体系和能力建设逐步加强，形成对生态环境违法行为持续高压震慑。近年，与甘肃、内蒙古等省区建立黄河流域、区域污染联防联控机制，一系列破坏生态环境的行为得到法律制裁。自 2017 年起，连续 5 年开展"绿盾"自然保护区强化监督专项行动，推动解决贺兰山、六盘山、罗山等自然保护区生态环境问题。生态文明示范创建取得历史性突破，两市（吴忠市、固原市）被评为国家生态文明建设示范区，两个县区（泾源县、大武口区）、一镇（银川市西夏区镇北堡镇）被命名为国家生态文明建设示范区和"绿水青山就是金山银山"实践创新基地。

（二）生态环境保护顶层设计不断强化

宁夏先后出台了《关于全面加强生态环境保护　坚决打好污染防治攻坚战的实施意见》《自治区党委关于建设黄河流域生态保护和高质量发展先行区的实施意见》等重要文件，作出守好改善生态环境生命线、走出一条高质量发展新路子的重大战略部署，站在实现人与自然和谐共生的高度，始终坚持精准治污、科学治污、依法治污工作方针，明确建设河段地方安全标准区、生态保护修复示范区、环境污染防治率先区、经济转型发展创新区、黄河文化传承彰显区的战略定位。

绿色低碳是实现碳达峰、碳中和的主要途径，也是高质量发展和新旧动能转换的内在要求。宁夏全面推进国家新能源综合示范区建设，坚决贯彻新发展理念，将碳达峰、碳中和纳入宁夏生态文明建设整体布局和经济社会发展全局，大力推动产业结构、能源结构、交通运输结构、用地结构调整。近年，宁夏大力推动绿色低碳发展，建设绿色低碳高质量发展先行区，探索形成生态优先、绿色发展的路径模式。宁夏将持续稳步改善生态

环境质量，严格对标国家考核目标要求，推动秋冬季大气污染防治攻坚各项措施落地见效，不断满足人民群众日益增长的优美生态环境需要。

（三）生态环境显著改善，打造绿色生态宝地

在环境空气质量方面，2021 年宁夏地级以上城市环境空气质量优良天数比例达到 83.8%，比 2015 年增长了 2.4 个百分点。地级以上城市环境空气质量优良天数比例连续 7 年超过 80%，成为全国环境空气质量改善较为显著的省份。

在水环境质量方面，宁夏连续 5 年保持 Ⅱ 类优水质，创有监测数据以来的最好成绩，黄河干流宁夏段水质连续 10 年保持在 Ⅲ 类及以上，切实有效地解决了宁夏人民群众的饮用水安全问题。

在土壤污染防治方面，2021 年 11 月 1 日，宁夏正式施行首部土壤生态环境领域的地方法规——《宁夏回族自治区土壤污染防治条例》。条例指出，宁夏土壤污染防治应当坚持预防为主、保护优先、分类管理、风险管控、污染担责、公众参与的原则，统一规划自治区土壤环境监测站（点）的设置，建立土壤环境基础数据库，对各类涉及土地利用的规划和可能造成土壤污染的建设项目依法进行环境影响评价。近年来，宁夏以改善土壤环境质量为核心，以保障农产品质量和人居环境安全为出发点，聚焦重点行业企业用地土壤污染防治，严把土壤污染源头管控。但宁夏的土壤污染防治工作仍然起步较晚，工作基础薄弱，缺乏全面系统的、可操作性的法规制度。

二、宁夏推进黄河流域先行区建设的生态治理问题

当前，宁夏沿袭传统发展模式和路径的惯性依然存在，单位 GDP 能耗偏高、污染物减排压力大等难题一时难以解决，节能降耗、应对气候变化等领域与东部发达地区存在较大差距，生态环境治理的市场手段和社会参与程度依然偏弱。

（一）对生态环境的脆弱性缺乏全面认识

党的二十大报告指出："大自然是人类赖以生存发展的基本条件。尊重自然、顺应自然、保护自然，是全面建设社会主义现代化国家的内在要

求。"一直以来，生态环境脆弱始终是宁夏面临的最大现状。自治区第十三次党代会提出，要实施生态优先战略，坚持全地域加强生态环境保护、全领域推动绿色发展转型，加快建设人与自然和谐共生的现代化，将宁夏打造成为绿色生态宝地。这是深入贯彻习近平总书记视察宁夏重要讲话和重要指示批示精神的重大部署，也是全面落实习近平生态文明思想的重要举措，充分体现了自治区党委坚定走绿色发展道路、建设美丽新宁夏的战略定力和坚强决心。生态环境保护工作要紧盯打造绿色生态宝地这一总目标，坚持高水平保护和高质量发展融合共赢，重点抓好构建生态保护大格局、推动绿色低碳大发展、抓好生态环境大保护、推进环境污染大治理四大任务落实，全面加快经济社会发展绿色转型，持续推进环境质量稳步改善、稳中向好，以良好的生态环境支撑社会主义现代化美丽新宁夏建设。

（二）集中式饮用水水源地环境风险不容忽视

宁夏多个水源地所在县区人民政府未制定突发环境事件应急预案、未组织开展应急演练，农药化肥、畜禽粪污等面源污染没有得到有效管控。部分水源地存在未按规范要求设置标识标牌、护栏及警示标志等问题。部分企业危险废物暂存间设置不规范、多种危险废物混存，未经妥善处置随意堆放、长期堆放，或交由无资质第三方机构处置。

2022年初，中央第四生态环境保护督察组对宁夏开展生态环境保护督察时指出，一些地方存在对生态环境脆弱认识不足的现象，违规取水现象较为普遍，对资源承载能力存在忽视，一些地方水权交易有名无实。2020年，石嘴山市从黄河取水11.16亿立方米，超取水指标19.2%。宁东基地129家取水企业中，112家未获得取水许可，2021年取水1782万立方米。一些地方水权交易有名无实。平罗县承诺新建企业实行水权转换，但2017年以来开工的59家企业无一取得水权指标。2018年，宁夏宝丰能源集团与吴忠市利通区签订年取用1484.8万立方米黄河水的水权转换协议，至督察时项目已建成并取水，但承诺的1.8万亩高效节水灌溉工程始终未建成。

（三）个别地方非法越界采矿问题突出

中卫市中宁县北部山区非法采矿问题突出，严重破坏生态环境。作为贺兰山余脉和重要生态延伸区，中宁县石膏、石灰石等矿产资源丰富。但

"十三五"以来，中宁县矿产开发利用方式粗放、资源利用率低等问题并未得到有效解决，对自然资源造成破坏，对脆弱的生态环境产生不利影响。中卫市中宁县 14 家矿山企业中有 6 家越界开采，其中铜铁沟陶瓷黏土矿矿业权面积为 6.9 亩，但越界开采达 182 亩，矿石废渣堆放侵占天然牧草地 249 亩，相关部门仍为其延续矿业权证。全县历史遗留矿山修复治理进展严重滞后，至督察时仅完成应修复治理面积的 40%。一方面，中宁县对北部山区矿山开采破坏生态环境重视不够；另一方面，对非法采矿行为长期监管不力，在矿业权延续审批工作中审核把关不严，矿山山体生态环境破坏问题突出，生态修复治理工作推进迟缓。

三、宁夏推进黄河流域先行区建设的生态治理路径

（一）坚持生态优先，继续在绿色发展上下功夫

绿色是实现持久发展的必要条件，良好的生态环境是推动高质量发展的题中应有之义。绿色发展既是发展理念，也是发展路径。高质量发展既是经济增长方式和路径的转变，也是体制改革和机制转换的过程。实现高质量发展，既要转变经济发展方式，又要加快产业转型升级，推动经济实现量的合理增长和质的稳步提升。绿色低碳发展将生态保护纳入经济社会发展的各方面和全过程，通过推动生产方式、生活方式、文化认知和社会治理的绿色化转型，为生态保护提供全方位的支撑。

近年来，宁夏在生态环境建设等方面取得了明显成效，积累了宝贵经验。当前和今后一个时期，宁夏要充分发挥生态环保的引领、优化和倒逼作用，促进产业结构、能源结构、交通运输结构、用地结构优化调整，实现与高质量发展、先行区建设相匹配的高水平保护。锚定"双碳"目标，积极稳妥地推进碳减排工作，严格高碳排放项目环境准入，积极参与碳排放交易，降低能耗强度和碳排放强度。

（二）以更高标准打好大气污染防治攻坚战

2022 年以来，宁夏聚焦环境空气质量改善目标，通过落实"四尘"同治、强化预测预警、应对重污染天气等举措，全力打好大气污染防治攻坚战。截至 3 月底，宁夏优良天数比例为 73.8%，同比上升 0.5 个百分点。

2022年第一季度，宁夏各级生态环境部门指导682家工业企业开展重污染天气环保绩效评价，动态调整应急减排清单。全区各地深入开展烟尘污染治理，部分企业持续落实冬春季错峰生产，加大秸秆禁烧等检查频次。一季度共检查工业企业1476家，其中立案查处84家，查封6家，行政处罚36家，发现并制止焚烧火点310余处，立案查处9起。各地生态环境等部门通过强化建筑工地等扬尘治理，向各类建筑工地下发整改通知单149份，覆盖裸露土地近240万平方米。经过采取一系列有效措施，除沙尘天气外，宁夏实际发生重污染天数较预测预报减少6天。①以改善生态环境质量为核心，坚持精准治污、科学治污和依法治污，以更高标准保卫蓝天、碧水和净土。

（三）推进生态保护修复，大力提升生态系统质量

推进山水林田湖草沙一体化保护和系统治理，提升生态系统质量和稳定性，筑牢西北乃至全国重要生态屏障。以保护黄河安澜为根本，以建设黄河流域生态保护和高质量发展先行区为指引，推进黄河两岸堤防、河道控导、滩区治理、城市防洪工程，构筑黄河稳固防线。

2017年以来，宁夏牢固树立绿色发展理念，坚决守住生态文明红线，先后实施"三山一河"生态保护修复治理项目、天然林保护等一大批重要生态系统保护和修复重大工程，助推宁夏生态环境持续改善，一块块生态短板不断补齐。在过去的5年中，完成宁夏贺兰山国家级自然保护区内外214处点位的综合整治，治理修复面积40.5万亩，新增生态修复面积446.9万亩，森林覆盖率、湿地保护率、水土保持率分别提高至16.9%、55.5%和76.37%，生态环境保护实现历史性、转折性、全局性好转。②宁夏全面推进贺兰山、罗山、六盘山"三山"生态保护修复，坚持自然恢复为主、人工修复为辅、综合康复为基。宁夏将在未来5年加强顶层设计引领，聚焦构建生态保护大格局，加快编制自治区、市、县三级国土空间生态修复规划，

---

① 《宁夏全力打好大气污染防治攻坚战》，《人民日报》2022年4月18日。

② 《宁夏推进"三山"生态保护修复5年新增生态修复面积446.9万亩》，人民网，2022年8月17日。

科学确定"三山"保护、修复、治理、建设的目标任务和路径措施。

（四）推动绿色发展，强化生态环境法治保障

加强生态环境保护领域地方立法，及时修订地方性法规和规章，建立健全相应法律法规体系。坚持立改废释并举，着力加快生态环境损害赔偿机制建设、土壤和水资源保护以及促进民族团结、保障和改善民生等领域的立法工作。推进精细化立法，不断提高立法质量和效率，加快依法治区进程，充分发挥立法的引领和推动作用。确保今后宁夏各地启动生态环境损害赔偿工作时，在报告、调查、磋商、修复等程序上都将有据可循、有法可依。建立流域生态补偿机制，因地制宜制定转化产品实现的区域实施细则，修改配套法律法律和相关政策。实施环境信息依法披露制度，完善污染第三方治理、绩效评价、责任追究等机制，强化生态环境行政执法与刑事司法衔接，加强生态环境保护法律法规宣传普及，坚持依法治污、依法监督，提高环境执法的规范化、制度化水平。

解决黄河宁夏段生态环境损害赔偿、生态环境修复等重点问题，解决生态环境损害赔偿案件执法不严、惩罚不力等难点问题。建立完善源头预防、过程控制、损害赔偿、责任追究的执法监管体系。扎实推进生态环境领域的严格执法工作，建立完善源头预防、过程控制、损害赔偿、责任追究的执法监管体系。自治区党委和政府在不同时期所作出的各项决策和推进的战略部署中，生态环境保护优先原则是一以贯之的指导思想。站在全国和自治区的战略高度，我们要始终守好改善生态环境生命线，全面推进依法治区建设，筑牢高质量发展的法治根基，确保生态环境建设取得重大实效。

（五）转变发展理念，提升全民生态环保意识

在习近平总书记提出高质量发展的思路之后，黄河流域的生态建设理念已经发生了重大转变，重视治理的同时注重质量，发展经济的同时加强保护。探索出一条符合宁夏实际的高质量发展新路子，首先要转变思想观念，重新思考什么是高质量发展。高质量发展不仅是单一的经济发展权利，还应包括政治、社会、文化、生态、法治等多方面的共同发展。

加强生态环境保护宣传教育，大力弘扬生态文化，充分发挥各类媒体平台宣传作用，开展生态环保工作典型案例展示、曝光环境突出问题及整改落实情况等。加大环境保护减税等优惠政策宣传力度，加大生态环境信息公开力度，加强环境决策公众参与机制，完善环境公益诉讼、监督举报等机制，全力做好中央生态环境保护督察反馈问题整改工作。积极鼓励和引导环境保护组织和公众参与环境污染监督治理。

（六）生态赋能文旅产业，激发文旅新活力

作为全国第二个省级全域旅游示范区创建单位，宁夏调思路、调结构、调重点，积极培育新业态、新产品，不断激活文化旅游产业发展动能。宁夏具有历史悠久、资源丰富的文化资源以及壮美多样、独具一格的黄河文化旅游资源，黄河文化旅游大有文章可做。一是加强系统保护，正确处理发展生态旅游和保护生态环境之间的关系，推进宁夏黄河文化遗产系统保护工程，建立黄河文化素材和大数据平台，摸清文物古迹、非物质文化遗产、古籍文献等重要遗产底数，推动各具特色的黄河文化遗产走廊建设。不断深入与黄河流域其他省区合作。二是推进文化传承。着力打造黄河文化遗产廊道，推进黄河国家文化公园建设，推进黄河文化遗产系统保护，对沿黄文化遗产进行全面搜集、科学整理，进行数据化处理，联合开展流域文化遗址遗迹的宣传研究和展示工作。围绕黄河流域生态保护和高质量发展先行区建设，积极对接自治区"六新六特六优"产业，积极培育新业态、新产品，不断激活文化旅游产业发展动能。三是发展文化产业。强化区域间资源整合协作，提升高品质旅游服务供给，建立区域文化旅游合作推广机制。引导优质文化产品和互动体验项目入驻旅游景区、特色街区、文旅综合体，打造漫葡小镇、黄河宿集、沙漠星星酒店等特色文化旅游产业综合体。

实施生态优先战略 打造绿色生态宝地

张 弼

"十三五"以来，宁夏坚持走生态优先、绿色发展之路不动摇，大力实施生态立区战略，作出守好改善生态环境生命线重大部署，坚定担当努力建设黄河流域生态保护和高质量发展先行区的时代重任，制定出台了一系列政策措施，谋划开展了一系列根本性、长远性、开创性工作，部署实施了一大批重大工程，建立健全了高规格狠抓落实的工作机制，生态环境保护取得历史性、突破性、转折性成效。站在生态文明建设新的历史起点上，自治区第十三次党代会报告鲜明提出实施生态优先战略，打造绿色生态宝地的重大部署，为未来 5 年宁夏生态环境建设绘就了蓝图。

一、实施生态优先战略，打造绿色生态宝地的重大意义

实施生态优先战略，打造绿色生态宝地是落实习近平生态文明思想的重要举措，是坚决做习近平生态文明思想的坚定信仰者和忠实践行者的生动体现，也是增强生态文明建设战略定力、实现美丽中国宏伟目标的必然要求。习近平总书记对宁夏生态文明建设十分关心、高度重视。党的十八大以来，习近平总书记两次来宁视察，为宁夏擘画了"建设美丽新宁夏，共圆伟大中国梦"宏伟蓝图，并赋予宁夏努力建设"黄河流域生态保护和

作者简介 张弼，中共宁夏区委党校（宁夏行政学院）科研处副处长，副教授。

高质量发展先行区"的时代使命。只有把思想和行动统一到习近平总书记关于先行区建设和生态环境保护的重大要求上来，坚持生态优先，根据自然资源禀赋和生态环境保护实际确定产业结构、优化产业布局，将生态优势转化为发展优势、竞争优势，才能激发出宁夏生态文明建设的强大力量。

自治区党委坚决贯彻落实习近平总书记重要指示要求和党中央"全面建设社会主义现代化国家"重大部署，立足新时代新阶段，确立了未来五年的奋斗主题。为实现全面建设社会主义现代化美丽新宁夏战略目标，党代会报告提出实施创新驱动、产业振兴、生态优先、依法治区、共同富裕"五大战略"，这是一个有机整体，生态环境作为发展基础，对社会主义现代化美丽新宁夏建设至关重要，必须坚持贯彻生态优先战略，打造绿色生态宝地，不能松懈、不能停步、不能松劲，要咬紧牙关往前走。

二、宁夏生态文明建设取得的成效

自治区党委和政府牢记习近平总书记殷切嘱托，坚决落实习近平总书记视察宁夏重要讲话和重要指示批示精神，坚持把生态文明建设摆在突出位置推动落实，生态环境建设工作始终一脉相承。"十三五"以来，特别是自治区第十二次党代会以来，宁夏坚持走生态优先、绿色发展之路不动摇，先后提出大力实施生态立区战略，作出守好改善生态环境生命线重大部署，致力打赢污染防治攻坚战，坚定担当努力建设黄河流域生态保护和高质量发展先行区的时代重任，制定出台了一系列政策措施，谋划开展了一系列根本性、长远性、开创性工作，部署实施了一大批重大工程，建立健全了高规格狠抓落实的工作机制，生态环境保护取得历史性、突破性、转折性成效，习近平生态文明思想深入人心，"绿水青山就是金山银山"的理念成为宁夏上下的共识，美丽新宁夏建设迈出重大步伐。

（一）加快发展方式绿色转型，赋能高质量发展

一是对存量项目，深入实施节能降碳改造。牵头制定《自治区关于严格能效约束推动重点领域节能降碳工作的实施方案》，建立企业节能降碳技术改造项目清单，引导电力、供热、冶金、有色、建材、煤化工等重点高耗能企业有序开展节能降碳技术改造，3年内全部达到国家能效基准水平

以上，力争各行业 30%以上项目达到标杆水平，对于不能按期改造达到国家强制标准的项目依法淘汰。二是对增量项目，大力发展绿色低碳产业。改造提升传统产业，大力发展战略性新型产业，重点推进新型材料、清洁能源、装备制造、数字信息、现代化工、轻工纺织"六新产业"发展。出台产业项目能耗强度分类准入政策（能耗强度低于 1.67 吨标准煤/万元的项目不需要落实能耗指标），全力保障绿色低碳产业能耗指标。三是坚决遏制高耗能、高排放、低水平项目盲目发展。出台"两高"项目管理目录，建立长效工作机制，细化"两高"项目边界和范围，一企一策推动违规"两高"项目整改。2021 年以来，压减不符合要求的"两高"项目 39 个,减少新增能耗 1725 万吨标准煤，完成 21 个违规"两高"项目整改。2022 年上半年，高耗能行业投资同比下降 3.1 个百分点，高耗能、高排放、低水平项目盲目发展势头得到有效遏制。

（二）深入推进污染防治，不断增进人民福祉

一是扎实推进"四尘同治"，健全污染过程预警应急响应机制，严格落实重污染天气应急管控措施和"一行一策"管控方案，加强区域空气质量中长期趋势预测，及时启动人工影响天气作业，基本消除重污染天气。2021 年地级城市优良天数比例达到 83.8%，$PM_{2.5}$ 平均浓度为 27 微克/立方米，同比下降 18.2%，全面完成年度任务。二是更加突出"三水统筹"，大力推进美丽河湖保护与建设，推进污染协同治理，推动河湖水质持续好转；强化土壤和地下水污染系统防控，从源头上防范土壤污染，加强对有毒有害化学物质环境风险筛查和评估，适时开展抗生素、内分泌干扰物等新型污染物试点监测。地表水国控断面水质优良比例达到 80%，地级城市集中式饮用水源地水质优良比例为 72.7%，地表水劣 V 类水体比例 10%，年度指标顺利完成。三是加快完善生态环境基础设施，形成布局完整、运行高效、支撑有力的环境基础设施体系，统筹推进城乡环境整治，探索各具特色的美丽乡村建设路径。全面落实排污许可制，巩固提升固定污染源排污许可全覆盖。危险废物、医疗废物、医疗废水实现 100%安全处置，化肥农药用量实现零增长，畜禽粪污资源化利用率达到 90%。四是强化风险预警防控与应急管理，常态化推进环境风险企业突发事件生态环境风险隐患排查，补齐医疗废物处置与应急能力短板，严密防控环境风险。

（三）提升生态系统多样性、稳定性、持续性，确保生态系统持续向好

一是牢固树立"山水林田湖草沙是一个生命共同体"理念，持续推进黄河保护修复，保护珍稀物种生境；推进贺兰山、罗山和六盘山等重要生态系统保护修复，不断加大生物多样性保护力度，强化生态空间监督管控，促进人与自然和谐共生。二是着力解决自然保护地重叠设置、多头管理等现实矛盾冲突和历史遗留问题，构建以国家公园为主体、自然保护区为基础、各类自然公园为补充的自然保护地体系，引领全区重要自然生态系统、自然遗迹、自然景观得到系统性保护。三是构筑重要生态廊道，加快重要生态功能区建设，推进林地、绿地、湿地系统保护与修复，提升生态系统质量和稳定性。四是推进重要生态系统保护修复，提升生态碳汇能力，加大生物多样性保护力度，强化生态空间监督管控，守住自然生态安全边界，促进人与自然和谐共生。五是建立生态产品调查监测评价机制，健全生态产品经营开发机制健全生态产品经营开发机制，研究制定符合宁夏区情的生态产品价值核算体系，完善生态保护补偿机制，进一步加大对生态功能重点区域的转移支付力度，完善水环境"双向补偿"机制，探索实施环境空气质量生态补偿制度，落实黄河全流域横向生态保护补偿制度。

（四）积极稳妥推进碳达峰、碳中和，积极应对气候变化

坚持先立后破，有计划分步骤实施碳达峰行动。一是落实能源消耗总量和强度"双控"制度。深化能源消费总量控制，严格煤炭消费等量减量替代，持续降低能耗强度，推动能源清洁低碳高效利用，实施煤炭清洁替代，重点实施工业、交通领域"以电代煤""以电代油"。二是积极参与全国碳市场交易。有序开展配额分配、排放核查与配额清缴工作，健全碳排放配额分配和市场调节机制，建立市场风险预警与防控体系，加强碳排放权交易第三方核查机构管理。三是提升城乡适应气候变化能力。推动城市基础设施适应气候变化，积极应对热岛效应和城市内涝，加强集蓄雨水资源化利用设施建设，开展气候适应型城市试点，大力推广实施新能源屋顶庭院计划、设施农业、新能源发电等减适一体化工程。

三、打造绿色生态宝地的实现路径

（一）构建生态保护大格局

生态建设必须站在系统和全局的高度，从顶层设计抓起，搭建生态建设和环境保护的"四梁八柱"，建立有利于生态环境保护和高质量发展的导向和机制，真正将生态优势转化为发展优势，形成生态保护大格局。

一是突出规划引领。继续深化资源环境承载力和国土空间开发适宜性"双评价"，科学划分"三区三线"，提高空间治理效率，保障市县空间规划能落地、可操作。完善政策机制，增强生态系统功能，提升生态系统碳汇储量，夯实先行区建设生态底色，构筑祖国西部生态安全屏障。二是明确保护布局。按照"一河三山"和"一带三区"总体布局，突出各个区域发展和保护的重点。北部绿色发展区突出生态治理和绿色发展，修复矿山地质生态环境，建设贺兰山东麓绿道绿廊绿网。中部防沙治沙区以干旱风沙区和罗山自然保护区为重点区域，因地制宜发展林果业和沙产业，巩固防沙治沙和荒漠化综合治理成果。南部水土涵养区突出生态保护和水源涵养，加强小流域综合治理，不断提升森林质量，持续提升水源涵养和水土保持功能。三是优化生态红线管理制度。建设自治区生态保护红线监测网络和监管平台，开展红线管控落实情况日常巡查、现场核查。积极争取把贺兰山、六盘山划为国家公园，开展自然保护地优化整合，夯实自然保护地体系的基础。

（二）推进环境污染大治理

污染治理是打造绿色生态宝地的基本要求和紧迫任务，必须紧盯重点地区、重点行业和薄弱环节，精准、科学、依法治污，实现党代会报告提出的环境质量稳中向好、好中向优目标。重点是深入打好蓝天、碧水、净土保卫战，坚决整治环保突出问题。

一是深入打好蓝天保卫战。坚持联防联治、标本兼治，落实"问题、时间、区域、对象、措施"五精准，推动煤尘、烟尘、扬尘、汽尘"四尘"同治，大力实施重污染天气消除、臭氧污染防治和柴油货车污染治理等重点行动，坚决完成国家考核指标要求，确保环境空气质量稳定达到国家二级标准。继续加快煤改气、煤改电进度，大力削减非电力用煤。开展煤质管控专项行动，加大农村散煤污染治理力度，强化煤炭质量监督检查，全面清理非法售煤网点。建立"散乱污"企业排查和动态监管机制，坚决防止"散乱污"企业异地转移、死灰复燃。二是深入打好碧水保卫战。牢固树立系统治理理念，深化"三水"统筹，实现减量排放、截污纳管、排放达标，因地制宜推进污水处理厂尾水人工湿地建设，鼓励在河流支流建设河口型湿地，确保黄河干流宁夏段稳定达到Ⅱ类优水质。三是深入打好净土保卫战。聚焦源头减量、过程控制和末端治理相结合，统筹推进建筑垃圾、生活垃圾、危险废物、畜禽粪便、工业固废、电子废弃物"六废联治"。实行土壤污染企业风险分级管控，制定优先管控、超标地块和高风险企业名单。

（三）抓好生态环境大保护

抓好生态环境保护，既是贯彻落实自治区第十三次党代会的具体行动，也是建设社会主义现代化美丽新宁夏和先行区的应有之义。一是落实好"四水四定"原则。坚持以水定城，依据城市生产生活用水控制性指标，合理确定城镇规模和布局；坚持以水定地，根据水资源承载状况对土地规划用途进行严格管制，保证基本农田、建设用地规模适应区域水资源刚性约束力；坚持以水定人，根据城市水资源最大可利用量确定城市各阶段人口规模；坚持以水定产，根据水资源条件优化产业结构、布局和规模，加快淘汰高耗水、高耗能、高污染项目。二是保障黄河长治久安。牢牢把握加强"一河双线三带四区"治理重点，实施两岸堤防工程，坚持堤路结合、功能融合，加快实施黄河宁夏段综合治理工程，有效提升防洪防凌能力，实现防洪保障线、抢险交通线、生态景观线、生态旅游线有机统一。实施河道控导，坚持疏导结合，加强黄河薄弱堤岸和隐患河段治理，提升主槽排洪输沙功能，有效控制游荡性河段河势。实施滩区治理工程，开展黄河滩区生态修复和岸线利用专项整治，实现源头治理、过程管控、结果达标。实施黄河滩区生态修复工程，加快恢复河岸滩地湿地，连通内外水系，在有条件的入黄沟道末端适度规划建设人工湿地，加强滩区湿地生态保护修复。实施城市滞洪工程，统筹城市建设与河湖湿地建设，加快完善防洪工程体系，确保城市安全。三是重点加强贺兰山、六盘山、罗山生态保护修复治理。贺兰山重点推进矿山地质环境恢复治理，实施地质环境综合整治，依法退出损害生态功能的产业、项目和采矿。

（四）推动绿色低碳大发展

结合实际，分类施策、因地制宜，既找准宁夏在全国全局中的定位和职责、服从大局，又创造性地推动宁夏绿色低碳发展。一是加大节能力度。严把资源环保准入关，加快实施"腾笼换鸟"战略，积极参与推进用能权、用水权、土地权改革，带动水资源、能源、建设用地向资源利用效率高、效益好的行业、项目配置，统筹解决好集约节约用能、用水、用地的问题。二是加大减排力度。紧盯存量问题，消减传统能源。围绕实现"双碳"目标，落实"双控"措施，严控"两高"项目，瞄准增量问题，积极发展新能源。紧紧抓住国家支持宁夏能源转型发展的有利时机，加快绿能开发、绿氢生产、绿色发展，加大风光新能源开发利用，打造集光能、风能、氢能、储能于一体的国家新能源综合示范区，形成煤炭产业和非煤产业合理搭配、良性互动的产业格局。三是加大降污力度。工业降污方面，实行最严格的环保标准，严管严治重点工矿企业，确保达标排放，同时注重循环利用、再生利用、资源化利用，加强重点行业废水、废气、废渣循环再利用、化废为宝。农业降污方面，采取工程措施和生物措施相结合、远期防治和近期防治相结合的办法，精准防治农业污染。针对过度施用药肥的问题，全面实行测土配方施肥，大力发展生物有机肥，鼓励秸秆还田，推动农药化肥使用减量化、零增长，实现增产不增污。生活降污方面，大力倡导简约适度、绿色低碳的生活方式，以生活方式的绿色革命带动生态环境的绿色变革，全面减少生活污染。

（五）加快构建现代环境治理体系，提升治理能力现代化

加快推进生态环境领域治理体系和治理能力现代化，坚持和完善生态文明制度体系。一是落实最严格的生态环境保护制度，严明生态环境保护责任制度，强化生态环境保护约束性指标管理，将考核结果作为各级领导班子和领导干部奖惩和提拔的重要依据。二是全面实施排污许可管理，完善固定污染源执法监测联动机制，建立以排污许可证为主要依据的日常执

法监管体系，健全环保信用评价、严惩重罚等制度，大幅提高违法违规成本，强化落实企业环境治理主体责任；完善污染第三方治理、绩效评价、责任追究等机制，强化生态环境行政执法与刑事司法衔接，加强生态环境保护法律法规宣传普及，坚持依法治污、依法监管，提高环境执法的规范化、制度化水平。三是综合运用土地、规划、金融、税收、价格等政策，引导和鼓励更多社会资本投入生态环境建设领域，不断加大对生态环保项目的投入力度，推动形成多元投入机制。四是强化科技支撑。加强生态科学研究，聚焦污染防治和生态建设关键领域，组织实施一批专项课题攻关，推广一批关键技术和科技成果。要加强生态监管信息平台建设，加快建立智慧黄河、污染信息管理、水生态保护监管信息等系统，实现数据信息共建共享，提升黄河流域保护治理的智能化水平。加强科研机构和人才队伍建设，深化"科技支宁"东西部合作，发挥好科技特派员的作用，加大对基层生态建设科学知识的指导和普及。

碳达峰碳中和背景下宁夏沿黄地区建设绿色低碳生态型城市群的路径

卜晓燕　　王潇敏　　王佳蕊

全球气候变化给世界经济和人类社会的可持续发展带来严峻挑战。目前，各国普遍达成了共同的目标，即各国长期的减排目标、温室气体覆盖种类、重点减排领域以及重要的政策措施。哥本哈根、阿姆斯特丹、阿德莱德、纽约等全球城市先后提出了在碳减排领域的相关计划及路线图，主要以能源优化、公共交通、绿色建筑等领域为突破口实现碳中和目标。碳中和已经成为全球共同的价值观，阿德莱德是全世界第一个实现碳中和城市；哥本哈根计划 2025 年达到碳中和，是实现碳中和的先锋城市；阿姆斯特丹和纽约计划 2040 年和 2050 年实现碳中和。发达国家刮起"碳减排之风"。2021 年 4 月 22 日全球气候峰会召开，美国承诺 2050 年实现碳中和目标和 2 万亿美元气候变化与能源转型的新基建计划，2030 年温室气体比 2005 年降低 50%—52%。日本、加拿大、英国等纷纷提出减排目标。中国是世界第一大温室气体排放国，在全球气候变化治理中承担着关键作用。2020 年 9 月，我国提出了应对气候变化的"双碳目标"（二氧化碳排放力争于 2030 年前达到峰值，努力争取 2060 年前实现碳中和）将加速温室气体减排行动。实现碳中和愿景需要城市群先试先行，宁夏沿黄城市群是高

作者简介　卜晓燕，宁夏大学地理科学与规划学院副教授；王潇敏，宁夏大学地理科学与规划学院硕士研究生；王佳蕊，宁夏大学地理科学与规划学院硕士研究生。

度一体化的城市集合体，是落实碳达峰、碳中和任务的主体，是黄河宁夏流域生态保护与高质量发展的核心区。

一、宁夏建设沿黄生态城市群是实现碳达峰、碳中和目标的迫切需要

碳达峰、碳中和是一场正在进行的全球范围的系统性社会大变革。2016 年 11 月实施的《巴黎协定》规定，成员国努力将全球平均气温上升幅度控制在比工业化前水平高出 2℃以下，作为长期温度目标（即"2 摄氏度目标"）。为实现这一目标，需要全球范围内实现人为活动排放的温室气体排放总量与大自然吸收的总量相平衡，即"碳中和"。碳中和的技术逻辑是通过碳减排和碳清除与捕获（自然和人工手段）达到二氧化碳排放量等于消除量的数量平衡。联合国政府间气候变化专门委员会（IPCC）认为，全球需要在 2050 年左右实现 CO_2 的净零排放，即碳中和，才能实现 1.5℃目标；需要在 2070 年至 2080 年实现碳中和，才能实现 2℃目标。同期，非 CO_2 温室气体的排放需要大幅减少（IPCC，2018）。实现碳中和目标的两条根本路径是减排和增汇，其中减排的目标是通过政策和相关技术来减少人类活动带来的 CO_2 排放，增汇的目标是通过相关政策和技术增加全球人为 CO_2 的吸收量，当减排量和增汇量在一定时期能呈现平衡，碳中和目标就可以实现。碳达峰、碳中和的关键在于企业转变生产方式，走绿色发展之路。在 CO_2 加倍排放的情景下（RCP8.5），21 世纪末最大升温可能接近 5℃，未来气候变暖背景下中国的环境生态将面临严重挑战，这也使得控制与减少温室气体的排放，建设绿色低碳生态城市，降低气候变化的风险，实现双碳目标，成为当前紧迫的重大战略问题。宁夏位居中国北方防沙带、丝绸之路生态防护带和黄土高原—川滇生态修复带"三带"交汇点，在全国生态安全战略格局中具有特殊重要的地位。宁夏生态环境本底脆弱，绿色空间不足，耕地、林地、草地和化石能源用地超载严重，资源环境约束偏紧。二氧化碳排放量仍然较高，资源消耗的负面影响较大。近 60 年，年平均气温增温显著，每十年增温达 0.374℃。急需从建设一个低碳生态城市群的理念出发，减少二氧化碳排放，减少城市热岛效应，创造宜居环境，

积极应对气候变化。基于此，双碳背景下，聚焦低碳城镇化，将宁夏沿黄城市群建设成低碳生态城市群，是实现宁夏可持续发展的必然选择，也是深入推进我国生态文明建设的重大战略决策。在全面落实习近平总书记重要讲话精神的过程中，需要特别关注宁夏沿黄城市群在黄河流域生态保护和高质量发展先行区建设中的特殊战略地位和发挥的重要作用，以生态城市群为鼎支撑黄河流域生态保护和高质量发展先行区建设，发挥生态城市群在先行区建设中的带动引领作用，提升宁夏沿黄城市群综合承载力和资源配置效率，形成优势互补、高质量发展的区域经济布局。

二、建设生态城市群是宁夏建设黄河流生态保护和高质量发展先行区的关键

联合国国际减灾战略发言人布瑞吉特·利奥尼指出，气候变化和城市化是使得人类更容易遭受灾害影响的两大因素。IPCC 第五次评估报告：人类活动是影响气候变暖的主要原因。气候变化使人类面临更多的灾害威胁。随着城市化进程的加速，人口、产业向城市集中，城市成为规模庞大的承灾体，更容易遭受灾害并造成重大损失。

宁夏建设生态城市群是实现碳达峰、碳中和目标的必然选择。宁夏是我国"两屏三带一区多点"生态安全战略格局的重要组成部分，生态地位十分重要。但是由于近年来掠夺式的能源开发和不合理的工业发展方式，造成生产性破坏与气候性破坏因素相互叠加，资源环境瓶颈制约和生态环境保护形势严峻。进入"十四五"，宁夏生态文明建设进入以降碳为重点战略方向、推动减污降碳协同增效、促进经济社会发展全面绿色转型、实现生态环境质量由量变到质变的关键时期。既要减污，为实现 2035 年生态环境质量根本好转继续打基础、补短板；又要降碳，为实现 2030 年前碳达峰和 2060 年前碳中和开好局、起好步。因此，建设生态低碳城市群，有利于推动城市经济结构绿色转型、推动污染源头治理、减缓气候变化带来的不利影响；有利于发挥生态环保推动城市产业结构、能源结构、交通运输结构、用地结构优化调整，促进形成节约资源和保护环境的城市空间格局、产业结构、生产方式、生活方式。

三、宁夏沿黄城市群基本现状

宁夏沿黄城市群是宁夏人口高密度集聚区，面积4.85万平方公里，占黄河流域城市群的4.64%。2021年，宁夏沿黄城市群的人口为610.12万人，占黄河流域城市群的5.5%，比2010年增加了100.49万人；地区生产总值4522.3亿元，占黄河流域城市群的1.6%，比2010年增加了3099.2亿元；粮食总产量290.22万吨，占黄河流域城市群的1.3%，比2010年增加了9.93万吨；宁夏沿黄城市群集中了宁夏70%以上的人口，创造了90%以上的地区生产总值，其生态地位极其重要，发展潜力巨大。但是由于发展基础和条件限制，发展相对落后，生态环境脆弱、水资源制约严重、生产力布局和生态环境保护之间的矛盾突出。

资源型产业结构导致社会经济发展与生态环境保护的矛盾突出。宁夏沿黄城市群碳排放总量自1997年有记录以来即呈上升趋势。从有数据记载的1997年14.4万吨到2021年的219.23万吨二氧化碳。其中碳排放主要为生煤在发电供暖中使用的碳排放，其次是在煤炭开采与选矿中产生的碳排放。宁夏碳排放主要来源于工业，尤其是化工、钢铁、有色和建材行业，在节能情景下宁夏碳排放总量2029年达峰。

近年来，宁夏通过产业结构优化升级、能源结构调整和能源利用效率提升、森林碳汇增加等一系列努力，积极减少二氧化碳排放，取得了显著成效。沿黄城市群产业结构进一步优化，能源结构持续改善，污染防治能力持续增强，大气污染热点网格不断完善，绿色高质量发展导向牢固树立，生态环境保护引导、优化、倒逼和促进作用明显增强，绿色转型进展明显，应对气候变化工作取得积极进展，碳排放强度增长趋势得到扭转，银川市、吴忠市获批国家低碳城市试点。但受发展基础和条件的制约，发展模式仍然比较粗放、发展较为滞后，能源消耗及水耗高、污染排放量大、资源环境约束趋紧，生态环境稳中向好的基础还不稳固，从量变到质变的拐点还未到来，生产力布局和生态环境保护之间的矛盾突出。主要表现在三个方面：一是绿色发展水平偏低。以煤为主的能源结构、以能源化工为主的工业结构、倚重倚能问题依然突出。二是生态环境本底脆弱，三面环沙、干旱少雨，资源环境承载力有限，主要依靠资源要素投入的发展方式不可持续，统筹发展和保护的难度加大，面临着保护生态与追赶发展的双重压力。三是生态环境领域创新力量较弱、创新资源短缺、创新活力不足，市场导向的生态环境经济政策效用尚未充分发挥，环保科技支撑不够，解决环境问题的手段和途径单一，与新阶段加快绿色发展的要求相比还有较大差距，面临治理能力不足、发展能力不强的双重困境。综上，根据国家碳中和目标与实施策略，宁夏沿黄城市群作为黄河流域生态保护和高质量发展先行区，亟待从绿色发展生态低碳城市的理念进行顶层设计，率先探索碳中和的发展路径，建设绿色低碳生态型城市群，实现绿水青山与金山银山的统一，实现人与自然和谐共生。

四、建设宁夏沿黄绿色低碳生态城市群模式

（一）宁夏沿黄生态城市群建设目标

总体目标是按照"六位一体"生态文明建设总体模式从生态经济、生态环境、生态资源、生态人居、生态文化和生态文明制度等6个方面总体推进宁夏沿黄城市群生态文明建设。具体建设目标是：建设绿色生态智慧城市，建成绿色、低碳、循环、智慧、现代化城市；打造优美生态环境，构建蓝绿交织、清新明亮、和谐共融的生态城市；发展生态循环产业，积极吸纳和集聚创新要素资源，培育新动能；提供优质公共服务，完善防灾体系，建设优质公共设施，创建城市管理新样板；构建快捷高效低碳交通网，打造绿色交通体系；构建以大数据、高科技支撑的现代生态、智慧、创新城市。

（二）以生态保护为先导，打造"六城建设"生态城市群，建设集生态社区（村）、生态镇、生态城于一体的生态城镇体系

根据联合国千年发展目标，从安全之城、便捷之城、循环之城、绿色之城、创新之城、和谐之城6个方面建设城市生态、资源、环境与社会经济协调互促、良性循环的可持续发展城市，打造"六城建设"生态型城市群，建设绿色低碳生态城市试点，培育黄河流域生态保护和高质量发展绿色增长极，全面推进区域生态保护与改善民生协同发展，把宁夏沿黄城市

群建成西北地区人、城、产、水协调绿色低碳发展示范区。和谐之城是最高层次要求，核心是高水准的生态化与高度社会文明；创新之城是生态城市建设的高级要求，科技和人才高度集聚，高科技产业发达，建设创新型城市；绿色之城核心是城市生态景观和环境优美的人居环境，宜于居住和创业；循环之城是以生态工业循环产业链为核心，现代生态农业和生态型服务业为辅的循环经济体系；便捷之城的核心是公共交通主导的立体性交通导向城市布局；安全之城是最基本要求，核心城市社会秩序良好，基础设施完善，综合防灾减灾水平高。

（三）优化绿色生态空间布局，构建一带、一核、四副、多点、多走廊绿色生态型城市群

以黄河、贺兰山、六盘山和罗山山水景观和文化为载体，构建一带、一核、多点、多走廊绿色生态型城市群空间格局，推动中心城市绿色特色发展；优化镇村空间布局结构，促进人口集聚和要素流动。一带指以黄河宁夏段为主轴和依托，建设宁夏沿黄城市群生态经济带；一核指以银川市为核心的生态经济核心区；四副指石嘴山、吴忠市、中卫市、固原市4个副中心城市，将固原市融入黄河流入城市群建设，推动4个地级市同城化一体化发展；多点指森林、草原、湿地及生态城镇等生态保护点，将贺兰县、永宁县撤县设区，扩大银川市的核心城市效应；多走廊指贺兰山东麓、黄河金岸、典农河—阅海等生态廊道。

（四）培育绿色增长极，推动区域中心城市绿色特色发展

充分发挥中心城市及县城和小城镇的点状网络支撑作用，加快中心城市及县城和小城镇生态经济、生态环境、生态资源、生态人居、生态文化建设，切实推进城镇绿色发展。按照山水林田湖草沙综合治理、系统治理，加强贺兰山、罗山自然保护区和国家湿地公园、湿地自然保护区的生态保护与建设，全面推进黄河宁夏流域生态大保护，提升森林、草原、湿地的服务功能，全方位构建绿色发展空间。着力解决农田防护林退化严重、农林争地矛盾突出和石嘴山、灵武矿山修复问题，稳步有序实施综合保护和修复治理。探索绿色城镇化道路，解决生态文明绿色人居建设问题；协调城市化与生态、环境、资源及社会经济关系，建设创新驱动、绿色循环、安全便捷、创新智慧、和谐文明的绿色城市典范。培育黄河流域生态保护和高质量发展绿色增长极，全面推进区域生态保护与改善民生协同发展，把宁夏沿黄城市群建成西北地区人、城、产、水协调发展示范区和人与自然和谐的发展示范区，全面提升宁夏沿黄城市群生态资源综合功能。

五、碳中和背景下宁夏沿黄生态城市群建设路径

国外研究目前主要聚焦在碳减排治理方法与技术方面，例如，城市的可持续低碳发展是通过特定的城市运输计划和政策措施介入来实现的；通过技术和政策手段的双向配置，改变城市系统，减少温室气体的排放量，从而为达到碳中和的目标提供一个有利的建筑环境。目前有关碳中和的文献对今后的研究具有重要意义。但是，在碳中和的愿景下，要想达到低碳的转变，还需要继续摸索，才能形成政策、技术和理论体系。目前，学术界较少从跨区域、特大城市群的角度来探讨碳排放和实现碳中和的远景。此外，我国基于城市群的碳减排协同治理虽然已经取得了一些成果，但仍需深入和扩展。

（一）开展绿色革命，全方位构建绿色低碳循环经济体系

全面落实绿水青山就是金山银山发展理念，积极构建以绿色为生态环境底色、以绿色为经济发展方向、以绿色为公众消费理念、以绿色为政府管理蓝图，建立健全以产业生态化和生态产业化为主体的生态经济体系。开展绿色革命，建设绿色工厂、绿色园区，大力推进产业生产方式向高端化、智能化、绿色化方向发展，形成企业—产业—园区—社会良性循环的绿色绿色循环经济产业链，推进"企业循环、产业循环、区域循环、社会循环"四层循环，积极探索绿色循环的产业体系。逐渐普及可再生能源、永续小区、智能电网及与环境友好兼容的科技等，全面推行绿色经济发展模式，高质量建设绿色发展先行区。科学评估资源承载能力和市场发展空间，鼓励和引导生态退化地区因地制宜发展特色优势产业，加快发展特色种养业、农产品加工业以及以自然风光与民族风情为特色的文化产业和旅游业。充分发挥区域的太阳能、风能等清洁能源的优势，积极发展清洁能源产业；推行"零能耗"建筑，改造建设节能楼，推行城市太阳能发电设

施、薄膜太阳能发电设施、太阳能路灯、地源热泵系统；降低电耗，实现零能耗采暖制冷；深化资源环境综合改革，构建环保、节能、节水、清洁能源、绿色交通、绿色建筑和绿色农产品等产业生态化和生态产业化为主体的循环生态经济产业体系，发展绿色经济。积极倡导和大力推行绿色消费，推动形成绿色发展方式和生活方式，推进绿色化改造，支持绿色技术创新，推进清洁生产，发展绿色建筑、绿色交通，培育节能环保产业，开展绿色生活创建活动，培育发展生态经济，全面推行经济社会生态环境绿色发展模式，高质量建设绿色发展先行区，将宁夏沿黄城市群建设成为黄河流域生态保护和高质量发展生态文明和绿色发展示范区，走绿色城镇化道路。

优化产业结构，推进"六新六优六特"绿色循环，实现产业发展与区资源环境承载能力相适应。建立资源节约型工业，构建宁夏沿黄城市群资源高效利用的新型工业产业体系。严控资源消耗大、环境污染重、投入产出低的行业企业发展，降低碳排放强度，推进低碳化发展。重构产业生态转型路径，加快产业结构调整和优化升级；积极研发节能减排、新能源和清洁能源等生态友好技术；构建科技含量高、资源消耗低、环境污染小的绿色产业体系，全面推行生产过程绿色化；建立绿色供应链体系，促进绿色技术创新，加强生态环境监管和污染防治，探索多元化的生态补偿机制，建立和完善生态文明相关法律制度等，大力推动生产方式绿色化；设立工业能源转型基金，制定工业脱碳和氢气收入支持计划，推动工业深度脱碳，支持绿氢和工业碳捕集技术研发工业，构建碳捕集、利用与封存（CCUS）集群，捕集二氧化碳，以推动工业深度脱碳。大力发展城市绿色交通，倡导绿色出行，促进垃圾分类和处置，促进城市的绿色运输。积极发展清洁能源，全面实施清洁生产，建设生态环保企业、生态工业园区、生态城镇、生态工业系统，将石嘴山市、宁东能源化工基地建设成为绿色低碳发展示范区。加快建设现代农业生产体系，大力推进中低产田改造和高标准农田建设，加强农业基础设施建设，强化绿色导向、标准引领、质量安全监督，打造高标准绿色农产品生产示范基地。加快发展绿色、有机特色农产品示范基地，打造集研发、种植、加工、营销、文化、生态于一体的现代农业全链条。注重用新技术、新业态和新服务方式改造传统服务业，提高第三产业的现代化水平，构建以第三产业为新增长点和环境友好型现代服务业。加快发展数字经济、"互联网+"、物流、电子商务、电子信息、新型材料、清洁能源、绿色食品等现代特色优势产业，全面构建绿色产业体系。将宁夏沿黄城市群建设成生态文明和绿色发展的黄河流域生态保护和高质量发展示范区。

（二）实施"八城建设"生态型城市群，实现"金山银山"与"绿水青山"和谐统一

党的二十大报告指出，"必须牢固树立和践行绿水青山就是金山银山的理念，站在人与自然和谐共生的高度谋划发展。"坚持以生态为先，打造"八城"生态型城市群。根据联合国千年发展目标和宁夏沿黄城市群实际，打造"八城建设"绿色低碳城市群。建设和谐城市、创新城市、开放城市、绿色城市、循环城市、海绵城市、便捷城市、安全城市。加快发展方式绿色转型，实施全面节约战略，发展绿色低碳产业，倡导绿色消费，建立绿色持续可循环的生态环境，努力培育宁夏沿黄城市群生态保护和高质量发展绿色增长极，发挥宁夏"塞上江南"的优势，实现"金山银山"与"绿水青山"和谐统一，把宁夏沿黄城市群建成西北地区人、城、产、水协调绿色低碳发展示范区。

（三）以资源环境承载功能为基础，优化土地资源结构，调控资源开发利用模式

坚持生态优先，以保护耕地和保障经济社会发展用地为核心，优化土地利用结构，提高土地节约集约水平，形成资源节约、持续利用、经济社会环境和谐发展的土地利用模式。依托天然林保护、退耕还林、退牧还草、三北防护林等国家重点工程，继续推进封山禁牧、退耕还林、退牧还草和植树造林，强化全国防沙治沙示范区建设。

严格耕地保护制度，提高农业生产水平。党的二十大报告指出，全方位夯实粮食安全根基，牢牢守住十八亿亩耕地红线，确保中国人的饭碗牢牢端在自己手中。这是关系国家长治久安和人民生活福祉的政治使命，也是展现宁夏担当和作为的重大任务。进一步优化永久基本农田布局，强化永久基本农田数量、质量、生态"三位一体"建设保护，确保耕地数量有增加、质量有提高、生态有改善。

（四）以人才培养为根本，加快建设高质量教育体系，推进技术创新，打造人才高地

人才是经济发展的主导力量，应进一步确立人才培养优先的发展战略。加大教育投入，解决各县区发展不均衡问题，加快建设高质量教育体系。大力引进高层次人才，重点引进学科领军人才、青年拔尖人才和高水平创新团队，注重引进新兴学科、交叉学科及重点领域急需紧缺人才。创新型人才是推进宁夏技术创新的一大关键。继续实施四大人才工程，就是要大力实施人才培养工程、引进工程、活力工程、暖心工程，努力建设一批具有较强创新思维和创新能力的人才队伍。关注拔尖创新人才的早期培养，对青年拔尖个人和青年拔尖团队进行重点关注，跟踪培养，为其制定特定的培养方案。继续落实相关措施，贯彻"人才强区"的战略目标，留住用好基层本土人才，引进高层次人才，避免人才流失。打造西部地区具有吸引力、竞争力、影响力的人才高地，为加快建设先行区、继续建设美丽新宁夏提供智力支撑和人才保证。

（五）建立以资源环境承载力为约束的"四层循环"经济模式，全方位构建"两高三低"绿色发展模式

以资源承载力确定产业布局，以资源优势优化产业结构，利用资源优势，构建绿色产业体系，建立以资源环境承载力为约束的四层循环经济模式。第一，鼓励企业大力推广生态环保技术，加大对节能、节水综合利用的循环经济试点工作力度，积极发展风能、太阳能等清洁能源；建设绿色工厂、绿色园区，大力推进产业生产方式向高端化、智能化、绿色化方向发展，形成企业—园区—社会良性循环的绿色绿色循环经济产业链，推进企业循环、产业循环、区域循环、社会循环，积极探索绿色工业化，推进绿色城镇化道路。第二，以主体功能区划为依据，构建"两高三低"绿色经济体系，加快构建低投入、高产出、高效益、低消耗、低污染高效生态产业体系，推进绿色转型，推动生态经济发展，实现经济发展和生态保护"双赢"。积极推进特色农牧业、加工业、旅游业和文化产业等特色优势产业的培育壮大，大力发展绿色经济。重构产业生态转型路径，加快产业结构调整和优化升级；加强对能源、化工等优势产业的环保管理，促进高耗水、高污染、高风险产业的结构调整；积极研发节能减排、新能源和清洁能源等生态友好技术，大力发展循环经济、低碳经济；构建科技含量高、资源消耗低、环境污染小的绿色产业体系，全面推进绿色产品的制造；培育和发展战略性新兴产业，以绿色循环为中心，推动新型工业化，使区域内的资源和环境承受能力达到协调发展。完善相关服务配套，大力推动生产方式绿色化，促进绿色技术创新，探索多元化的生态补偿机制，加强生态环境监管和污染防治，建立和完善生态文明相关法律制度等，推进生产过程和生产方式绿色化。第三，以绿色发展引导消费。在需求方面，应大力提倡和支持绿色消费方式，拓宽绿色消费途径，扩大绿色消费方式，以提高绿色产品的消费比重。例如：鼓励乘坐公共交通工具，降低传统电池、塑料化工等不利于环保的产品的消耗量；在供应方面，鼓励节能、降低能耗、减少污染的生产方式，促进绿色产品和服务的生产和形成；鼓励使用低污染的新技术以及新的设备；鼓励行业领头企业增加绿色消费产品和服务的供给。坚持产业富民，绿色发展。第四，统筹生态保护和高质量发展的关系。统筹林草业与灌溉农业、枸杞产业、葡萄产业、滩羊养殖、特色旅游、生态文化等产业，大力发展生态、循环、高值农业，提高资源利用效率，把生态建设的成就转化为经济发展的保障，全面推行经济社会生态环境绿色发展模式，高质量建设绿色发展先行区，把宁夏沿黄城市群建成黄河流域生态保护和高质量发展生态文明和绿色发展示范区。

宁夏绿色生态循环农业发展模式研究

张治东

绿色生态循环农业，是在借鉴传统农业循环经济模式有效经验的基础上，通过对农业生产资源的合理化利用和对农业废弃物的资源化化利用，实现对农业生态环境的有效保护。宁夏农业发展一直秉持因地制定、绿色发展的生态理念，注重农业科学、可持续、高质量发展路径，涌现出了包括"对作物秸秆、畜禽废弃物的资源化利用""生态农业观光""立体综合种养"和"种植业与畜牧业循环互补"等4种模式在内的较为成熟的、单一或复合经营的绿色生态循环农业发展模式，为宁夏构建现代化生态循环农业体系奠定了坚实基础。

一、宁夏绿色生态循环农业发展模式分析

（一）对作物秸秆、畜禽废弃物的资源化利用模式

将作物秸秆和畜禽粪便等农业废弃物集中收集起来，通过厌氧发酵、耗氧曝气等工艺制作出沼气、沼肥等燃料或肥料，或加大秸秆转化饲料的利用力度，有效实现作物秸秆综合利用，在引（扬）黄灌区推广水稻留茬还田和玉米秸秆粉碎深翻还田技术，在中南部旱作农业区推广覆膜玉米秸

作者简介　张治东，宁夏社会科学院文化研究所副研究员。

基金项目　宁夏哲学社会科学规划一般项目"政府规划与农民适应：新内源发展理论对宁夏打造乡村振兴样板区的经验启示"（项目编号：22NXBSH02）阶段性成果。

秆腐熟堆沤还田，采用生物菌剂快速腐熟还田和秸秆堆沤还田技术，实施秸秆机械化粉碎深翻还田，不仅可以有效清除生活余秽和生产垃圾，而且还能有效补充清洁能源，是一条推进畜禽粪污资源化利用和实施作物秸秆综合利用的有效途径。据统计，2021年宁夏作物秸秆年收集量361万吨，资源化综合利用量320万吨，其中：饲料化利用量占利用总量的71.3%，肥料化利用量占利用总量的25.4%%。通过农作物秸秆综合利用，使农村农业生态环境得到了明显改善。

在畜禽废弃物的规模化、资源化利用过程中，一些大型龙头企业成效明显。作为国营农场，宁夏农垦乳业集团按照国家和自治区关于加快推进畜禽养殖废弃物资源化利用的意见以及《畜禽粪便无害化处理技术规范》《畜禽粪便还田技术规范》等文件精神，推行种养结合、农牧循环、健康养殖的绿色循环发展模式，在奶牛养殖厂场区内标准化配备了牛舍粪道水循环利用系统、大型热电联沼气发电系统、牛卧床垫料再生系统及沼液还田系统等，将集中收集在一起的牛场粪污，通过厌氧发酵、脱硫、高温烘干、固液分离，以及还田应用等工艺，成批量生产出沼气、沼液肥等燃料和肥料，将沼气冬天用作燃料给牛场供暖，夏季用来供电或并网入电，产生的沼渣烘干可垫料化回用，沼液则通过二次微滤技术、耗氧曝气、生物接种、营养复配后，形成有机液肥通过液肥管道接入农田，替代化肥成为绿色有机肥。这种粪污资源化利用模式不仅实现了对养殖场"三废"的无害化处理，而且对当地沙碱地改良起到了显著效果。据统计，仅农垦贺兰山奶业有限公司平吉堡第六奶牛场每年可利用粪污发电52.54万千瓦时，年产有机液肥1.2万立方米。在冬季沼气作为供暖燃料可每年节约用煤750余吨，使用沼气作为清洁能源代替煤充当燃料大大减少了二氧化碳和二氧化硫在空气中的排放，在保护生态环境，改善生产、生活条件等方面发挥了重要作用。

（二）生态农业观光模式

将农业生态与旅游观光结合起来推进农旅融合是当前各地都在积极打造的一种绿色生态循环农业发展模式。"宁夏稻渔空间"是其中比较典型的代表，该乡村生态观光园位于贺兰县常信乡四十里店村，2018年创建国家级稻渔综合种养示范区，将自然生态和农业、渔业、休闲旅游以及产品加工、销售、社会化服务等结合在一起，较为成功地实现了一二三产业的融合发展。目前，该园区已建设有稻田画景观区、智慧农业展示馆、科普教育长廊、农民田间学校、植物观赏及风车长廊、农耕文化展示厅、传统农耕用具及稻草人展示区，以及有机瓜果采摘园、大型日光温室种植区、农事活动观赏体验区和民俗民居农家小院等基础设施，在园区可以开展稻渔综合种养、水稻工厂化育秧、旱育稀植栽培技术、钵育摆栽机插秧、有机肥施用、生物除草、农机农艺深度融合、绿色高产创建、"互联网+农业"等关键环节技术的示范推广。旅游旺季，园区通过为游客提供绿色和有机大米及园区自产的各种水果、蔬菜等特色农产品，吸引周边市民到园区从事烧烤垂钓、农耕体验、农产品采摘等活动。游客在园区不但可以欣赏到美丽的田园风光，还可以通过科普介绍了解到更多关于农业生产的知识，进行研学体验观摩等活动。

除此之外，园区还建立了与当地农民的利益联结机制，通过土地流转850元/亩、土地入股分红100元/亩，在米厂和园区务工160元/天，带动315户农民每户平均实现增收9300多元，有效解决了100余名农民的就业问题，成为提高农民收入的一条重要途径。据统计，园区占地面积2600亩，其中种植绿色稻1600亩，有机稻1000亩，生态养殖稻田鸭2000余只、稻田蟹10万余斤、稻田鱼10万余斤。截至2022年10月，入园游客达11万多人次，实现收入400多万元，接待各类观摩学习活动240多次。园区还通过开展粮食收储、大米加工、农资植保、农机作业、农技服务、质量安全、电商销售、技术培训等农业社会化综合服务，辐射贺兰全县粮食种植面积3万多亩，通过指导种植、统一收购，带动农户实现增收500多万元，对宁夏乡村旅游发展和生态农业观光模式的推广起到了积极示范带动作用。

（三）立体综合种养模式

在宁夏立体综合种养模式主要包括北部引（扬）黄灌区的稻田综合种养模式和南部山区利用梯田高度差实施的间作套种模式。在引（扬）黄灌区施行的以稻田养鱼为代表的稻田综合种养模式是将传统的种植业和水产养殖业结合起来，利用水稻种植和水产养殖互为生态链的原理，使种植系统利用水产养殖中的营养，水产养殖利用稻田种植系统中的水源，在追求提高水稻品质的前提下，实现"一水多用，一地多收"的绿色生态循环农业模式。在这一立体综合种养系统中，水稻为水产养殖提供庇荫和有机食物，鱼虾、螃蟹、鸭子和泥鳅等水产养殖则发挥水稻耕田锄草、松土增肥、提供养料、吞食害虫等功能，较大可能减少种养循环系统对农药、化肥等石油化工材料的吸收和依赖，形成一个绿色健康的营养循环体系。

利用梯田高度差进行间作套种是南部山区进行立体复合种植的主要方式，尤其在彭阳县比较集中，就是利用农作物生长发育的空间差和时间差，采用高棵作物对矮棵作物、尖叶作物对圆叶作物、深根作物对浅根作物的方法，实施小麦套种马铃薯、马铃薯间作蚕豆、豌豆套种马铃薯、小麦套种玉米、玉米间套杂豆等模式，通过提高作物对水、肥、气、热及光能的利用率，形成多物种、多层次的立体种植结构。据统计，2022 年，彭阳县采用全膜双垄覆盖技术共完成大豆玉米带状复合种植面积 24.36 万亩，其中，"4+3"①模式种植面积 23.68 万亩，占 98.26%，"4+2""4+5""2+3"等模式均为零星种植，并在梯田插花种植冬小麦、胡麻、燕麦、土豆、糜子、谷子等杂粮。其中，玉米面积占 67%，折算面积 16.32 万亩；大豆面积占 33%，折算面积 8.04 万亩，综合产量每亩 504.1 公斤，亩产值 1578.0 元，总产值 38440.08 万元。有学者表示，这种间作套种模式不仅能够有效降低作物单一品种的倒伏性，而且十分有利于生物多样性对农业病虫害的有效防控。

（四）种植业与畜牧业循环互补模式

将种植业与畜牧业结合起来进行能量互补是实现农业生产资源循环再

---

① "4+3"模式：玉米种植 4 行，宽窄行种植，中间两行行距 70 厘米，边行行距 40 厘米，株距 14 厘米，单粒精播，亩种植密度 5500 株左右；大豆种植 3 行，行距 30 厘米，穴距 12 厘米、一穴两粒，或穴距 6 厘米、一穴一粒，亩种植密度 10000 株左右；玉米与大豆行间距 70 厘米左右。玉米大豆总带宽 350 厘米，玉米、大豆占地比约为 6∶4。播种机械选择玉米、大豆一体式 7 行（2∶3∶2）专用播种机，玉米可机械收获，大豆选择窄幅式收获机收获。

利用、废弃物资源化利用的一种有效农业生态模式。在宁夏以养殖业为主的很多村镇，农牧民将畜禽粪便通过堆肥发酵后用于农田种植，农田种植产生的作物秸秆或青贮饲料再作为畜禽的主要食源，有效实现了种养资源的互补和循环利用。硝河村位于西吉县东南部，是硝河乡政府所在地，区域面积 8.5 平方公里，耕地面积 5764.54 亩，退耕还林面积 928 亩，辖有 6 个村民小组，户籍人口 448 户 1773 人，其中常住人口 292 户 1248 人。近年来，该村坚持"生态优先、以草定畜、以种促养、种养结合"的原则，推动草畜产业扩量增效，建成青贮池 144 座、饲草料配送中心 1 个，形成了"家家养畜、户户种草"的种牧互补、循环新格局。2022 年该村进一步扩大种养殖规模，种植优质青贮玉米 3000 亩，养殖存栏肉牛 1800 头，通过发展青贮玉米饲草种植、满足存栏肉牛养殖量。

在政府的引导和支持下，标准化、规模化的种牧互补模式在农村得到了较大发展。2017 年，自治区政府办公厅印发《宁夏加快推进畜禽养殖废弃物资源化利用工作方案》，要求畜禽养殖场（户）就地就近实现畜禽粪便资源转化，降低养殖业污染物排放，从而构建绿色高效的绿色循环模式。西吉县马莲乡张堡塬村将种植业和畜牧业结合起来，建立起了高起点、高标准、高水平的现代生态循环农业示范园。目前，该生态示范园已建成标准化双排牛舍 8 座、草料大棚 2 座、青贮池 3 座、有机肥加工车间 3624 平方米、硬化堆肥场 4000 平方米，建成大跨度日光温室 3 座、大拱棚 31 座、双层全钢架大拱棚 6 座，购置饲草料粉碎机、揉丝机、全混合日粮饲料制备机等设备共计 20 台，按照"肉牛标准化规模养殖→牛粪加工有机肥→有机肥还田种植马铃薯、绿色蔬菜、优质牧草→牧草饲养肉牛"的生态循环模式，构建起了"种、养、加、销"和从农田到餐桌的全程生态循环产业链，有效地将种植业与畜牧业结合起来，实现了种养互补和资源化有效利用。

二、宁夏绿色生态循环农业发展模式存在的问题

（一）现代化设施的经济运行成本较高，传统小农种植结构难以与之匹配

发展现代化的绿色生态循环农业体系，需要规模化的大机器生产流程，

而当前全区范围内的农业模式大多仍以小农经营模式为主。对于像农垦集团这样的大型规模企业来说，标准化、产业化的绿色生态循环体系较为容易构建和推广，但对于普通小农户来说，则因经济实力、人力条件等原因存在难以实施的困境。因此，从整体来说，存在机械化的大机器生产与以家庭经营为主的产业模式不相契合的问题。在具体操作过程中，大部分村民受传统种养殖理念影响较深，更多依赖传统的种养殖技术，对于现代生产技术和生态理念缺乏基本的素养。譬如，尽管以稻田养鱼为代表的立体综合种养模式有着广阔发展前景，但由于大多数农户习惯于水稻的传统种植方式，对水产养殖生产技术尤其是稻田水产养殖缺乏基本常识，再加上立体综合种养需要规模化、标准化的设施基础，很多零星种植户在经济能力、土地资源、技术手段等各方面都很难适应，致使这一绿色循环农业发展模式无法得到大面积推广。

（二）绿色生态循环农业发展模式短期效益不明显，影响大面积推广

绿色生态循环农业模式是一项基础工程，需要不断完善和应用，才能发挥其应有效益。然而，当前多数农民兼营务工的现实，与绿色生态循环农业发展模式不能同步适应。近20年，有40%的农户家庭人均可支配收入以"铁杆庄稼"之称的非农经营为主，大多数农民在兼营农业生产过程中，还要腾出时间在外务工赚钱，而绿色生态循环体系是标准化的基础建设，需要耗费大量的人力物力不断维护和修缮，并且其在短时间内所产生的效益远远不能满足农村居民家庭当年的支出预算，这大大制约了绿色生态循环农业发展模式在以小农家庭经营户中的推广和应用。

（三）绿色安全产品检测机制不健全，绿色有机食品销售渠道不畅

尽管绿色循环体系下的很多绿色食品深受消费者喜爱，但在鱼龙混杂的农副产品消费市场上，由于尚未建立健全绿色有机产品安全检查机制和相应的绿色有机食品专柜，一些经过化肥、农药培育的农副产品与绿色、天然、无公害的食品混杂在一起。因普通消费者不能准确辨别二者差异，反而使那些经过化肥、农药侵蚀过的农副产品由于价格低廉、外观精美在市场上更为畅销。尤其是在一些特殊时段，因外销原因绿色产品滞销，会给农户带来不小的经济损失，从而影响种养户的生产积极性。譬如，西吉县硝河乡一家以绿色循环为模式的种菜大户，承包了当地 1100 亩的蔬菜基地，2022 年 10 月受疫情影响，使蔬菜不能及时送达银川和兰州等销售基地，致使大部分蔬菜因滞销而腐烂于地，给业主带来了难以估量的经济损失。

（四）农旅产业融合存在严重的同质化倾向，市场核心竞争力有待提升

目前，宁夏农旅市场主体规模偏小，产品结构相对低端，文化产品创意和特色不足，农旅产品品牌较少，科技含量和文化产品附加值较低，市场核心竞争力有待提升。就全区而言，各地发展生态观光农业方面存在地区间配套设施不尽合理，农旅产业规划的引导作用尚未得到充分发挥，农旅产业发展同质化倾向严重。总体而言，宁夏农业科技创新能力不强，新兴产业发展较慢，有规模、成系统的生态农业产业园区培育缓慢，尚未形成内生增长的产业生态体系。农旅产业需要规模以上龙头企业的引领和带动，而行业内领军企业还不够多，在商业模式创新、应用等方面更为滞后。在总量规模上、结构素质上，行业领军人才、复合型高端人才、优秀青年人才和专业技能人才不足，为农旅融合提供支撑的创意人才、设计群体则更为缺乏。

三、推动宁夏绿色生态循环农业发展对策建议

（一）大力实施农药减量增效，持续推进农业废弃物资源化利用

应组织农业科技力量持续推进作物秸秆、畜禽废弃物资源化利用，通过加大粪污集中处理、资源化利用技术指导，推广全量收集利用畜禽粪污、全量机械化施用等经济高效的粪污资源化利用技术模式，做好农业农村畜禽粪污集中收集处理，为有机肥加工提供资源，积极探索推广畜禽粪污资源化利用新模式。在有条件的村镇，推进种养结合、农牧结合，沼气沼液生产等多种模式，在加快粪污直接还田、堆沤发酵还田的基础上，加大有机肥生产加工力度，争取引进大型龙头企业，扩建有机肥生产厂，狠抓产销对接，提高商品有机肥使用率；依托养殖业发展，推进秸秆饲料化利用和秸秆腐熟堆沤还田技术模式，有效实现作物秸秆的综合利用。同时，应持续推进农药减量增效工作，提升绿色防控及农药减量控害技术，示范推

广低毒低残留农药，严格控制化肥、农药等投入品使用量，扩大测土配方施用范围，推进有机肥、缓释肥利用，通过加强农作物病虫害监测预报，推广专业化统防统治，利用资金补助或物化补贴等形式，创建各类专业化统防统治与绿色防控融合示范区，减少石油化工材料在农业生产中的使用和危害。

（二）加大政策倾斜和资金支持力度，构建绿色生态循环体系

绿色生态循环农业模式是一项利国利民的基础性工程，对于农业长久发展和食品安全具有不可估量的作用，各级政府应该扛起应有责任，从长远考虑发挥好领导角色和组织协调力量，通过自身影响以及政策倾斜和资金支持，撬动社会资本，为绿色生态循环农业的创业人员及实施者提供一定的财政补助及银行贷款优惠，通过多种渠道多种形式的帮扶机制，督促肉牛存栏达到 10 头（其他畜禽按牛的标准进行折算）以上的所有养殖户配套建设畜禽粪污处理设施，推动宁夏各级各类生态循环农业模式有序运行和健康发展。当然，农业科技发展始终是绿色生态循环体系不断完善和发展的关键，政府应提高农技科研在农业生产过程中的创新和应用力度，切实增强新型农业科学技术对农业绿色产业体系的增值变现能力，为绿色生态循环农业长久发展奠定科技支撑。

（三）建立健全绿色安全产品检测机制，着力打通农业有机食品销售渠道

严格落实《农产品质量安全监测管理办法》，制定符合宁夏实际的农产品质量安全监测计划和实施细则，对影响农产品质量安全的有害因素进行检验、分析和评估，逐步减少和限制农药、化肥超标食品在农产品市场上的流通。近年来，银川莲湖西红柿因口感好、品质佳而备受消费者青睐，自治区应出台政策对类似于莲湖西红柿这种优质的绿色农产品从引进、种植、运送到销售等全过程给予政策鼓励和资金支持，完善本地绿色有机地标农产品品牌培育体系，构建以彭阳燕麦、泾源黄牛肉、盐池黄花菜、西吉西芹等绿色食品、有机农产品和地理标志农产品为主要类型的农产品认证登记体系，逐步形成具有宁夏地域特色的绿色优质农产品发展格局，让人们吃上更多"具有小时候味道"的绿色安全有机食品。

（四）集中力量，在农文旅融合上下功夫、出奇招

农旅产业是当前改善乡村人居环境、壮大乡村产业、带动农民增收的重要抓手，利用农旅项目的开发和运营可以最大限度盘活乡村的生态、农业、民宿等资源，通过建设乡村生活垃圾中转站、厨余垃圾资源化利用站、再生资源分选站，构建"三站一体"综合性末端处理区，倒逼乡村厕所革命、基础设施改善、生态环境提升等有序推进。因此，自治区应大力支持生态农业观光模式在乡村的深入发展，努力提升农旅产品和服务的内涵性、多样性、趣味性与互动性，从多方面提高乡村旅游的附加值。在有条件的村镇，顺应新型城镇化发展趋势，着力打造一批特色文创小镇，建设一批田园综合体和旅游示范园，开发一批生态休闲游、避暑休闲游、梯田观光游、农事体验游、健康养生游等旅游产品，把绿水青山的"看点"变成致富增收的"卖点"。

近20年宁夏林草生态空间变化及其绿度特征

马彩虹　杨　航

　　林草地是我国陆地生态系统重要组成部分，具有固沙防尘、涵养水源、调节气候等重要功能，在生物多样性保护及碳汇功能维持等方面发挥着重要作用。健康的林草生态系统具有活力，能维持自我运作能力，为人类持续提供生态服务。林草生态系统一旦受损，不仅无法调节区域气候、维持生态平衡，还将成为沙尘暴策源地。宁夏地处北方农牧交错生态脆弱区，自然环境较为恶劣，作为西北地区重要的生态安全屏障，承担着维护西北乃至全国生态安全的重要使命。研究近20年宁夏林草生态空间格局变化及其绿度特征，对于宁夏生态环境治理具有重要意义。

一、方法与数据

（一）研究方法

1. 趋势分析

　　基于土地利用变化，采用 Theil-Sen Median 趋势法分析和 Mann-kendall 显著性检验对林草地绿度动态变化进行分析，公式如下：

作者简介　马彩虹，宁夏大学地理科学与规划学院教授；杨航，宁夏大学地理科学与规划学院硕士研究生。

$$Z_c \begin{cases} S-\dfrac{1}{\sqrt{var\ (S)}}, & S>0 \\ 0, & S=0 \\ S+\dfrac{1}{\sqrt{var\ (S)}}, & S<0 \end{cases} \qquad \text{(公式1)}$$

$$S=\sum_{i=1}^{n-1}\sum_{k=i+1}^{n}sgn(NDVI_k-NDVI_i) \qquad \text{(公式2)}$$

式中，$NDVI_k$、$NDVI_i$ 为连续的 NDVI 数据序列；n 为年份；Z_c 为标准化检验统计量，其中 $Z_c>0$ 时表示上升趋势，反之，则表示下降趋势。由于 Theil-Sen Median 强调单调趋势，结果不一定为线性，为体现变化幅度引入 Theil-Sen Median 斜率法表征变化幅度 Q 的大小。公式为：

$$Q=Median\ [(x_k-x_i)\ /(k-i)],\ k>i \qquad \text{(公式3)}$$

式中，$1<i<k<n$。当 $Q>0$ 时，呈上升趋势；反之，呈下降趋势。

2. 变异系数

变异系数反映数据的离散程度，用来反映林草绿度变化波动程度，公式为：

$$CV=\frac{\sigma_{NDVI}}{NDVI_{avg}} \qquad \text{(公式4)}$$

式中，CV 表示林草地绿度变异系数，σ_{NDVI} 为标准差，$NDVI_{avg}$ 为均值，CV 值越大，表明林草地的绿度波动程度越大，受气候变化和人类活动的干扰程度越大；反之，则说明绿度稳定，受气候变化和人类活动的干扰程度低。

3. Hurst 指数

Hurst 指数用于定量描述趋势的持续性，通常使用 R/S 分析法估计。H 指数取值范围为 0—1，0<H<0.5 表示未来变化与趋势相反，H 值越接近 0，反持续性越强；H=0.5 表示持续性差；0.5<H<1 表示未来的变化状况与过去时间序列的趋势相同，H 值越接近 1，持续性越强。

（二）数据来源与预处理

NDVI 数据源于 SPOT/VEGETATION PROBA-V 1km PRODUCTS1KMNDVI 数据集，该数据集采用最大值合成法生成，数据源为资源环境科学数据中心；土地利用数据来源于地理国情监测数据；气温与降水数据来源于国家地球系统科学数据中心。本文将上述数据重采样为空间分辨率 30 m，投影为 Krasovsky_1940_Albers。

二、宁夏林草地时空变化特征

（一）林草地时空分布特征

宁夏的林地的分布以固原市最多，其次是吴忠市，以六盘山、贺兰山和罗山三大自然保护区最为集中。研究时段内，2000—2020 年林地由22.85万 hm² 增加到26.85 万 hm²，吴忠市增加幅度最大，共增加了 37836.52 hm²，其次是固原市，增加了 4042.11 hm²。吴忠市主要是盐池县防风固沙灌木林地的增加，以及罗山自然保护区林地的生态修复成效显著；固原市主要是六盘山水源涵养林的增加，且以彭阳县的林地增加最为显著。草地在吴忠市和中卫市面积最大，研究期内除固原市增加了 13475.81 hm²，其他区域均呈减少趋势，其中吴忠市减少 21097.76 hm²，银川市减少 19275.85 hm²（见图 1 和图 2）。

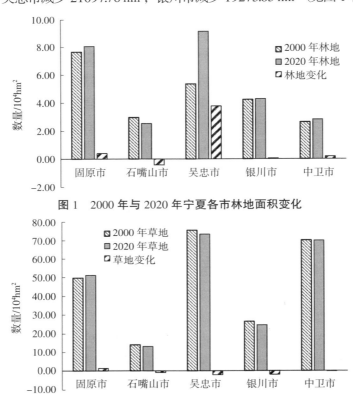

图 1　2000 年与 2020 年宁夏各市林地面积变化

图 2　2000 年与 2020 年宁夏各市草地面积变化

（二）林草地与其他地类之间的转换特征

林地增加主要贡献来源于草地（见表1），草地转化为林地的面积为3843.88 hm²，其中吴忠市转移面积达25377.20 hm²，同时吴忠市还有一部分耕地和未利用土地也转化为林地，罗山自然保护区和哈巴湖自然保护区有部分草地转化为林地，促进了区域生态环境质量改善。草地在土地类型转移中面积减少了37267.00 hm²。草地转为建设用地面积最多，其中，吴忠市、银川市、石嘴山市减少较多，均超过10000 hm²，固原市减少最少，为531.31 hm²。草地的增加主要表现在耕地和未利用土地的转化，其中固原市和吴忠市转移面积较多，分别为18765.78 hm²和19843.48 hm²，退耕还草政策在一定程度上促进草地质量提升。未利用土地转化为草地主要发生在石嘴山市和中卫市，未利用土地大量转化为草地，植被覆盖得到一定改善。20年间林地面积增加，草地虽然呈减少趋势，但较多草地转化为林地，林草地总体呈增加趋势，生态质量有所提升。

表1 宁夏2000—2020年林草地与其他用地类型转移矩阵　　　单位:hm²

	市域	耕地	草地	水体	建设用地	未利用土地	合计
林地	固原市	564.01	3843.88	−63.63	−298.26	−4.46	4041.54
	石嘴山市	−2774.22	87.36	−367.65	−1194.32	48.81	−4200.02
	吴忠市			−105.48	−1516.05		
	银川市	−132.86		−111.20	−2476.19		
	中卫市				−443.36		
	合计			−540.68	−5928.19		

	市域	耕地	林地	水体	建设用地	未利用土地	合计
草地	固原市	18765.78	−3843.88	−708.84	−531.31	−205.75	13476.00
	石嘴山市	−2073.22	−87.36	−2073.88	−10300.42		−8712.67
	吴忠市		−25377.20	−1235.50	−14004.87	−323.91	−21098.00
	银川市		−3063.02	−1602.92	−12820.44	−3339.13	−19276.01
	中卫市		−1476.89		−6594.61		−1656.33
	合计		−33848.36	−5391.23	−44251.65		−37267.00

林草地与其他地类的变化在空间上呈现一定差异性。林地的减少主要表现为转为耕地，主要发生在石嘴山市、罗山，以及固原市与中卫市交界处。林地的增加主要发生在宁夏中南部，吴忠市其他类型用地转为林地较

多，主要表现为自然保护区范围林地增加明显。特别是在白芨滩、罗山、哈巴湖等自然保护区林地增加较多，主要表现为草地转为林地。草地面积的减少主要发生在中北部，主要原因在于建设用地扩张、耕地的垦殖等草地的侵占。草地的增加主要发生在中部和南部，耕地转为草地的最主要类型，主要发生在沿黄城市带南缘、中卫市与固原市的交界处，这主要与退耕还林还草政策密切相关。

三、宁夏林草地的绿度效应

（一）不同草原类型绿度变化特征

2000—2020 年宁夏林草地 NDVI 呈波动上升趋势，增长速率为 0.0068/a（见图 3）。

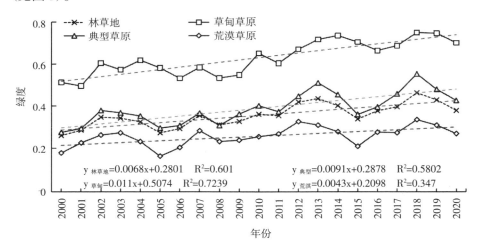

图 3　2000 年与 2020 年宁夏不同类型林草地面积变化

林草地 NDVI 变化与年份相关，相关系数 0.601，通过了 0.01 置信度检验，表明林草地 NDVI 得到显著改善。研究期内，不同草原类型 NDVI 均呈波动上升趋势，其中草甸草原上升速率最大，为 0.0107/a，绿度由 2000 年的 0.51 增长到 2020 年的 0.70；典型草原增长速率次之，为 0.0089/a，绿度由 2000 年的 0.28 增长到 2020 年的 0.73；荒漠草原上升最为缓慢，速率为 0.0043/a，绿度由 2000 年的 0.18 增长到 2020 年的 0.30。林草地、荒漠草原、典型草原、草甸草原绿度最大年份均为 2018 年，绿度分别为 0.42、

0.33、0.55、0.75；林草地和典型草原绿度最小年份均为 2000 年，分别为 0.26、0.78，草甸草原和荒漠草原绿度最小年份分别为 2001 年和 2005 年，最小绿度分别为 0.50、0.16。草甸草原绿度较其他类型草原和林草要高，且波动趋势也稍异其他三种类型。研究期内不同草原草地 NDVI 大小为：草甸草原>典型草原>林草地>荒漠草原。

（二）北中南绿度变化特征

宁夏北部林草地绿度由 2000 年 0.19 增长到 2020 年的 0.30，增长速率为 0.0044/a；中部由 2000 年的 0.23 增长到 2020 年的 0.37，增长速率为 0.0067/a；南部由 0.44 增长到 0.65，增长速率为 0.0122/a。北部、中部年际变化趋势和幅度相似，南部总体变化趋势相同，局部变化趋势较其他有异且上升速率最大。研究期内宁夏林草地绿度排列顺序为：南部>中部>南部（见图 4）。

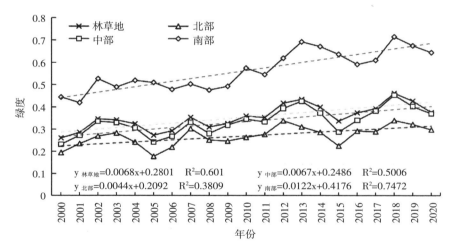

图 4　2000—2020 年宁夏不同区域类型林草地绿度变化

（三）绿化与褐化态势

以 2000 年为基准年，研究各年较基准年林草地绿度增减变化，发现 2000—2020 年宁夏林草地绿度得到一定提升。具体而言，贺兰山、罗山、六盘山多数年份呈显著增长趋势，增长趋势较宁夏其他区域显著（见图 4），表明以"三山"为主的自然保护区通过生态修复和环境整治取得一定成效，林草地绿度得到一定提升。2001—2010 年研究区林草地绿化、褐化并存，绿化趋势更显著些；2011—2020 年北部和中部林草地褐化与绿化并存，但绿化趋势较前 10 年得到进一步提升，南部绿化趋势最显著，且绿化趋势呈现由南向北蔓延趋势。

基于土地转移类型，利用 Theil-Sen Median 趋势法分析和 Mann-kendall 显著性检验分析宁夏林草地绿度变化趋势（见表 2）。林地转入的绿化趋势较林地不变化和林地转出高，褐变和无变化趋势小，且林地转出是所有土地类型转移中褐变趋势最多的，即其他用地类型转入林地会提升绿化趋势，林地转为其他类型会加大褐变趋势。草地转入类型较草地不变和草地转出的绿化趋势要高，无变化趋势和褐变趋势要低，即其他用地类型转入草地会提升绿化趋势，草地转为其他类型会加大褐变趋势，林地转出较草地转出绿化趋势高，主要是因为草地转为其他类型用地面积大，除转移为耕地外，未建设用地和未利用土地面积也较多。

表 2　不同土地转移类型绿化趋势面积占比　　　　　单位：%

土地类型转移	绿化趋势	褐变趋势	无变化趋势
林地未变化	85.770	1.023	13.207
草地未变化	76.379	0.173	23.448
林地转出	76.078	11.373	12.549
草地转出	68.530	3.429	28.041
林地转入	89.699	0	10.301
草地转入	79.031	0.827	20.142
总计	79.248	2.804	17.948

（四）绿度变化的稳定性分析

变异系数能客观反应数据分布的离散性与波动性。2000—2020 年宁夏林草地绿度变化总体较大，变异系数介于 0.031—0.615，平均值为 0.217，表明近 20 年宁夏林草地绿度整体处于高波动状态，且在空间上呈现出由北向南递减趋势，中部和南部局部区域因地形和气候等原因呈现出大小波动并存。地域稳定性空间差异明显的分布特征。小波动和较小波动主要出现在贺兰山和六盘山一带，中等波动主要出现在六盘山和哈巴湖自然保护区一带。固原市林草地的变异系数最低，中卫市变异系数最高。

2000—2020 年，宁夏林草地的 Hurst 指数为 0.229—0.615，平均值为 0.484，结合稳定性分析结果，表明林草地绿度整体上不具有持续的变化趋势。其中，Hurst 指数大于 0.5 的主要分布在六盘山、贺兰山、罗山等三大自然保护区，"三山"区域呈绿化趋势，绿度有明显提升。Hurst 指数为 0.25—0.5 的主要分布在宁夏北部和中部的荒漠草原区域，今后在这些区域应继续采取一些生态措施，促使绿度进一步提升。市域尺度下，除固原市 Hurst 指数大于 0.5 外，其他各市均小于 0.5，呈现出明显的由南向北递减态势。

四、宁夏林草地绿度变化与气候的关系

气候是影响林草地绿度的重要因素，在 2001—2020 年绿度变化趋势分析的基础上，分析温度和降水对其的驱动。研究期内有且仅有 2005 年降水量低于 2000 年，同时 2005 年林草地绿度在研究期内较 2000 年减少最多；温度仅 2008 年和 2012 年低于 2000 年，且 2012 年较 2018 年温度下降更多，但 2012 年林草地绿度较 2008 年要高，主要原因表现在 2012 年降水多于 2018 年；2003 年和 2018 年降水量均较高，但 2018 年绿度较 2003 年要高，表现为 2018 年温度较 2013 年要高，即温度对林草地绿度提升也具有一定影响。2001—2020 年温度和降水均呈上升趋势，降水上升速率快于气温上升速率，2001—2020 年草地绿度也呈上升趋势，温度和降水对林草地绿度提升具有一定促进作用（见图 5）。

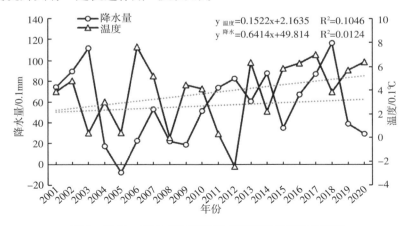

图 5　2001—2020 年气温和降水较基准年的变化趋势

五、对策与建议

近 20 年，宁夏林草地的 NDVI 呈波动上升趋势，不同类型草地 NDVI 及增长速度排列顺序为草甸草原＞典型草原＞荒漠草原。退耕还林还草政策在一定程度上促进林草地面积增加。研究期内林草地面积和绿度均得到一定程度的提升，部分未利用土地转为林草地，生态环境质量改善趋势明显。

"三山"林草地绿度较高，林草地整体呈绿化趋势，且该趋势由南向北递进，绿化趋势面积占比达 79.248%，林草地转入和温度、降水提升均在一定程度上促进林草地绿化趋势。空间上，宁夏林草地主要分布在宁夏中部和南部，绿化趋势呈由南向北递减趋势。宁夏北部林草地分布和绿化趋势均较南部差，且北部部分草地转化为未利用土地，今后应采取相应措施提升宁夏北部林草地面积和绿度。

宁夏由于地处生态脆弱区，生态环境较为恶劣，受年变率较大的气温和降水影响明显，林草地绿度波动较大。在推进林草地资源提升时，如何降低自然灾害对林草地绿化和生态工程的影响，使得宁夏林草地稳定提升和呈现出可持续的绿化趋势，仍然面临严峻的考验。今后发展中需要按照国土空间"三区三线"的约束，践行习近平总书记提出的生命共同体理念，推动山水林田湖草沙系统治理，有效化解建设用地、生产用地与林草生态用地的空间冲突问题，推动"生产空间集约高效、生活空间宜居适度、生态空间山清水秀"建设，推动宁夏作为黄河流域生态保护和高质量发展先行区建设。

加强宁夏耕地保护和建设研究

王慧春

粮食安全是国之大者。习近平总书记多次强调，保障国家粮食安全的根本在耕地，耕地是粮食生产的命根子，是中华民族永续发展的根基。18亿亩耕地必须实至名归，农田就是农田，而且必须是良田。党的二十大报告强调，全方位夯实粮食安全根基，全面落实粮食安全党政同责，牢牢守住十八亿亩耕地红线，逐步把永久基本农田全部建成高标准农田，确保中国人的饭碗牢牢端在自己手中。

一、宁夏耕地保护与建设现状分析

近年来，宁夏按照党中央、国务院决策部署，积极采取措施，强化主体责任，深入实施"藏粮于地、藏粮于技"战略，耕地保护和建设工作取得显著成效。

（一）加强耕地资源保护

落实最严格耕地保护制度，划优划实"三区三线"，构建耕地数量、质量、生态"三位一体"保护格局，建立耕地和永久基本农田不同强度管控制度，严格耕地目标考核，牢牢守住了耕地保护红线。全区实有耕地面积

作者简介　王慧春，宁夏回族自治区人民政府研究室（发展研究中心）农村处处长。

1802 万亩，划定耕地保护面积 1757 万亩，划定永久基本田 1424 万亩，超额完成国家下达的 1748 万亩耕地、1399 万亩永久基本农田保护目标任务。在全国率先建成"1+N"耕地保护动态监测监管平台，建立自治区、市、县、乡、村和村民小组六级耕地保护责任体系，推行划区定责、分级保护、以码管地新模式，将全区 1802 万亩耕地按照自治区、市、县、乡、村和村民小组划分为 13499 个责任区，及时掌握耕地变化情况。通过实施国土整治、高标准农田建设等补充耕地项目 197 个，新增耕地 30 万亩，为国家和自治区重点建设项目和经济社会发展补充增量土地。严格落实耕地占补平衡制度，通过发挥增减挂钩、增存挂钩、增违挂钩作用，盘活闲置土地 29 万亩。

（二）加大耕地建设力度

加快推进高标准农田建设，综合考虑农业、水利、林业、电力、气象等因素，紧紧围绕田、土、水、路、林、电、技、管 8 个方面，出台《宁夏高标准农田建设规划（2021—2030 年）》《宁夏高标准农田建设质量管理办法》等政策文件，加强田块整治、土壤改良、灌溉与排水设施建设、田间道路建设、农田防护和生态环境保护、农田输配电设施建设、科技服务、管护利用等高标准农田建设重点工作。截至 2022 年底，累计建设高标准农田 971 万亩，占全区耕地面积的 53.9%。推进山水林田湖草沙综合治理，全面贯彻"四水四定"原则，坚持封山禁牧不动摇，持续开展大规模全域绿化和小流域综合治理。科学推进水土流失综合治理，加快大中型淤地坝建设、病险淤地坝除险加固、老旧淤地坝提升改造等水土保持重点工程建设，推动智慧水土保持建设，深入开展黄河流域生产建设项目水土保持专项整治行动，健全水土保持政策体制机制和监督管理制度体系，全年治理荒漠化土地 90 万亩，治理水土流失面积 45.7 万亩。

（三）提升耕地质量

加强农田水利建设，实施固海扩灌扬水更新改造、青铜峡和固海等大中型灌区现代化改造等重点水利工程，全区实际灌溉面积 1000 万亩左右。全面实施高效节水农业"三个百万亩"工程，有效补充农田土壤水分、保持土壤墒情、保障农业生产和农作物生长，累计发展高效节水灌溉面积

530 万亩，农田灌溉水有效利用系数 0.561。强化科技支撑，加大盐碱地高效改良、中低产田地力提升、重复利用土壤修复、生物修复等关键技术研究与攻关，大力示范推广耕层残膜回收、测土配方施肥、农机农艺深度融合、水肥一体化等技术，耕地地力不断提升，耕地质量平均等别提高到 11.07、质量等级提高到 6.85。

（四）强化耕地污染防治

持续推动土壤污染治理与修复，先后出台了《宁夏土壤污染防治工作实施方案》《宁夏土壤污染状况详查工作实施方案》《宁夏推进净土保卫战三年行动计划》等文件，加大农用地土壤污染状况调查，加强受污染耕地和污染地块安全利用、农用地土壤镉等重金属污染源头防治，全区受污染耕地安全利用率和污染地块安全利用率全部达到 100%。深入推进农业面源污染防治，推动化肥和农药减量增效、畜禽粪污资源化利用、农作物秸秆综合利用、农村"厕所革命"和农村人居环境整治。化肥、农药用量实现零增长，利用率分别达到 40.5% 和 41%，畜禽粪污资源化利用率、农作物秸秆综合利用率和农用残膜回收率分别达到 90%、88% 和 86%。全区 95%的村庄实现农村生活垃圾有效治理、无害化处置率达 100%，农村生活污水治理率达到 29%。

二、宁夏耕地保护和建设存在的问题

随着新型工业化、城镇化建设深入推进，工业用地、交通用地、城市扩张用地等需求强劲，实现耕地占补平衡、占优补优的难度日趋加大，加之耕地后备资源不足，耕地保护和经济发展间的矛盾日益突出。同时，受土地退化、土壤酸化、耕地盐碱化等地力下降的严峻考验，局部耕地质量有所变差，优质耕地减少趋势也在持续，耕地保护与建设面临多重压力。

（一）耕地资源禀赋较差

1. 耕地持续减少

宁夏干旱半干旱地区占宁夏土地面积的 91%，53%的土地面积荒漠化，而且存在生态类型多元、治理区域分散、生态问题复杂等问题，特别是缺林少绿、土地沙化、草地退化、自然灾害频发等问题仍然突出，耕地保护压力持续加大。国土三调成果显示，近十年，宁夏耕地净减少 139.42 万亩。同时还存在耕地撂荒、抛荒等现象，2021 年摸排查出全区有 11.57 万亩撂荒地。

2. 水资源匮乏

宁夏地处西北内陆，干旱少雨，多年平均降水量 289 毫米，年均水面蒸发量 1218 毫米，干旱指数 4.2，人均可利用水资源量不足全国平均水平的三分之一。在全区 1802 万亩耕地中，水田 231.93 万亩、水浇地 575.97 万亩、旱地 994.1 万亩，有水资源保证和灌溉设施的耕地仅占 45%，低于全国平均水平近 20 个百分点。

3. 耕地后备资源不足

受制于生态保护、退耕还林还草、水资源匮乏等，宁夏可开发利用的耕地后备资源量小且分布不均衡。有关资料显示，全区耕地后备资源总面积仅约 54 万亩，其中，96.3% 的耕地后备资源分布在银川、吴忠和中卫市，但大多数为盐渍化和沙化土地，且水指标不足，开发为优质耕地的成本较高；固原市降水条件好、土层厚的耕地后备资源仅占 3.7%，且多为坡耕地，开发利用难度较大。全区河滩耕地、沙化耕地、25 度以上坡耕地等达到 190 万亩，占全区耕地面积的 10.5%，这类耕地属于不稳定利用耕地，需要逐步退出。

（二）耕地保护难度加大

1. 耕地"非粮化"问题

在粮食生产比较效益低和农业结构调整力度加大的背景下，很多农民将耕地改种经济作物、发展林木和挖塘养鱼、发展畜禽养殖等效益更高的非粮化耕作。此外，一些地方对生态文明建设存在认识误区，认为生态文明就是修建景观、造林、铺草，存在在耕地上植树造绿、挖湖造景、超标准建设绿化带等问题。国土三调成果显示，10 年间宁夏耕地净流向林地 83.59 万亩、净流向园地 26.68 万亩、流向其他地类 29.15 万亩。

2. 耕地"非农化"问题

随着城镇化进程加快和城市外延扩张，以及建设城镇开发区、工业园区，改造县乡公路、通村公路及农村个人建房等原因，占用耕地现象时有发生。国土三调数据显示，2019 年宁夏建设用地 521.46 万亩，较 2009 年二调增加 132.78 万亩，增幅 34.2%；城镇村及工矿用地 446.26 万亩，其中村庄用地 261.5 万亩，占比 58.6%。2020 年以来，在开展全区永久基本农田划定不实、违规占用、生态退耕核实清理过程中，提取问题图斑近 52 万个。在开展农村乱占耕地建房专项整治行动中，排查发现问题 6 万个，占用耕地 5.02 万亩、永久基本农田 1.02 万亩。

(三) 耕地质量亟待提高

1. 耕地本底质量不高

宁夏地处西北黄土高原，水土流失较为严重，全区 40% 左右的土地属生态脆弱区，荒漠化土地占国土面积的一半以上，耕地质量可谓"先天不足"。耕地由高到低依次划分为 10 个质量等级，宁夏平均等级仅为 6.85，与全国 4.76 的平均等级有较大差距，其中一、二、三等高产田耕地 246 万亩，仅占 12.7%。高标准农田占全区耕地面积不到五成，高效节水灌溉面积仅占 27%，大部分耕地还处于待提升状态。

2. 耕地基础地力下降

长期以来，因提高产量的现实需要，农业生产大量使用化肥、农药，导致土壤的团粒结构、通透性能变差，耕作层持续变薄。同时，现在农民种地绝大多数不用农家肥，农户层面的种养结合比例已从 20 世纪 80 年代的 70% 多下降到目前的约 10%，耕地有机质含量大幅下降，这些都导致耕地退化加剧。近些年，宁夏大力发展设施农业，由于长期覆盖栽培，以及农药化肥的高投入，设施土壤普遍出现次生盐渍化、土传病害、养分失调加重等问题。

3. 耕地盐碱化问题突出

宁夏现有盐碱地 264.9 万亩，其中，轻度盐碱地 139.8 万亩，占比 52.8%；中重度盐碱地 108.5 万亩，占比达 40.9%；潜在盐碱地 16.6 万亩，占比 6.3%。

(四) 耕地受污染风险加大

1. 农业化学投入品消耗居高不下

宁夏农用化肥施用量由 20 世纪 80 年代的 18 万吨增加到现在的 100 万

吨左右。农业生产长期过量使用化肥农药，加上工业三废的排放，耕地受到不同程度污染。

2. 畜禽粪污资源化处理不足

近年来，宁夏畜禽养殖业快速发展，产生大量畜禽粪污，据测算，每头奶牛、肉牛、羊每年产生的粪便分别为 8.7 吨、5.8 吨、0.25 吨，根据自治区奶牛、肉牛、滩羊产业发展规划目标，2025 年畜禽粪便每年将达到 3000 万吨。但是，目前畜禽养殖粪污处理措施仍然缺乏，除较大规模养殖场科学处理畜禽粪便外，小规模养殖场和农户庭院养殖产生的畜禽粪便，大多数未经无害化处理直接撒入农田，对土壤的质量和环境影响很大。

3. 农业废弃物回收利用不够充分

蔬菜大棚、地膜覆盖种植等大规模使用塑料薄膜，但农用地膜残留水平依然较高，全区仍有 14% 的农用残膜不能回收利用。留置在农地中的残膜不仅影响土壤的通透性，还会造成土壤板结、保水保肥力降低等。

（五）耕地保护长效机制尚不健全

1. 存在重建轻管问题

在高标准农田建设过程中，各地普遍重建设、轻管护，工程管护主体和管护责任不能有效落实。在一家一户承包地上建成的田间工程设施产权仍不明晰，管护资金和日常管护措施不到位，许多建设好的工程使用年限明显降低，还有部分建成的高标准农田被损毁。

2. 激励补偿机制不完善

宁夏落实耕地保护考核奖励资金每年仅 300 万元，多数市县支持耕地保护工作资金较少，不能充分激发基层群众保护和建设耕地的积极性。按照《高标准农田建设通则》要求，要建成旱涝保收、高产稳产高标准农田，亩均投入需要 3000 元，但是目前宁夏亩均投入不足 1400 元，根本无法兼顾灌排设施、土地平整、地力提升、信息化配套等建设内容。

3. 监管机制仍不健全

宁夏耕地土壤环境联动监管体系尚未建立，没有形成耕地土壤污染工业源、农业源、灌溉水等方面的联合监管合力。

三、推动宁夏耕地保护和建设的对策建议

保障粮食生产安全的根本，在于耕地数量质量的保护和建设。要采取"长牙齿"的硬措施，在保数量、提质量、管用途、挖潜力上狠下功夫，构建数量、质量、生态"三位一体"的耕地保护制度体系，确保宁夏耕地数量不减、质量提升。

（一）严守耕地红线

强化制度支撑，层层压实责任。按照耕地和永久基本农田、生态保护红线、城镇开发边界的顺序，统筹划定落实三条控制线。足额带位置逐级分解下达耕地保有量和永久基本农田保护目标任务。全面压实耕地保护主体责任，严格实行耕地保护党政同责、终身追责，健全责任分工体系，逐级签订耕地保护"军令状"，加大对耕地保护责任目标完成情况定期考核。大力推行"田长制"等新模式，把耕地保护任务落实到具体地块和责任人。

（二）加强用途管制

1. 落实最严格耕地保护制度

加强永久基本农田保护，坚决遏制耕地"非农化"、防止"非粮化"，强化土地流转用途监管，严格落实耕地利用优先序，积极推进撂荒地复垦利用，合理开发冬闲田。

2. 严格耕地占补平衡

严格落实"占优补优、占水田补水田"要求，加强耕地占补平衡全程监管，坚决防止占多补少、占优补劣、占水田补旱地。严格限制耕地转为建设用地，严厉查处违规违法占用耕地从事非农建设行为。

（三）提升耕地质量

1. 大力推进高标准农田建设

土地整理是耕地保护建设的一张"关键牌"。推动新增建设和改造提升相结合，加大农用地分类管理和综合整治，加强耕地土壤质量类别划分。深入实施高效节水农业"三个百万亩"工程，加快推进土地平整、土壤改良、灌溉与排水、田间道路、农田防护与生态环境保持等项目建设，加大中低产田改造和银北盐碱地改良，推进高效节水灌溉建设，打造更多集中

连片、旱涝保收、节水高效、稳产高产、生态友好的高标准农田。

2. 有效提升耕地地力

坚持耕地量质并重和用养结合，强化耕地数量、质量、生态"三位一体"保护，实施以深松整地、秸秆还田、种植绿肥等为重点的培肥地力工程，积极采取集成工程、农艺、化学、生物及轮作、休耕、增施有机肥等土壤改良措施，有效培肥土壤、提升地力，提高单位面积产出率。

3. 深入挖掘耕地潜力

合理确定耕地后备资源开发利用时序，支持符合条件的盐碱地等后备资源适度有序开发为耕地，对于一些具备开发条件的空闲地、废弃地，可以在保护生态环境的基础上，因地制宜发展设施农业。

（四）强化水利建设

1. 加强现代化灌区建设

水利是改善耕地质量的关键要素。加快推进青铜峡和固海扩灌等大型灌区，渝河和茹河等中型灌区，平罗、惠农和中宁等现代化生态灌区等工程项目续建配套与现代化改造，加强骨干渠道灌排工程设施除险加固、配套达标，优化提升灌区供水保障水平和骨干渠道供水保障能力。

2. 推动水土流失综合治理

完善水土流失综合防治体系，推进坡耕地整治和小流域综合治理，加强淤地坝、水库建设和除险加固，高质量建设黄河流域水土流失综合治理示范区。实施沙坡头、中宁水系连通及水美乡村建设，建设"安全、生态、美丽"的农村水系。

3. 发展智慧水利

推进数字孪生流域试点建设，强化水利设施智能化升级改造，切实提升宁夏水网建设管理和调控运行数字化、网络化、智能化水平，推进耕地质量长久提升。

（五）强化科技支撑

1. 加快耕地科技创新

加大耕地保护与建设投入，推动实施"沃田科技行动"，聚焦旱地、盐碱地、设施农地及后备耕地等关键问题，强化科技资源整合，推进"基础研究、技术研发、产品创制、模式构建"全链条科技创新，加大土壤组学、生物固氮、养分管理、秸秆还田、有机培肥、污染防控、酸化阻控、盐碱改良、旱作节水、智能装备等关键核心技术攻关，打造耕地保护与建设科技力量。

2. 加大技术推广应用

深化"科技特派员+"行动，组织专家技术服务团队深入田间地头培训指导，为农田"问好诊把好脉"。推动集中育秧、大垄密植、测土配方施肥等绿色高产模式、增产技术落实到田，推广普及"田保姆""铁把式""金扁担"，充分提升地力水平和挖掘土地增产潜力。

3. 发展智慧农业

加强主要作物生产全程机械化示范基地建设，大力推广深松（翻）、秸秆还田离田、精准施药等农机操作技术，加快新型植保机械推广应用步伐。推进"互联网+"农机作业，加强农机社会化服务，强化农机购置补贴和作业补贴，持续提高农机装备和作业水平，不断提升耕地质量和效益。

（六）防治耕地污染

1. 持续推进化肥农药减量增效

加强农业投入品质量管控，加快推广机械深松、测土配方施肥、有机肥替代化肥、种植绿肥等技术，强化统防统治，推广生物防治、理化诱控、生态调控等绿色防控技术，切实防控土壤污染。

2. 推动畜禽粪污资源化利用

建设标准化、规模化、集约化畜禽养殖基地，推动牛羊养殖"出户入园"。强化养殖场、示范村、有机肥加工厂粪污处理设施装备配套建设，加强牲畜粪便微生物除臭和无害化处理。推广种养结合的生态循环养殖模式，加大清洁养殖工艺和绿色技术应用，鼓励采取粪肥还田、制取沼气等，促进畜禽粪污全量资源化循环利用。

3. 促进农业废弃物回收再利用

加大对秸秆、残膜等收储运和加工利用市场化主体的支持力度，推广秸秆粉碎深翻还田和打捆收储加工，推进秸秆肥料化、能源化、饲料化、材料化等全量利用。推广使用可降解农膜，研发推广残膜回收机，积极开展地膜替代、减量使用、万亩农膜机械化回收等试验示范。

（七）健全管护机制

1. 健全耕地管护机制

农田建设"三分靠建、七分靠管"。建立农田建设管护经费保障机制，加大财政投入和对保护耕地的地方奖励，把高标准农田建设新增耕地指标调剂收益优先投入高标准农田建设，通过耕地地力补贴、耕地保护补偿、投资补助、贷款贴息等，鼓励社会资本参与。明确农田建设管护主体，落实管护责任，通过筹资投劳等方式，鼓励引导农民、农村集体、新型经营主体等参与农田建设运营，分享合理收益，提高建后管护水平。

2. 加强耕地监测

利用"互联网+"建立智能化耕地监测监管机制，加强耕地质量监督管理，将耕地质量保护与建设纳入耕地保护责任目标考核，织牢织密耕地保护监管网。

3. 加快耕地质量保护立法

将耕地质量管理与建设工作纳入法制化轨道，更新耕地保护相关法律制度，建立健全耕地质量监管、投入、管护、法律追究等长效机制。

中国传统生态思想对
宁夏乡村生态建设的影响研究

朱　琳

中国传统生态思想是生态文明建设的重要基础，具有丰富而深刻的内涵价值。党的二十大报告强调，推动绿色发展，促进人与自然和谐共生。实现人与自然和谐发展，是对中国优秀传统生态思想的传承和弘扬。乡村生态建设通过挖掘利用我国传统的生态思想，能够展现独特的人文内涵，提升乡村文化品位，彰显美丽乡村的地域和文化特色。对于推进乡村全面振兴，实现农业农村绿色高质量发展具有重要意义。

一、中国传统生态思想的基本内容

生态文明是以促进经济社会全面、健康、可持续发展为宗旨的人类文明发展新形态。传统生态文明思想以协调人与自然和谐相处为宗旨，探讨"天道"与"人道"，突出强调"天人合一"自然本体思想。因为人与自然共存共融，人类社会才能和谐发展。这种传统生态思想千百年来世代相承。因此，也形成了我国特有的传统生态思想。

作者简介　朱琳，北方民族大学经济学院副教授。

基金项目　国家社会科学基金项目"乡村振兴视域下六盘山连片特困区脱贫户稳定增收长效机制研究"（20BJY171）阶段性成果。

（一）人与自然和谐共生，"天人合一"的自然本体思想

早在先秦时期的典籍中就出现了人类与自然和谐相处的记载，《诗经·国风·豳风》有云："七月食瓜，八月断壶，九月叔苴。采荼薪樗，食我农夫。……九月筑场圃，十月纳禾稼。黍稷重穋，禾麻菽麦。……朋酒斯飨，曰杀羔羊。跻彼公堂，称彼兕觥，万寿无疆。"①这段话描述了当时人们顺应天时，辛苦劳作的场景，展现了早期农耕文明中怡然自乐的田园生活风光。

孔子说："子钓而不纲，弋不射宿。"②他提倡用鱼钩钓鱼，而不是用大绳系住网钩截鱼，否则会截住鱼苗，不能射猎在巢中睡觉的鸟儿，因为它们可能正在养育幼鸟，这是一种保护自然、倡导与之和谐相处的理念。孟子认为人性和天道是相通的，要充分发挥人的善良本性，知晓人性就是知晓天命："尽其心者，知其性也。知其性，则知天矣。"③他还提出："诚身有道，不明乎善，不诚其身矣。是故诚者，天之道也，思诚者，人之道也。"④突出"诚"是做人的根本，在天与人之间起到桥梁的作用，"天时不如地利，地利不如人和"⑤，告诫人们要想成就一番事业，必须天、地、人实现融通，内外兼修。

老子指出："夫物芸芸，各归其根。归根曰'静'，静曰'复命'。复命曰'常'，知常曰'明'。不知'常'，妄作凶。"⑥意思是万物回归根本，返回到它的根本就叫作清静，清静就叫作复归于生命，复归于生命就叫自然，聪明的做法是与自然和谐相处，那些不计后果，一意孤行的行为只会招来祸端。老子曾说过："故道大，天大，地大，人亦大。域中有四大，而人居其一焉。"⑦人只是宇宙万物的其中一个组成部分，所以人必须找到与自然和平相处之道，不能凌驾于自然之上。

---

① 《诗经》，中华书局，2015 年，第 197—199 页。

② 《论语》，中华书局，2016 年，第 88 页。

③ 《孟子》，中华书局，2016 年，第 289 页。

④ 《孟子》，中华书局，2016 年，第 158 页。

⑤ 《孟子》，中华书局，2016 年，第 76 页。

⑥ 《老子》，中华书局，2018 年，第 42 页。

⑦ 《老子》，中华书局，2018 年，第 66 页。

（二）道法自然，"敬畏自然规律"的生态伦理思想

孔子云："天何言哉？四时行焉，百物生焉，天何言哉？"①他指出，天即使什么都不说，四季仍然更替，万物依旧生长，这体现了孔子对自然规律的认识和敬畏。荀子指出："天行有常，不为尧存，不为桀亡。"②人们应该尊重自然，遵守自然万物更替的规律，要知道应该做什么；不应该做什么，"知其所为，知其所不为矣，则天地官而万物役矣"③。人类的活动必须顺应春、夏、秋、冬四季变化的自然规律，因时而发，顺时而为，"故养长时则六畜育，杀生时则草木殖"④。只有遵循自然法则进行劳作耕耘，才能获得五谷丰登、六畜兴旺。

老子说："人法地，地法天，天法道，道法自然。"⑤人要以地的规则来行事，地以天的规则来行事，天以道的规则来行事，最后道归于自然，一切物质的本源皆为道，道的本性就是自然而然，万物都是自然无为而生，不受任何外物制约。"道法自然"就是主张天、地、人三者共同遵循自然法则。庄子说："为事逆之则败，顺之则成。"⑥即遵循客观规律做事才能取得成功，对待自然亦是如此，如果不尊重自然规律，必然会遭到大自然的报复："无以人灭天，无以故灭命，无以得殉名。"⑦做事不能恣意妄为，损害天性，不能恶意造作，毁灭天理，这体现了尊重自然规律并敬畏自然规律的理念。

（三）维护生态系统平衡，"取用有节"的生态保护思想

中国传统文化向来崇尚节俭，《周易》中就出现了节制思想的萌芽："节：亨。苦节，不可贞。"⑧节制可致亨通；但过分的节制则不利，应当持

---

① 《论语》，中华书局，2016年，第240页。
② 《荀子》，中华书局，2015年，第265页。
③ 《荀子》，中华书局，2015年，第267页。
④ 《荀子》，中华书局，2015年，第127页。
⑤ 《老子》，中华书局，2018年，第66页。
⑥ 《庄子》，中华书局，2016年，第365页。
⑦ 《庄子》，中华书局，2016年，第260页。
⑧ 《周易》，中华书局，2016年，第307页。

正、适中。"崇尚节俭""节制有度"的适度消费观有助于环境保护和维护生态平衡。公元前1150年周文王时期颁布的《伐崇令》规定："毋坏屋，毋填井，毋伐树木，毋动六畜。有不如令者，死无赦。"①这被认为是世界最早的环境保护法。

孔子的"中庸之道"实际上也是对万物的关怀和保护，突出了天地万物是人类赖以生存的物质基础，必须适度开发，行为谨慎，节约俭省："用天之道，分地之利，谨身节用，以养父母。"②他指出："伐一木，杀一兽，不以其时，非孝也。"③体现了一种朴素的环保意识和可持续发展观。"奢则不孙，俭则固。与其不孙也，宁固。"④在节俭和豪奢之间，哪怕显得有些闭塞和浅陋也应该节俭。对生物资源的开发利用必须考虑物种的繁衍，"谷不可胜食也；数罟不入洿池，鱼鳖不可胜食也；斧斤以时入山林，材木不可胜用也。谷与鱼鳖不可胜食，材木不可胜用，是使民养生丧死无憾也"⑤。捕鱼也好，砍伐树木也罢，要注重长远的生态平衡，这样人们才能安居乐业、国家太平。随着人口增加，为了满足人们日益增长的生产生活需求，曾经的山林被过度砍伐和放牧，山不再郁郁葱葱，而成为秃山，对此孟子痛心疾首："牛山之木尝美矣，以其郊于大国也，斧斤伐之，可以为美乎？是其日夜之所息，雨露之所润，非无萌蘖之生焉，牛羊又从而牧之，是以若彼濯濯也。"⑥

老子倡导"见素抱朴""少私寡欲"，规劝人们知止知足，提出"慈爱利物、俭音有度"的生态伦理规范。他指出"圣人为腹不为目"⑦，即在饮食上能吃饱即可，应该"去甚，去奢，去泰"⑧。要除去极端，除去奢靡，

---

①张雯：《习近平总体国家安全观的思想理论渊源》，《武汉交通职业学院学报》2022年第2期。

②《孝经》，中华书局，2016年，第274页。

③《礼记》，中华书局，2016年，第193页。

④《论语》，中华书局，2016年，第92页。

⑤《孟子》，中华书局，2016年，第5页。

⑥《孟子》，中华书局，2016年，第250页。

⑦《老子》，中华书局，2018年，第31页。

⑧《老子》，中华书局，2018年，第77页。

除去浪费，庄子认为："鹪鹩巢于深林，不过一枝；偃鼠饮河，不过满腹。"①人们对物资的占有只要能够满足基本的生活需要就可以了，多欲不利于道德修养的提高。老子说："我有三宝，持而保之：一曰慈，二曰俭，三曰不敢为天下先。"②他认为懂得简朴和节省能够使一个人富足长久。"祸莫大于不知足，咎莫大于欲得。故知足之足，常足矣。"③

二、中国传统生态思想与乡村生态建设的关系

中国传统文化博大精深的思想体系里蕴含着丰富的生态文明思想，这些生态文明理念对缓解当前经济发展中人与自然的矛盾大有裨益，其科学内涵与当代生态文明建设具有内在一致性，我们要不断汲取传统文化的生态伦理智慧，寻求其现代出路，使得它与乡村生态振兴的目标相契合，从而指引乡村振兴战略实施，促进农民农村共同富裕。

（一）传统生态文明思想对实施乡村生态振兴有积极指导意义

传统生态文明思想历经千年，对中华文明的延续发展作出了重要贡献，是实现乡村振兴的重要精神指引，它告诫人们必须坚持人与自然和谐统一，要在尊重客观规律的基础上发挥主观能动性，不能一味向自然索取，应该将传统文化中"天人合一"的整体观融入经济建设中来，遵循自然规律，适度开发利用资源。步入 21 世纪，这些传统生态文化焕发出强大的生机和活力，它对生态建设具有不可替代的作用，我们应该继续弘扬传统文化中的生态文明思想，培养人们的生态文明意识，树立积极健康的生态观，这必将有助于促进经济持续健康发展和社会和谐稳定。

（二）传统生态文明思想是破解乡村生态振兴难题的重要抓手

2021 年，居住在乡村的人口为 50979 万人，占全国总人口的 36.11%。党的十九大提出了"乡村振兴战略"，以保障农民对美好生活的向往得以实现。通过发展生态循环农业，推进农业绿色发展，近年来农业的增产和农民的增收取得了很大成效，但是在乡村振兴建设中依然存在一些困难和问

① 《庄子》，中华书局，2016 年，第 11 页。
② 《老子》，中华书局，2018 年，第 170 页。
③ 《老子》，中华书局，2018 年，第 116 页。

题，比如农民生态意识薄弱、农村环境污染严重、自然资源过度使用等，只有加强对传统生态文化的继承和发扬，正确处理人与自然的关系，让生态文明理念永驻人心，明确生态环境行为规范，才能真正让绿水青山变成金山银山。

（三）传统生态文明思想有助于扎实推进乡村振兴高质量发展

乡村高质量发展的必然路径是实施乡村振兴战略，乡村生态振兴是乡村振兴的重要支撑和内在要求，中国传统生态文明思想一方面有利于促进广大人民群众形成生态文明观；另一方面，为乡村振兴战略下农业生产方式的转型提供了有益启示和文化指引。只有不断深入挖掘传统文化中的生态思想，唤醒大家的生态意识，践行人与自然生态和谐观，才能实现经济绿色发展，打造乡村产业生态化和生态产业化融合发展，开展现代生态循环农业，推进农业可持续发展。

三、宁夏乡村生态建设面临的主要困境与问题

党的十八大以来，自治区党委、政府以习近平生态文明思想为指导，坚决践行"绿水青山就是金山银山"发展理念，坚定不移走生态优先、绿色发展之路，以构筑西北生态安全屏障为目标，全面强化生态环境问题排查整治，加快推进生态环境治理体系和治理能力现代化，全区生态环境质量持续改善，生态文明建设成效明显。高耗能、高排放低水平项目盲目发展势头与能耗双控不降反升势头得到有效遏制，产业绿色转型和能源结构调整步伐加快，供给侧结构性改革持续推进，高技术产业发展良好，构建了一批优势互补、结构合理、各具特色的战略性新兴产业，有效推动了传统产业的改造和提升。但是，不容忽视的是，在生态文明建设过程中依然存在理念、制度、管理，评价等方面的不足之处，亟需改观。

（一）农民生态意识相对淡薄，公众环保参与度不高

由于农村生产力水平低下，农民受教育程度低等原因，农民生态意识淡薄。一是环保理念缺失。只顾短期目标，为了能够获得更高的经济收益，农民的生产活动对环境造成了一定程度的污染，比如对农药、催熟剂、增产剂的使用依赖程度较高，致使农产品残留超标，全区农用残膜有14%不

能回收利用，农业生产不仅破坏了农村生态环境，还对食品安全构成了威胁。二是对生活环境卫生的重视程度不够。公共卫生意识较差，农村乱堆、乱扔生活垃圾现象在个别地方还时有发生。此外，虽然有的村庄已经建成垃圾中转站，但是垃圾的治理主要还是依赖政府的集中整治，公众的环保参与度不高。

（二）乡村产业发展同质化，特色资源亮点挖掘不够

特色就是竞争力和生命力，但是当前部分农村产业发展严重缺乏特色，有的地方政府对主导产业的定位不明晰、特色资源挖掘不够，加上乡村产业准入门槛较低，导致盲目跟风投资，造成活力不足、品牌不响、产品市场竞争力不够、同质化竞争等现象，这既浪费了大量的资源和资金，又失去了本身的优势和特色。比如很多农村都搞乡村休闲旅游和观光农业，但是旅游项目的规划却大同小异，对具有地方特色资源的挖掘和整合明显不足，尤其对乡村文化旅游的理解比较狭义，单纯依靠自然资源，而对民俗和风土人情的开发不足，对地方经济的带动能力有限，旅游产品缺乏辨识度，游客体验感不强。受规划和资金限制，部分乡村旅游配套设施不完善，消费者的整体满意度较低。

（三）环境基础设施建设滞后，公共服务不均衡

环境基础设施是基础设施的重要组成部分，是经济社会发展和环境保护的重要支撑，主要涉及垃圾、污水以及危险废物处理等，目前，乡村在基础设施建设和公共服务方面还存在不足。一是环境基础设施建设相对滞后，部分村庄的污水和粪便处理系统不完善，已经建成的设施覆盖面小，运行机制不健全，规划和建设未能与乡村的经济发展速度相匹配。二是农村生活垃圾分类还处于宣传推广中，虽然摆放了分类垃圾箱，但是个别村民依然随意倾倒垃圾，要么不入箱，要么不分类。三是资源循环使用设施不足，农村可再生资源利用情况并不乐观。部分农村仍然通过烧煤、烧柴、烧牛粪取暖、做饭，农作物秸秆就地焚烧、随意倾倒现象依然存在。

（四）环保体制机制不健全，专业人才队伍薄弱

一是环境保护政策滞后。大多数生态治理机制是从全区的高度制定的规划，而到乡村层面的具体规划较少，造成了制度建设缺乏针对性和可操作性，政策无法落地。相关人员在实际工作中，由于对乡村实际情况缺乏了解，没有针对性政策，所以处理问题的方式方法容易出现偏差，这就造成了与村民之间的矛盾，影响干群关系和谐，同时也不利于开展工作。

二是干部绩效考核机制不健全。随着《宁夏回族自治区生态环境保护"十四五"规划》《宁夏回族自治区建设黄河流域生态保护和高质量发展先行区促进条例》相继施行，以及自治区党委办公厅、政府办公厅联合发布的《党委和政府及有关部门生态环境保护责任》，进一步厘清了全区各级党委和政府及有关部门生态环境保护责任边界，自治区将生态环境转变为干部的政治任务和业绩要求，但是对后续实际工作的监管机制还不健全，尤其和城镇相比，农村部门职责的分工不明确，环境审查执法力度不严格。

三是专业人才支撑不足。在人才培养上，年轻优秀的专业型干部存在较大缺口，人才后备力量缺乏，基层环保部门能力建设相对滞后，在环保技术方面基础薄弱，工作人员的业务能力不能完全适应工作需要，对环保执法造成一定影响。

四、中国传统生态思想视角下宁夏乡村生态建设的路径选择

（一）提升生态主体意识，培育人文生态环境

在实施乡村振兴战略的进程中，人是行动的主体，生态环境的改善需要大家的广泛参与，所以必须充分调动人民群众的积极性和主动性，孔子云："知者乐水，仁者乐山"[1]，只有与自然山水和谐相处的人，才能称得上是智慧的人，才是君子。首先，强化生态建设意识，不断提升人们的生态主体意识和对环境的责任感，健全人才引进和培养机制，为乡村环保事业提供人才保障。其次，培育人文生态环境，开展丰富多彩、形式多样的生态文化知识和环保法律法规宣传，积极利用乡村电视台、广播等多种宣传手段，加强舆论引导，增强人们的环保意识，倡导绿色健康、适度的生活方式。再次，加大农村教育资源与资金的投入，利用现代科技，采取多样化的教育方式，突出对儿童的培养，开展实践教育，从小培养对农村传

---

[1]《论语》，中华书局，2016年，第72页。

统生态文化的认同感，将生态价值观融入立德树人建设全过程，培养绿色发展理念，引导村民从我做起，从小事做起，努力营造人人参与生态环境建设的良好氛围。

（二）尊重自然生态规律，发展乡村特色产业

孟子倡导爱惜世间的万物："亲亲而仁民，仁民而爱物。"①即应该将生态资源的保护与规划并重习近平总书记强调，生态是我们的宝藏，是资源，也是财富。农业农村发展应该继续坚持传统生态文化"道法自然"的原则，在尊重自然规律的前提下，发展特色产业，推进农业生态循环，打造特色农业品牌，将"绿水青山"真正变成"金山银山"。首先，必须加强对生态资源的保护，禁止乱砍乱伐和环境污染等行为，减少生产和生活垃圾的排放，全面改善农村人居生活环境。其次，对乡村生态资源进行合理规划，尤其将建设规划与土地利用、历史文化保护以及传统村落保护等规划综合考虑，协调发展。最后，将历史文化和自然风光融合，保持乡村特色风貌，大力发展具有当地生态特色的清洁产业，建成保护与开发并举、生产与生态并重的发展模式，实现以资源可持续利用、文化可接续传承为基础的乡村产业发展。

（三）加强环保基础设施建设，强化乡村环境治理

第一，按照镇、村建设规划，环保部门要着力策划农村环境基础设施建设项目，以政府与社会资本合作模式项目为抓手，引导社会资本参与环保基础设施建设。

第二，加快有关涉农基础设施项目的建设进度，保障农村生产和生活环境的改善，推进新肥料新技术应用，有序开展轮作休耕，降低化肥使用强度。加快推进农作物病虫害专业化统防统治与绿色防控，实现农药减量使用，做好废旧农膜、农业投入品包装物等田间废弃物回收试点工作。

第三，统筹规划农村生活污水治理建设。对于临近城镇且条件允许的村庄，可纳入城镇污水管网处理系统，有序推进污水收集处理。对规模较大、短期内不撤并以及水源保护区、生态涵养区附近的村庄，要建设污水

---

① 《孟子》中华书局，2016年，第316页。

集中处理设施，将处理后的水用到绿化和生产种植中，实现水资源循环利用，缓解水资源供需矛盾。推动构建收集—加工—消费一体化清洁燃气生产消费体系，解决畜禽粪污排放、秸秆露天焚烧等引起的环境污染问题，同时，开拓生物天然气在生活取暖、发电、交通，以及工业燃料等诸多领域的应用。

（四）建立保护长效机制，加大执法监管力度

传统生态思想中包含当时对山林川泽的管理以及对自然灾害的防御和水土环境整治等生态治理的诸多经验。比如《周礼·地官·山虞》记载："山虞掌山林之政令。物为之厉，而为之守禁。仲冬斩阳木，仲夏斩阴木。"①这里记载的山虞是地官的属官，负责掌管有关山林的政令，为山中的各种物产设置藩界，颁布狩猎砍伐禁令。此外，中国古代还有土会之法、土宜之法、土均之法、土圭之法，以及每月行事的"月令"等相关法令。②古代这种生态环境治理模式告诉我们，生态建设是一种全员参与、多方联动、综合治理的系统过程，非常值得我们借鉴。

首先，在监管治理方面，调整县、镇、村三级对农村生态环境监管治理的长效机制，明确干部工作行为准则，健全干部绩效考核评价体系，严格执行干部追责制度，鼓励群众进行监督，积极举报干部在履职尽责中出现的问题，对情况属实的给予奖励。其次，制度建设方面，制定能落地、有实效的环保规章制度，政府充分发挥引导作用，督促各相关部门，协调开展工作，调动部门工作积极性，提高处置环境污染问题的能力和治理成效。最后，在保洁机制方面，按照垃圾处理一体化模式，从农户到村镇到县城，进行责任细化，建立县、乡、村三级保洁管理体制，实行农村垃圾分类处理跟踪评价，完善网格化、常态化、制度化的管理考评体系。

---

① 《周礼》，中华书局，2014年，第355页。

② 洪梅、仇彩虹：《传统生态思想在乡村生态振兴中的传承与超越》，《理论前沿》2022年第4期。

宁夏山水林田湖草沙系统治理研究

李文庆

宁夏在全国生态安全战略格局中占有重要地位，是能源资源富集地区，也是经济欠发达地区和生态环境较为脆弱的地区，要以山水林田湖草沙生命共同体理念为统领，坚持山水林田湖草沙系统治理，全面提升宁夏生态文明建设水平，承担起维护西北乃至全国生态安全的重要使命。党的二十大报告提出"推动绿色发展，促进人与自然和谐共生"，强调"坚持山水林田湖草沙一体化保护和系统治理"，为宁夏山水林田湖草沙系统治理指明了方向。自治区党委十三届二次全会通过的《中共宁夏回族自治区委员会关于学习宣传贯彻党的二十大精神的意见》提出，大力推动绿色低碳发展，统筹产业转型、污染治理、生态保护，促进人与自然和谐共生。将党的二十大精神在宁夏落地生根，为美丽中国建设作出宁夏贡献。

一、宁夏山水林田湖草沙生态系统要素分析

宁夏是我国西北地区重要的生态屏障，境内具有完整天然的山（山体、山地）、水（河流）、林（森林）、田（农田）、湖（湖泊、水库）、草（草

———————————

作者简介 李文庆，宁夏社会科学院农村经济研究所（生态文明研究所）研究员。

基金项目 国家社会科学基金一般项目"生态文明建设中筑牢民族地区生态屏障研究"（项目编号：19BMZ148）阶段性成果。

原）、沙（沙漠和沙地）等生态系统，山体、森林、农田、河流、湖泊湿地、草原、沙漠等生态要素存在相互依存、相互制约的关系。多年来，宁夏立足"一河三山"自然地理格局，树立系统思维，加强山水林田湖草沙系统治理，不断增强生态系统的稳定性和安全性，为新时代新征程人与自然和谐共生的现代化强国建设贡献力量。

（一）山（山体、山地）生态要素分析

山（山体、山地）是宁夏生态系统的重要载体，宁夏山体、山地面积共 13890 平方公里，占全区土地总面积的 20.92%，其中：贺兰山、六盘山、罗山"三山"构成了宁夏生态系统的骨架，是境内水资源与降雨径流的主源地，也是宁夏三大天然林区。党的十八大以来，宁夏"三山"生态保护、修复有力推进，在贺兰山、六盘山、罗山等重点生态功能区实行产业准入负面清单制度，特别是贺兰山生态环境综合整治取得了明显成效。

贺兰山是我国一条重要的自然地理分界线，还是我国草原与荒漠的分界线，它不但是我国河流外流区与内流区的分水岭，也是季风气候和非季风气候的分界线，由于山势的阻挡，削弱了西北高寒气流的东袭，遏制了腾格里沙漠的东移，保护宁夏沿黄地区"塞北江南"的生态景观。贺兰山是宁夏三大天然林区之一，森林以针叶林为主，植被和土壤呈现垂直分带，1988 年被确定为国家级自然保护区。

六盘山横贯陕甘宁三省区，既是关中平原的天然屏障，又是北方重要的分水岭，黄河水系的泾河、清水河、葫芦河均发源于此，六盘山山腰地带降雨较多，气候较为湿润，成为黄土高原上一个"绿岛"，生态价值显著。六盘山动植物资源丰富，森林、草原植被兼有，主要出产木材、箭竹、中草药。1982 年始建六盘山自然保护区，总面积为 67300 公顷。1988 年国务院批准建为森林生态和野生动物型国家级自然保护区，2000 年国家林业局公布为"六盘山国家级森林公园"。充分利用六盘山区生态资源优势，围绕主脉发展水源涵养林生态屏障。形成以六盘山生态保护林廊道为主体，辐射周边的生态屏障格局，为六盘山区的发展注入新的活力。宁夏六盘山区的生态建设工作，随着退耕还林、天然林保护和三北防护林建设工程的实施，森林资源总量大幅度增加，生态环境得到明显改善。

罗山位于宁夏中部，有效阻滞了毛乌素沙漠的南侵，是宁夏中部的绿色生态屏障，也是宁夏中部重要的水源涵养林区。罗山系宁夏三大林区和五大自然保护区之一，分布针叶林和阔叶林，植被垂直分带，树木葱郁，景色宜人。

（二）水、湖（湿地）生态要素分析

宁夏地处黄河上游及黄土高原与沙漠的过渡地带，全境属于黄河流域，水、湖（湿地）是宁夏地表水资源的重要载体，主要包括黄河干流、支流、湖泊、水库、入黄排水沟等。党的十八大以来，宁夏全力确保黄河安澜，黄河宁夏段水质总体为优，连续五年实现Ⅱ类进Ⅱ类出，地表水Ⅲ类以上断面比例稳定在80%以上。

1. 黄河干流及支流

黄河宁夏段包括黄河干流及其支流，流域面积在1万平方公里以上的有黄河干流和清水河，1万平方公里以下、1000平方公里以上的有15条支流。祖厉河、清水河、红柳河、苦水河及黄河两岸诸沟位于黄河上游下段，葫芦河、泾河位于黄河中游中段，另外有黄河内流区（盐池），内陆河区（属石羊河的中卫市沙坡头区甘塘镇）。

黄河干流自中卫市沙坡头区南长滩入境，区内干流长度397公里，占黄河全长的7%，至石嘴山市惠农区麻黄沟出境，是宁夏主要供水来源。黄河宁夏段一级支流有清水河、苦水河和红柳沟，黄河二级支流有葫芦河、泾河、茹河、渝河等。其中清水河流域面积大于1万平方公里，红柳沟、苦水河、葫芦河、泾河、茹河、渝河等15条支流流域面积大于1000平方公里。

2. 宁夏湖泊湿地

宁夏湖泊湿地由永久性淡水湖泊、季节性淡水湖泊、永久性咸水湖泊、季节性咸水湖泊、水库等5种类型湿地组成。据不完全统计，宁夏全境湖泊湿地总面积约79平方公里，共有湖泊1732个，其中大于1平方公里的天然湖泊有15个，最大的淡水湖泊是平罗县境内的沙湖，面积7.09平方公里。

宁夏永久性淡水湖泊湿地，主要分布在银川平原地区，水源主要来自黄河灌溉区的干渠与地下水的补充，该类湿地面积为 4247 万公顷，占湖泊湿地类型面积的 2.8%，占宁夏湿地面积的 1.7%。季节性淡水湖泊湿地，主要分布在银川平原和卫宁平原，该类型湿地面积 138240 公顷，占湖泊类型湿地面积的 91.2%，占宁夏湿地面积的 54.5%。永久性咸水湖泊湿地，主要分布在毛乌素沙地，主要自于地下水与降水，为内闭流区，该类型湿地面积为 680 公顷，占湖泊类型湿地面积的 0.4%，占宁夏湿地面积的 0.2%。季节性咸水湖泊湿地，是指季节性或临时性积水的咸水湖泊，主要分布在毛乌素沙地盐池、灵武两地，该类湿地面积 5160 公顷，占湖泊湿地类型面积的 3.4%，占宁夏湿地面积的 2.0%。水库湿地，是指为灌溉、水电、防洪等目的而修建的人工蓄水设施，主要分布在黄河干流及中南部地区，总面积 3240 公顷，占宁夏湿地总面积的 1.3%。

（三）林（森林）生态要素分析

1. 林（森林）生态要素概况

截至 2021 年，宁夏森林覆盖率达到 16.91%。根据《宁夏林业和草原发展"十四五"规划》，到 2025 年，全区森林面积达到 1600 万亩，森林蓄积量达到 1195 万立方米，森林覆盖率达到 20%，统筹推进荒山荒漠、平原绿洲、城乡通道、河湖沟渠造林绿化，构建生态廊道，为宁夏建设人与自然和谐共生的现代化提供有力的生态支撑。

2. 宁夏林（森林）生态系统保护与修复情况

党的十八大以来，宁夏多措并举，对森林生态系统加强保护与修复。一是构建国土空间绿色开发利用体系。建立红线管控制度，强化对重点生态功能区、生态环境敏感区和脆弱区等区域的有效保护。既要在提高森林、湿地、荒漠、生物多样性等生态服务价值上下功夫，也要在有效增加绿色总量、着力提高森林覆盖率上下功夫。二是打造生态保护林廊道。实施六盘山重点生态功能区降水量 400 毫米以上区域造林绿化、引黄灌区农田绿网提升、固原百万亩规模化林场建设、同心红寺堡生态经济林示范工程。三是统筹推进沿黄生态经济带造林绿化。沿黄生态经济带是宁夏经济发展的精华所在，建设沿黄生态经济带绿色长廊也是西北地区生态屏障的重要组成部分，统筹推进银川、石嘴山、吴忠、宁东和中卫造林绿化，美化银川都市圈。重点实施银川都市圈绿化工程，建设好沿黄生态经济带相关县区绿化美化工程，美化市容环境，提升沿黄生态经济带生态价值。四是实施通道绿化工程。进一步完善城镇路网交通工程，大幅度提高通道林木覆盖率，把通道打造成林木葱郁、干净整洁的绿色通道、园林通道，重点在铁路、公路和主要沟渠两侧建设大网格、宽幅林带，绿化通道沿线裸露土地，实现通道沿线生态效益和社会效益的有机统一。五是开展全民植树造林活动。突出重点，加强管护，着力改善生态环境，重点实施市区绿化、县城绿化和农村绿化三大工程，通过规划促绿、依法建绿、见缝插绿、补植增绿开展全民植树造林活动。

（四）田（农田）生态要素分析

田（农田）是一种人工生态系统，宁夏土地资源由于生态环境脆弱受限制性较大，土地质量差异较大，宁夏平原得黄河之利，被称为中国粮仓之一，中南部地区干旱少雨，水土流失较为严重，土地质量较差，总体生产力水平较低。引黄灌溉区由于水资源较为充足，土地质量较高，生产力水平较高。

1. 农田环境质量

农田环境质量方面，全区农用地土壤环境总体清洁，全区监测的基础点位无机及有机污染物均未超标。农村环境方面，全区农村环境质量监测30个村庄，环境质量总体保持稳定。宁夏2021年完成了耕地土壤环境质量类别划定，受污染耕地安全利用率和污染地块安全利用率全部达到100%，推进实施化肥农药减量增效、畜禽粪污治理、秸秆综合利用等8项重点工程。农村化肥和农药残留严重、畜禽粪污等农村面源污染是影响土壤环境质量的主要因素，要合理规划产业布局，优化产业结构，利用高新技术生产绿色肥料替代或降解农药和化肥，实现源头减污降碳。

2. 农田综合治理情况

党的十八大以来，宁夏严格保护耕地，加大退化、污染、损毁、废弃农田的改良和修复力度，推进中低产田改造和高标准农田建设，推行耕地轮作休耕，扩大轮作休耕试点，实施坡耕地水土流失系统治理，提高耕地质量和修复农田生态功能。先后实施了小流域综合治理、坡耕地综合整治、淤地坝建设与治理等水土流失治理项目，水土保持治理取得突破性进展和历史性成就，增添了宁夏优美生态环境的"底色"和"亮色"。进一步健全责任机制，实行永久基本农田保护措施；构建以数量为基础、产能为核心的农田占补新机制，着力转变补充耕地方式、扩大补充耕地途径，将新增耕地、新增水田、提升产能等指标分类管理；加快转变农业发展方式，大力发展节水农业，提高农田综合产出效益，加强农业面源污染防控力度，促进农业农村生态环境持续好转。

（五）草（草原）生态要素分析

草（草原）生态要素是陆地生态系统中最为重要的组成部分，具有重要的生态屏障功能，对于发展畜牧业、生物多样性保护、水土保持和维持生态平衡起着重要作用。

1. 宁夏草（草原）生态要素概况

宁夏草原资源分布广，草原综合植被盖度 56.51%，呈地带性分布规律，自南向北依次分布着山地草甸类、温性草甸草原类、温性草原类、温性荒漠草原类、温性草原化荒漠类、温性荒漠类 6 个大类、41 个草原组和 145 个草原型，其中温性荒漠草原类和温性草原类占全区草原总面积的 84.23%，构成天然草原的主体。

2. 宁夏草（草原）生态要素构成

山地草甸类是在山地中等湿润的环境下生成的，主要分布在六盘山、月亮山、南华山、大罗山、贺兰山等山地，面积为 89.31 万亩，平均覆盖度为 80%—95%。温性草甸草原类是由多年生中旱生或旱中生植物为建群种的草原类型，分布于六盘山、月亮山、南华山等山地以及海拔 1800—1900 米及以上的阴坡、半阴坡，面积为 41.84 万亩，覆盖度 67%—95%。温性草原类是由真旱生多年生草本植物或旱生蒿类半灌木、小半灌木为建群种组成的草原类型，分布于本区南部广大的黄土丘陵地区，草原平均覆盖度 40%—70%。温性荒漠草原类是全区面积最大的草原类型，是宁夏中北部占优势的地带性类型，广布于本区中北部地区，包括海原县北部，同心、盐池县北部以及引黄灌区各县的大部分地区，面积约 2000.92 万亩，占总面积的 62.74%，平均覆盖度 20%—60%。温性草原化荒漠类是以强旱生的小灌木、小半灌木或灌木为优势种，是半干旱至干旱地带的过渡性草原类型，出现在生境最严酷的北部地区，如中卫、中宁北部，青铜峡西部至石嘴山的贺兰山东麓洪积扇以及黄河东的灵武、利通区、平罗（陶乐）的局部地区，面积约325.19万亩，占总面积的10.20%，草原植被稀疏，平均覆盖度10%~30%。温性荒漠类是在极端严酷的生境条件下形成的典型荒漠草原，植被稀疏，区系简单，覆盖度低，草层不能郁闭，分布在宁夏中部、北部干旱地区，面积约46.43万亩，占全区草场总面积的1.46%，一般覆盖度为15%~30%。在国家有关部委的大力支持下，宁夏相继实施了退牧还草工程、退耕还草工程、已垦草原治理试点项目、退化草原生态修复治理项目、草原有害生物防控等草原生态保护建设重大工程和项目。坚持禁牧封育不动摇，加大草原保护力度，大力发展现代畜牧业，努力推进草畜产业转型升级，草原生态持续好转。

（六）沙（沙漠、沙地）生态要素分析

荒漠化是人为频繁活动与脆弱生态环境相互影响、相互作用的产物，是人地关系矛盾的结果。宁夏是我国土地沙化最为严重的省区之一，荒漠化土地面积约4461万亩，占全区土地总面积的57.3%，其中沙化土地1743万亩，占全区土地总面积的22.8%。按动力类型划分，境内主要有风蚀荒漠化土地、水蚀荒漠化土地、土壤盐渍化土地及其他综合因素导致的荒漠化土地。缺林少绿、干旱少雨、自然灾害频发是宁夏生态环境的基本情况。从20世纪50年代开始，宁夏实施防沙治沙工程，为保护我国第一条沙漠铁路包兰铁路的畅通，宁夏治沙人创造出了麦草方格治沙技术，在裸露的移动沙丘上大面积固沙造林，建立起"五带一体"防沙治沙体系，解决了世界性难题。在毛乌素沙地边缘的白芨滩林场，植树造林6400多万株，控制流沙40万亩，在宁夏东部筑起了400多平方公里的绿色屏障，成为全国防沙治沙战线上的一面旗帜。宁夏连续多年实施防沙治沙生态修复和治理工程，土地逐渐"由黄转绿"，实现了人进沙退，生态环境步入良性循环，防沙治沙工作是建设西北地区生态屏障的重要组成部分，为新时代美丽中国建设作出应有的贡献。

1. 宁夏沙（沙漠、沙地）生态要素概况

宁夏沙漠生态要素主要是腾格里沙漠（腾格里沙漠东南缘），在宁夏部分位于中卫市沙坡头区西北部丘陵、台地和阶地上，黄河北岸沙坡头一带，是腾格里沙漠东南缘风沙由西北向南延伸堆积而成，总面积 695.45 平方公里。海拔 1200~1500 米，年均温 8.8℃，年降水量 202 毫米，年平均风速 2.9 米/秒，最大风速 34 米/秒，微地貌特征可分为沙山和沙丘沙地两大类。沙地主要指毛乌素沙地边缘伸入宁夏境内的沙地，面积 205.55 平方公里，包括盐池县哈巴湖沙带和灵武市白芨滩沙带等。

2. 宁夏沙（沙漠、沙地）生态要素治理情况

宁夏在全国率先以省为单位全面实行禁牧封育，采取工程措施和生物措施相结合，加强荒漠化防治，为实现治沙利益的最大化，吸引社会力量防沙治沙。自治区通过政策机制引导，形成了多元化的治沙主体，是全国最早实现人进沙退的省区，涌现出治沙英雄王有德、白春兰等典型人物。

二、宁夏山水林田湖草沙系统治理中存在的主要问题与挑战

多年来，宁夏生态保护与建设取得了巨大成绩，自然生态恢复和工程治理成效明显，但在经济发展过程中的潜在威胁仍然存在。在生态环境领域存在的水土流失、土地沙化、草地退化、湿地萎缩、生物多样性降低以及全球气候变暖背景下各类自然灾害增多等问题，严重制约着宁夏经济社会和生态环境的可持续发展。

（一）水土流失问题

水土资源是人类社会生存与发展的基础条件，也是经济社会发展的重要基础。随着全球人口的不断增长和经济社会发展，水土流失问题日益成为国际社会普遍关心的问题之一。宁夏南部黄土丘陵地区，沟壑纵横，水土流失问题突出，导致水土资源破坏、生态环境退化、自然灾害加剧，威胁着南部山区的生态安全，也是制约宁夏南部脱贫地区经济社会可持续发展的主要因素。

（二）土地荒漠化、沙化、盐碱化问题

宁夏生态环境极为脆弱，86%的地域年降水量在 300 毫米以下，西、

北、东三面被腾格里沙漠、乌兰布和沙漠和毛乌素沙地包围。历史上不合理的人类开发活动，对于土地资源、水资源和植物资源的不合理利用，导致生态系统退化，影响宁夏生态安全。中卫市沙坡头区处于腾格里沙漠东南缘，盐池、灵武等地土地沙化较为严重，北部石嘴山市部分地区处于引黄灌区末梢，由于灌溉来水不足、排水困难等因素造成土地盐碱化严重。土地荒漠化、沙化、盐碱化问题，导致耕地和草原质量降低、压缩人类社会生存与发展空间，是制约宁夏经济社会发展的重要因素。

（三）自然湿地萎缩、河湖生态功能退化

随着宁夏经济社会的发展，以及资源环境和人口等压力的加大，湿地生态系统面临着许多问题和挑战，部分地区河湖水环境污染严重，局部地区地下水超采，经济社会发展用水挤占了生态用水，导致湖泊湿地水面缩小，水生态遭受破坏。中南部地区黄河支流水少沙多、多属季节性河流，矿化度高，水环境较差。北部引黄灌区工矿企业较为集中，加之农田退水等因素影响，入黄排水沟水环境压力较大。特别是一些濒危野生动植物资源受到严重威胁，给湿地生态系统和生物多样性保护带来了威胁和挑战。

（四）森林资源人均水平较低，质量不高

宁夏属于干旱半干旱地区，缺林少绿是基本生态现状，相对于经济社会发展和人民群众追求美好生活的需求明显不足，森林资源地理分布不均与改善生态环境、减少自然灾害、保障可持续发展的要求不相适应，森林资源质量不高、结构不够合理、经营水平较低、综合效益较差与促进宁夏经济发展、满足林产品有效供给、有效发挥森林生态效益还有较大差距，限制了森林生态系统总体功能的发挥。

（五）生态环境保护形势依然严峻

虽然宁夏在生态环境保护方面取得了显著成效，但作为一个生态脆弱地区来说，受制于地理环境较差、基础设施薄弱、产业转型困难、自身财力不足等因素，大气环境污染、水资源匮乏、土地空间有限等问题仍是宁夏生态文明建设中亟需面对的突出矛盾。特别是生态保护资金缺口较大，资金来源渠道单一，资金投入以政府为主，社会资本尤其是民营资本吸引不足，制约宁夏生态文明建设。

三、宁夏山水林田湖草沙系统治理的路径

多年来，宁夏坚持生态优先理念，形成以沿黄生态经济带为经济发展核心区、以中南部地区为生态核心区的新发展格局，聚焦黄河干支流、六盘山、贺兰山、罗山"一河三山"重点领域，以国土空间综合整治为平台，统筹山水林田湖草沙系统保护，修复治理生态脆弱地区，实现从源头上遏制生态环境退化趋势，促进资源节约和环境保护，实现人与自然可持续发展。

（一）以生命共同体理念引领山水林田湖草沙系统治理

山水林田湖草沙系统各元素彼此相互依存、相互促进、相互制约，通过能量流动、物质循环和信息传递，共同构成了一个有机、有序的生命共同体。山水林田湖草系统治理具有系统性、整体性、综合性的特征，在生态保护与修复过程中，要坚持整体保护、系统修复、因地制宜的原则，统筹管理自然资源、污染治理以及水、土、气、生物等要素，要把绿色发展理念贯穿到生态保护、环境建设、生产制造、城乡发展、人民生活等各个方面，建立山水林田湖草沙生态保护修复工作长效机制，持续谋划生态环境保护修复项目，通过保护生态系统自然性、完整性，改善受损生态环境，提高生态服务功能，确保山水林田湖草沙项目建设成果，发挥生态屏障作用，实现经济社会发展和生态文明建设的有机统一。

（二）统筹推进宁夏生态屏障建设

生态屏障建设强调从系统性、整体性来分析生态问题，强调治标与治本相结合，强调山水林田湖草系统多要素、多部门的系统治理，实现生命共同体的健康可持续发展。针对全区水土涵养、水土保持、防风防沙、生物多样性保护等生态类型分区，健全生态保护与修复制度，大力实施生态保护与修复工程，重点加强黄河宁夏段的生态保护与修复，构筑以贺兰山、六盘山、罗山自然保护区为重点的"三山"生态安全屏障，持续推进天然林保护、三北防护林、封山禁牧、退耕还林还草、防沙治沙等生态建设工程，筑牢西北地区重要生态安全屏障。要将各要素作为一个整体开展系统治理，破除行政边界、部门职能等体制机制影响，相关部门间要资源共享、

优势互补、互帮互促、协同推进，开展整体性生态修复和保护，提高西部地区生态保护与修复效率。此外，要将山水林田湖草系统作为西部地区经济发展的一项资源环境硬约束，综合管理水、土、气、生物多样性等各种资源，协调生态与经济、社会之间的关系，合理调整产业结构和布局，提高西部地区生态屏障建设的综合效益。

（三）确定山水林田湖草沙系统治理的空间布局

国土是生态文明建设的空间载体，建立健全国土空间规划体系，逐步推进多规合一，构建国土空间管控一张蓝图，提高自然生态系统利用和保护效率。按照南部山区、中部干旱带、引黄灌区不同特点，科学确定不同区域的生态环境保护重点和治理模式。在南部山区，以治理水土流失、增加林草植被、发展水源涵养林为目标，加强六盘山水源涵养林基地建设和水土保持林建设；在中部干旱带，以防沙治沙、改善沙区生态为目标，采取禁牧封育、人工造林种草、飞播造林种草等综合措施，加快沙漠化土地综合治理；在北部引黄灌区，以营造稳定的农田防护林体系、发展高效经济林为目标，组织实施高标准农田林网工程、贺兰山东麓生态防护林工程。根据不同区域国土空间的主体功能定位，以资源环境承载能力为约束，明确开发、利用和保护边界，合理控制国土空间开发强度，严守生态功能保障基线、环境质量安全底线、自然资源利用上线三大红线，统筹空间资源，将用途管控扩大至山水林田湖草所有自然生态空间，有序开发、保护并重，打造西部地区生态安全格局。

（四）因地制宜保护修复山水林田湖草沙生态系统

山水林田湖草沙生态系统保护与修复工程措施主要包括修山扩林、调田节水、治水保湖及生物多样性保护等工程。要根据宁夏主要生态问题，综合考虑产业结构调整方向、生态功能保护修复要求，从时间和空间布局上多维度统筹各类生态保护与修复措施，确定山水林田湖草生态保护修复工程的时序安排，形成山水林田湖草生态系统保护与修复合力，实现生态系统格局优化、系统稳定、生态功能提升目标。以自然保护区为载体，以风景名胜区、湿地公园、森林公园、地质公园等为重要组成部分，将林地、湿地、荒漠生态空间治理以及生物多样性纳入保护范围，优化生态屏障功能，提升生态系统质量和稳定性。由于山水林田湖草沙系统保护与修复工作的基础性和公益性，各级政府必须统筹各部门的管理职能，整合中央、地方和社会等相关资金，将山水林田湖草沙生态系统保护与修复与乡村振兴战略相结合，形成政策合力，提高治理成效。

（五）以国家公园为主体推进自然保护地体系建设

自然保护地建设是对山水林田湖草沙生态系统保护的最有效手段，宁夏现有国家级自然保护区主要为荒漠、森林、草地及复合型保护类型，国家级自然保护区 9 个、湿地公园 24 个、国有林场 96 个，建成市民休闲森林公园 26 个。为了更有效地实现生态系统保护的功能和生物多样性保护的目标，需要在不同空间尺度和管理层级上建立一系列的自然保护地，形成有机联系的统一整体，构成了自然保护地体系。加强沙坡头、白芨滩荒漠类国家级自然保护区，贺兰山、六盘山森林类自然保护区，云雾山草地类国家级自然保护区，哈巴湖荒漠—湿地类型国家级自然保护区，以及多种类型自治区级自然保护区建设，与内蒙古自治区合作申报贺兰山国家公园，确保自然生态系统和自然遗产具有国家代表性、典型性，确保面积可以维持生态系统结构、过程、功能的完整性，实行整体保护、系统修复、综合治理，理清各类自然保护地关系，构建以国家公园为主体的自然保护地体系，对宁夏山水林田湖草沙生态系统进行有效保护。

环境篇
HUANJING PIAN

双碳背景下宁夏可再生能源发展研究

王　旭　张力多　杨亚男

　　"双碳"背景下大力发展可再生能源已经成为全球能源转型和应对气候变化的重大战略方向。党的二十大报告明确提出"积极稳妥推进碳达峰碳中和"，强调深入推进能源革命，加快规划建设新型能源体系，确保能源安全。加快发展可再生能源，是保障国家能源安全的必然选择，是推进能源革命和构建清洁低碳、安全高效能源体系的重大举措。"十四五"及今后一段时期，宁夏加快可再生能源发展，对于推进能源转型发展、高水平建设国家新能源综合示范区、更好发挥新能源在能源保供增供方面重要作用，具有十分重要的意义，同时也是助力宁夏实现碳达峰、碳中和目标的重要举措。

一、推动可再生能源发展的重要意义

　　可再生能源包括风能、太阳能、生物质能、地热能、水能、海洋能等非化石能源，是近年来发展速度最快的一次能源。但从全球一次能源使用结构来看，化石能源占比仍较高，2021年全球化石能源消费占一次能源消费的比重达到81.9%，可再生能源消费占比仅为13.6%。然而，化石能源大

　　作者简介　王旭，宁夏发展改革委经济研究中心正高级经济师；张力多，宁夏发展改革委经济研究中心研究人员；杨亚男，宁夏发展改革委经济研究中心经济师。

量使用会给生态环境、气候等领域带来一系列问题，且面临着化石能源即将被开采殆尽的困境。因此，清洁能源开发利用是今后能源转型发展的重要方向，对于经济社会可持续健康发展具有重要意义。

（一）保障国家能源安全的重要途径

我国富煤、贫油、少气，能源资源相对稀缺，以煤炭为主，能源开发利用效率偏低，石油、天然气等资源对外依赖度较大。党中央高度重视能源安全，党的二十大报告在产业发展、国家安全、绿色发展等多处强调能源问题。据有关资料显示，2021年我国原油对外依存度超过70%，天然气对外依存度超过40%，从我国的能源资源禀赋以及国际形势看，改变能源结构的任务已十分迫切。党的十八大以来，习近平总书记从保障国家能源安全的全局高度，提出"四个革命、一个合作"能源安全新战略，开发利用可再生能源已成为占领未来能源利用制高点、保障国家能源安全的重要途径。宁夏是全国风能、太阳能资源富集的地区之一，充分发挥资源优势，加快宁夏可再生能源发展，必将为更高水平建设国家新能源综合示范区，保障国家能源安全作出积极贡献。

（二）保护生态环境、积极应对气候变化的必然选择

长期以来，我国能源生产与消费呈现以煤炭为主的结构。自然资源部《中国矿产资源报告2022》显示，2021年我国煤炭消费占一次能源消费总量的比重为56.0%，石油占18.5%，天然气占8.9%，水电、核电、风电等非化石能源占16.6%。过度依赖化石能源，导致我国成为世界最大的温室气体排放国，环境污染问题突出。宁夏与全国比，能源结构偏煤特征更为突出，煤炭占能源消费总量占80%以上，高于全国平均水平20个百分点以上，高水平的能耗必然导致高强度的碳排放，总体呈现出排放总量增速快于全国、排放强度明显高于全国的特征。加之宁夏生态环境总体脆弱，大力发展可再生能源，对宁夏乃至全国保护生态环境、应对气候变化具有十分重要的作用。

（三）促进经济转型、开拓新经济增长领域的重要举措

可再生能源产业大部分属高新技术产业，发展前景十分广阔。宁夏既是经济欠发达省区，也是国家能源安全战略布局的重要保障基地，依托丰富的风能、太阳能、生物质能等新能源资源，风电基地、光伏园区建设已初具规模。加大可再生能源开发利用力度，可以有效拉动装备制造业等相关产业的发展，带来相关产业和行业就业增长，是调整产业结构、加快构建绿色低碳循环发展经济体系、促进经济社会发展全面绿色转型的有效途径，对缩小地区差距和促进经济增长将发挥积极作用。截至2021年底，宁夏可再生能源发电量比重不足25%，全区再生能源产业发展仍存在巨大提升空间，加快发展可再生能源可以成为宁夏新的经济增长点。

二、宁夏可再生能源发展现状

（一）取得的成效

近年来，宁夏依托资源优势和产业基础，加快风能、太阳能和生物质能等清洁能源开发利用，国家新能源综合示范区建设取得重大进展，可再生能源发展规模持续扩大，利用效率逐步提升，产业优势持续增强，体制机制有效创新，可再生能源成为推动全区能源革命的重要动力。

1. 发展规模持续扩大

宁夏风电基地、光伏园区项目建设有序推进，风电、光伏发电实现了规模化、集约化、园区化快速发展。2021年，宁夏可再生能源发电装机容量2895.5万千瓦，比2015年增长约145%（见表1），可再生能源发电量比重比2015年增加了11.3个百分点（见图1）。2021年宁夏新增清洁能源企业数、新能源发电量、清洁能源产业产值增速均实现40%以上的高速增长。可再生能源已逐渐成为全区新增电力装机主力，清洁能源替代作用日益突显。

表1　宁夏2015—2021年可再生能源装机增长情况　　　　单位：万千瓦

	2015年	2016年	2017年	2018年	2019年	2020年	2021年	年均增长
风电	822.1	942	942	1011	1116	1377	1455	9.98%
光伏发电	308	526	620	819	918.1	1197	1384	28.46%
水电	42.6	42.6	42.6	42.6	42.6	42.6	42.6	—
生物质发电	7.4	7.4	7.4	9.6	9.7	12.7	13.9	11.08%
合计	1180.9	1518	1612	1882.2	2086.4	2629	2895.5	16.12%

数据来源：根据业务部门相关资料测算。

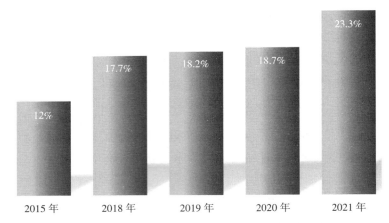

图 1　宁夏 2015—2021 年可再生能源发电量比重

2. 利用效率逐步提升

截至 2021 年底，全区新能源利用率达到 97.5%，居西北第一位；非水可再生能源电力消纳比重达到 26.2%，高于全国平均水平 12 个百分点。依托银东、灵绍直流通道推进风光火打捆外送，非水可再生能源外送电量由 2016 年的 8.45 亿千瓦时增长至 2021 年的 182.5 亿千瓦时，年均增长 85%。作为国家西电东送重要送端省区、枢纽节点，累计外送电量突破 5000 亿千瓦时，其中新能源电量年度占比超过 20%。宁夏电网成为全国首个风电光伏发电出力超过全网用电负荷的省级电网，为高比例新能源电网建设和安全运行积累了有益经验。

3. 产业优势持续增强

宁夏光伏产业形成多晶硅、单晶硅棒、硅片、单晶电池、组件、光伏应用全产业链，单晶硅棒产能占全球六分之一，高效高品质 N 型单晶双面电池转换效率世界领先。风机主机组装及主要零部件配套产业初步形成，风机减速器产量居全国前三。大功率、大尺寸高效电池组件和智能逆变器的大型光伏电站纷纷涌现，风电机组单机容量、轮毂高度、叶轮直径不断提升，可再生能源发电成本大幅下降。

4. 体制机制不断创新

宁夏率先以省为单位整合风光、土地、电网接入等条件，"十三五"期间规划布局建设了 10 个大型风电场和 11 个光伏园区，加强电网规划与新能源规划有效衔接。创新开展全国首个风电项目竞争配置工作。运用新能源超短期预测、输电断面稳控、风光火有功协调等先进电网技术，全面提升新能源消纳能力。建立新能源优先调度机制，鼓励新能源企业参与电力市场化交易，开展区内及跨区交易、置换、辅助调峰交易、火电机组深度调峰、自备电厂替代等机制创新。

（二）面临的困难与挑战

一是可再生能源电力消纳压力较大。当前支撑宁夏新能源未来持续高效消纳利用的基础尚不牢固，新能源跨省份输送比例偏低，新能源消费市场机制尚不不完善，致使跨区域消纳存在诸多障碍。电力系统调节能力建设总体滞后，然而提高可再生能源比例对电力系统稳定性提出更高要求，系统灵活调节和存储能力亟待提高。新型储能成本仍然较高、安全性还有待提升，总体规模相对较小。

二是非技术成本不利影响较大。随着技术进步，近年来风电、光伏发电技术成本呈逐年下降趋势，但风电标杆电价和光伏标杆电价仍然比燃煤机组标杆电价高。随着国家对风电、光伏新能源补贴政策的取消，加之土地租金、税费、融资等非技术成本呈增加趋势，以及满足电力供需平衡而增加的调峰、备用、调频、电网调度等系统成本难以降低，对新能源市场竞争力的提升有一定的影响。

三是能源科技创新能力和产业体系较弱，产业链延伸不足。可再生能源作为能源领域的新兴产业，其技术发展日新月异。宁夏新能源技术创新体系还不够健全，配套产业规模小、龙头企业少，面临核心技术掌握不足、生产规模仍然较小、产业链条不够完善、能源深加工程度低、配套协作能力较弱、专业技术人才缺乏等诸多难题。

三、加快宁夏可再生能源发展对策建议

实现碳达峰目标和碳中和愿景对宁夏可再生能源发展提出新要求，大规模发展可再生能源是宁夏调整能源结构、推动能源转型的主攻方向，自治区第十三次党代会也将清洁能源作为"六新"产业之一，提出要大力发展风电、光伏、氢能等清洁能源产业。因此，应进一步发挥宁夏丰富的清

洁能源资源优势，从以下几个方面着力加快可再生能源发展。

（一）进一步加大可再生能源开发力度

坚持生态优先、因地制宜、多元融合开发可再生能源。大力开发利用太阳能资源，坚持集中开发和分布开发并举、扩大外送和就地消纳相结合的原则，整合沿黄地区和中部干旱带土地资源，推动沙漠、戈壁、荒漠、采煤沉陷区大型集中式光伏开发，重点建设一批百万千瓦级光伏基地。充分发挥风、光资源多能互补优势，鼓励利用风电场空闲土地建设风光互补电站。开展整县（市、区）屋顶分布式光伏开发试点，创新实施"光伏+农业""光伏+工业"等分布式"光伏+"工程，有效提高用户侧光电应用比例。稳步推进风电开发，结合风电技术进步和开发成本下降，采用高塔筒、大功率、长叶片风机及先进技术发展低风速风电，在吴忠市、固原市、中卫市等风能资源丰富区域，统筹电网接入和消纳条件，稳步推进集中式风电项目建设。因地制宜发展其他可再生能源，全力推进黄河黑山峡水利枢纽工程立项建设，积极拓展生物质能利用渠道，在引黄灌区和南部山区农林生物质资源较丰富区及畜禽养殖大县，推动生物天然气产业化示范，加快生物质成型燃料在工业供热和民用采暖等领域推广应用。推动风光发电和沙漠治理、观光旅游、现代农业、矿坑修复、盐碱滩涂地开发保护等融合发展。

（二）进一步提高可再生能源电力消纳水平

一是加大新能源电力向中东部跨省区输送力度。跨省区输电是解决可再生电力消纳、加强区域资源互济的重要渠道，有助于消纳送端省份富余电力、减小受端省份煤电规模。宁夏应着力打破跨省区输电壁垒，拓宽新能源电力外送渠道，加快建设第三条特高压电力外送通道，持续提升外送通道清洁能源电量占比，全面形成向华北、华东、华中直流送电格局，进一步扩大宁夏新能源开发和电力外送规模，促进新能源更大范围优化消纳。二是提升电力系统调节能力。宁夏要优化电力调度运行管理，利用大数据、人工智能等先进技术提高风况、光照的预测精度，提高煤电机组灵活调节能力，积极开展"风电+储能""光伏+储能""大电网+储能"等商业应用，充分发挥储能的调峰、调频和备用等多类效益，降低电网消纳压力。

三是补齐电网设施短板。加强可再生能源资源富集地区电网基础设施布局和建设，优化完善主干电网布局，改造升级城市配电网，强化局部电网建设，完善农村和边远地区电力基础设施，提升电力基础设施的安全和智能化水平，保障可再生新能源消纳输出需求。

（三）进一步促进可再生能源技术进步

加大研发投入，推动技术创新。重视能源科技的发展，切实缩小与发达地区工业技术水平的差距。加强可再生能源的科研工作，结合区内各地资源禀赋情况，积极推进能源基础科学及开发利用技术理论与方法研究；制定优惠政策，加强相关人才引进，直接补贴区域私营部门对可再生能源行业的研发活动；紧盯前沿技术领域和产业发展动态，促进可再生能源产业和技术的跨越式发展，深入研发风能、太阳能、生物质能等主要可再生能源规模化开发利用的核心技术；加强科技创新联盟建设，依托更高平台的科研机构，组织动员相关部门、企事业单位和专家协同搭建市场化的开放型科技创新合作平台。

（四）进一步促进可再生能源与新业态融合发展

推进可再生能源与氢能、储能等产业和农业、建筑、生态等行业融合发展。加快推进可再生能源与氢能融合发展，鼓励企业结合风光电技术进步、成本下降、电网消纳等情况，有效整合风电、光伏发电、低谷电力等，支持可再生能源采用合适的技术路线制氢。研究制定利用可再生能源发电制氢相关电价、交易、消纳等措施，切实降低制氢电能成本，提高电网可再生能源消纳利用率。推动可再生能源与终端智慧用能融合发展，以终端用能需求为导向，依托配电网、配气网、热力网等分布式能源网络，应用新能源、储能、柔性网络和微网等能源技术和先进互联网通信技术，推动实现分布式能源的高效、灵活接入以及生产、消费一体化。结合绿色建筑创建行动，积极开展光伏建筑一体化应用。统筹新能源汽车能源利用与风力发电、光伏发电等协同调度，提升可再生能源应用比例。促进电动汽车与电网能量高效互动，加强"光储充放"新型充换电站技术创新与试点应用，在城市小区、停车场、高速公路服务站等公共场所，结合电动汽车的推广，带动高效光伏技术、储能技术、智能微电网技术的发展。

（五）进一步培育延伸可再生能源产业链

加速推进风能装备、光伏组件、氢能装备制造等技术先进、示范性强、带动作用强的可再生能源产业项目，推动可再生能源高端装备制造产业链延伸。一是完善光伏制造产业链。重点依托银川经济技术开发区等产业园区做大做强光伏制造产业。鼓励龙头企业进一步扩大主导产品规模，创新开发新型产品，促进形成以光伏硅材料为核心，耗材、辅材和配套设备企业集聚发展的全产业链体系。二是提升风电制造配套能力。积极引进国内风电主机龙头企业来宁投资建厂或与本地企业联合开展主机总装项目合作。引导本地铸造、设备制造、电气等企业与风电主机企业合作，发展配套设备制造，提升风电零部件本地配套能力。三是积极发展新能源生产性服务业。发挥宁夏清洁能源产业发展联盟作用，搭建资源共享、技术支撑、交流合作平台。鼓励企业、科研机构、咨询单位、行业协会积极参与行业规划、标准的制定，不断扩大宁夏企业在可再生能源行业的影响力。提升产业数字化水平，培育引进科技企业利用物联网、大数据和云计算等技术，发展智能化电力管理、运行、维护等市场服务，培育壮大可再生能源生产性服务业。

（六）进一步优化可再生能源发展政策环境

进一步完善支持新能源高质量发展的政策体系，探索出台符合宁夏实际的可再生能源项目要素保障支持政策。推动可再生能源能源与相关产业融合发展，助力"新能源+"工程建设，实现新能源与生态环境高质量协同发展。加强适应高比例新能源的电力市场管理和交易机制的建立和完善，落实可再生能源配额实施与电力交易衔接，逐步放开用户参与直接交易，探索开展绿色电力交易，做好绿色电力交易与绿证交易、碳排放权交易的有效衔接。健全辅助市场服务运行机制，落实调频和调峰服务按效果补偿，深挖现有燃气发电调峰潜力，调用自备电厂提供虚拟储能服务，推动新能源在更大范围的优化配置。加大融资、财税等方面支持力度，落实可再生能源税收减免等激励措施，完善可再生能源项目建设投融资机制，探索多元化融资渠道。积极开展可再生能源金融创新服务试点，鼓励金融机构、企业等设立可再生能源发展基金，支持可再生能源相关产业发展。

宁夏绿色发展水平评价研究

贺　茜

　　绿色发展是指在生态环境容量和资源承载潜力的约束下，通过保护自然环境实现可持续科学发展的新型发展模式和生态发展理念。[①]绿色发展以环境保护为前提，通过科技进步、技术创新提高资源利用率，促进经济结构转型升级，降低资源消耗，减少环境污染，提高经济效率和效益，以达到低碳的、高效的、可持续的发展，[②]是以效率、和谐、可持续为目标的经济增长和社会发展方式。绿色发展与可持续发展存在密切联系，是可持续发展中国化的理论创新。当前，绿色发展已成为推动经济结构转型的重要举措。党的二十大报告提出"推动绿色发展，促进人与自然和谐共生"，这是中国式现代化的本质要求之一。自治区第十三次党代会指出"要坚持全地域加强生态环境保护、全领域推动绿色发展转型"，提出"打造绿色生态宝地"的生态环境保护总目标。科学评价宁夏绿色发展水平，计算绿色发展维度差异，有益于宁夏建设黄河流域生态保护与高质量发展先行区，筑牢生态安全屏障，以良好的生态环境支撑社会主义现代化美丽新宁夏建设。

作者简介　贺茜，宁夏社会科学院农村经济研究所（生态文明研究所）助理研究员。

① 王玲玲、张艳国：《"绿色发展"内涵探微》，《社会主义研究》2012 年第 5 期。

② 马平川、杨多贵、雷莹莹：《绿色发展进程的宏观判定：以上海市为例》，《中国人口·资源与环境》2011 年第 21（S2）期。

一、宁夏绿色发展现状

（一）深入推进生态保护修复

宁夏深入推进生态保护修复，大力提升生态系统质量。推进黄河两岸堤防、河道控导、滩区治理、城市防洪工程，筑牢黄河安澜防线。统筹强化"三山"生态保护修复，5年来新增生态修复面积446.9万亩。森林覆盖率从2015年的13.3%提高至2021年的16.9%。2021年，造林面积104.4千公顷，是自2015年以来最多的一年。生态环境持续改善，污染防治攻坚战成效显著。

（二）大力推动产业转型升级

宁夏坚持生态优先，以新发展理念推动产业转型，助推宁夏高质量发展提质增效。作为全国首个省级新能源综合示范区，新能源在全区能源生产、消费结构中占比逐渐提升，新能源综合利用率达到97.6%，居西北第一，创下新能源消纳、电力外送通道利用率等多个全国第一。单位GDP能耗自2019年以来连续两年下降，单位GDP用水量、单位GDP用电量、单位GDP二氧化硫排放量自2015年以来连续5年下降。以能源产业转型升级为牵引，通过大力发展新型材料、清洁能源、数字信息、葡萄酒、文化旅游等绿色含量高、环境影响小的"六新六特六优"产业，推动传统能源与新能源、清洁能源优化组合，大力推进风电、光伏发电等可再生能源及氢能等清洁能源发展，投资开发风电、光伏发电、氢能利用等绿色低碳项目。加快转变高能耗、高排放的生产模式，调结构、转方式、换动能，能源生产消费结构不断优化。

（三）人居环境不断改善

宁夏深化煤尘、烟尘、汽尘、扬尘"四尘"同治，空气质量水平越来越好。2021年全区空气质量优良天数比率为83.8%，连续5年超过80%。可吸入颗粒物（PM_{10}）、细颗粒物（$PM_{2.5}$）平均浓度分别为62微克/立方米、27微克/立方米，同比分别下降4.6%、18.2%，大气环境目标顺利完成。建成区绿化覆盖率由2015年的40.4%提高至2021年的42%，人均公园绿地面积由18.3平方米提高至22.5平方米，城市生活垃圾无害化处理率达到

100%，城乡人居环境更加优美宜居。

二、宁夏绿色发展水平测算

（一）指标体系构建

推动绿色发展，要实现生产、生活、生态协调发展。根据绿色发展的内涵，参考杨新梅等[1]、方应波[2]的指标构建思路，结合数据的可获得性，构建绿色生产、绿色生活、绿色生态3个一级指标，21个具体指标组成的评价指标体系，其中有14个正向指标，7个负向指标，详见表1。绿色生产指数包含经济增长质量、节能减排力度、资源利用强度3个方面的内涵。绿色生活指数包含绿色行为和生活环境两个方面的内涵。绿色生态指数包含生态环境保护投入和资源禀赋两个方面的内涵。本文使用2016—2021年宁夏相关数据进行测算，数据来源于各年度《中国统计年鉴》《宁夏统计年鉴》及宁夏回族自治区国民经济和社会发展统计公报等。

表1　绿色发展水平评价指标体系

一级指标	二级指标	三级指标	单位	指标属性	权重 W_i
绿色生产	经济增长质量	人均GDP	万元/人	+	0.0421
		第三产业增加值占GDP比重	%	+	0.0376
		R&D经费支出占GDP比重	%	+	0.0394
	资源利用强度	单位GDP能耗	吨标准煤/万元	−	0.0532
		单位GDP用水量	立方米/万元	−	0.0378
		单位GDP用电量	千瓦时/万元	−	0.0495
	节能减排力度	单位GDP二氧化硫排放量	吨/亿元	−	0.0353
		单位GDP化学需氧量排放量	吨/亿元	−	0.0453
		一般工业固体废物综合利用率	%	+	0.0497

①杨新梅、黄和平、周瑞辉：《中国城市绿色发展水平评价及时空演变分析》，《生态学报》2022年第4期。

②方应波：《我国绿色发展水平评价及时空演变特征分析》，《统计与决策》2022年第20期。

续表

一级指标	二级指标	三级指标	单位	指标属性	权重 W_i
绿色生活	绿色行为	人均用水量	立方米/人	−	0.0444
		每万人公共交通客运量	万人次	+	0.0406
	生活环境	空气质量优良天数比例	%	+	0.0590
		细微颗粒（$PM_{2.5}$）年均浓度	微克/立方米	−	0.0404
		建成区绿化覆盖率	%	+	0.0627
		人均公园绿地面积	平方米	+	0.0363
绿色生态	资源禀赋	人均水资源量	立方米/人	+	0.0536
		森林覆盖率	%	+	0.0452
	生态环境保护投入	造林面积	千公顷	+	0.0387
		城市生活垃圾无害化处理率	%	+	0.0347
		节能环保支出占一般公共预算支出的比重	%	+	0.0532
		工业污染治理投资总额占 GDP 比重	%	+	0.1014

（二）测算方法

采用熵值赋权法确定各项指标的权重，用综合指数法分析评价宁夏绿色发展情况。

1. 原始数据标准化处理

由于评价指标的性质包括正向作用和负向作用两种，且指标的单位、数量级等方面存在差异，不具备直接可比性，须对评价指标进行标准化处理，使其转化为无量纲、无数量级差别的标准值。采用极差法对指标的原始数据进行标准化处理，即对宁夏 2016—2021 年各项指标的原始数据进行线性变换，使各指标数值在 [0，1] 区间内，得到标准化处理后的值。离差标准化的转换函数如下：

$$正向指标为\ X_{it}^{*}=\frac{X_{it}-X_{imin}}{X_{imax}-X_{imin}}$$

$$负向指标为\ X_{it}^{*}=\frac{X_{imax}-X_{it}}{X_{imax}-X_{imin}}$$

其中，X_{it}^{*} 为第 i 个指标在 t 期的标准化数据，X_{it} 为第 i 个指标在 t 期的原始数据，X_{imax} 为第 i 个指标原始数据中的最大值，X_{imin} 为第 i 个指标原始数据中的最小值。

2. 计算各指标的样本均值 $\overline{X_i}$ 与样本标准差 S_i

3. 计算指标的权重

采用变异系数法计算指标的权重。

第 i 个指标的变异系数为：$CV_i = \dfrac{S_i}{\overline{X_i}}$。

第 i 个指标的权重为：$W_i = \dfrac{CV_i}{\sum\limits_{i=1}^{m} CV_i}$，其中，m 为指标的个数，本文中 m=21。

计算得出宁夏绿色发展评价指标体系中指标权重结果见表 1。绿色生产指数、绿色生活指数、绿色生态指数的指标权重分别为 0.3898、0.2834、0.3268。

4. 计算综合指数

根据指标权重与各指标标准化后的数据，求和加总得出综合指数，计算公式为：$Z_i = \sum\limits_{i=1}^{m} W_i \times X_{it}^{*}$，其中 $W_1 + W_2 + \cdots + W_n = 1$。

计算得出宁夏 2016—2021 年绿色发展综合指数结果如表 2 所示。

表 2　宁夏 2016—2021 年绿色发展指数

年度	绿色生产指数	绿色生活指数	绿色生态指数	绿色发展综合指数
2016	0.1170	0.0835	0.1277	0.3282
2017	0.1372	0.1017	0.0903	0.3292
2018	0.2259	0.1231	0.1877	0.5367
2019	0.2097	0.1883	0.1332	0.5312
2020	0.2292	0.1715	0.1057	0.5063
2021	0.2793	0.2218	0.1287	0.6298

（三）结果分析

各项指数数值越大表明绿色水平越高。由绿色发展综合指数的计算结果可知，2016—2021年，宁夏绿色发展水平逐年提高，反映出"十三五"期间宁夏打好污染防治攻坚战，持续协同推进降碳、减污、扩绿、增长，生态文明建设取得良好成效。绿色生产指数、绿色生活指数、绿色生态指数的平均增长率分别为21.2%、23.2%、10.1%。绿色生活指数平均增长率最高，2019年、2021年上涨幅度较大，反映出全社会绿色意识、低碳意识、环保意识进一步增强，正在逐步形成绿色低碳的生活方式，居住及生活环境也越来越好。绿色生产指数的增长率次之，反映出宁夏产业结构逐步改善，资源利用效率不断提高，节能减排力度不断增强，但经济结构转型、能源结构优化、节能减排仍需持续用力。绿色生态指数的增长率最低，2016—2021年呈波动上升趋势，反映出宁夏生态环境的保护与建设力度及生态系统的自我保护能力有所增强，但自然资源不够丰富，生态环境改善程度不高，环境治理投入占比不高。

三、宁夏绿色发展存在的问题

（一）经济结构性矛盾突出

产业结构单一化、重型化、资源型的特征明显，传统高耗能产业占比偏高，高耗能、高排放项目较多。2021年，宁夏三次产业增加值占GDP的比重分别为8.06%、44.70%、47.24%，同期全国比重分别为7.26%、39.43%、53.31%，与全国相比，宁夏第三产业占比较低，第二产业占比较高。产业结构、能源结构有待进一步优化。R&D经费支出占GDP比重为1.56%，低于全国平均水平0.88个百分点，研究与试验发展经费投入稍显不足，科技实力和竞争力较弱。同时产业生态化水平不高，生态产品不多、市场价值不高，生态产品价值实现的活力不足。经济增长质量有待提高。

（二）资源禀赋不足

一是生态环境脆弱，三面环沙，干旱少雨。90%以上的草原存在着不同程度的退化、沙化现象，草原生态系统脆弱。北部风蚀，南部水蚀，水土流失面积占地域面积的23.63%，其中风蚀面积占31.91%，水蚀面积占

68.09%，是全国水土流失严重的省区之一，南部山区尤为严重。二是水资源短缺。除固原市外，其他四市年降水量均低于 300 毫米，70% 的地域年降水量在 350 毫米以下。2021 年，宁夏人均水资源量为 128.28 立方米，仅为全国人均水平的 6.14%，是全国水资源较为匮乏的省区之一，存在水资源的"天花板"效应。2021 年，宁夏人均用水量、万元 GDP 用水量分别是全国平均水平的 2.24 倍、2.91 倍。水资源可利用量与发展需求矛盾突出。三是森林资源短缺。宁夏森林覆盖率、植被覆盖度较低，森林生态功能较弱，2021 年宁夏森林覆盖率为 16.91%，低于全国平均水平 6.06 个百分点；人均森林面积、人均森林蓄积量分别为全国人均水平的 57.80%、9.27%。

（三）资源利用效率不高

2021 年，宁夏万元 GDP 能耗、万元 GDP 电耗、万元 GDP 水耗分别是全国平均水平的 4.5 倍、3.52 倍、2.91 倍。2021 年，宁夏一般工业固体废物综合利用率仅为 45.25%，低于全国平均水平 11.84 个百分点。宁夏污水利用率仅有 20%，自然降水利用率不到 10%，再生水利用率不到 20%。资源循环利用程度，资源利用率不高。

（四）节能减排降碳压力大

"十三五"期间，宁夏二氧化碳排放量呈增长趋势，2020 年二氧化碳排放量为 21550 万吨，能源生产与加工转化领域占比 62.9%，工业和建筑领域占比 33.8%，产业结构高碳排放特征明显，温室气体排放量大。工业结构转型升级、企业绿色低碳转型需要时间，过去的"高投入、高排放、高消耗、低效益"的粗放型经济发展方式导致生态环境破坏遗留问题突出，存在排污总量大但环境容量小的矛盾，节能减排降碳压力大。每万人公共交通客运量由 2015 年的 60.28 万人次下降到 2021 年的 40.10 万人次。随着机动车保有量的日益增长，绿色出行率有所下降，低碳出行意识有所淡化。

四、对策建议

（一）以生态为本，厚植绿色发展底色

要深刻认识生态环境保护工作的极端重要性、严峻复杂性、现实紧迫性，筑牢生态安全屏障，打造绿色生态宝地。抓住"双碳"战略机遇，坚持生态环境大保护的方向不动摇，构建生态保护大格局，处理好发展和保护的关系，坚定不移走生态优先、绿色发展的现代化道路，以"六权"改革带动资源要素市场化配置，大力推动产业转型升级，集中精力发展"六新六特六优"产业，顺应产业变革，打造现代产业基地，担负起建设黄河流域生态保护高质量发展先行区的时代重任和建设社会主义现代化美丽新宁夏的时代使命。

（二）构建绿色低碳循环发展的经济体系

"十四五"规划和2035年远景目标纲要提出"经济社会发展全面绿色转型"，把"推动绿色发展""建设美丽中国"作为明确要求。推动形成绿色生产和绿色消费的良性互动，是绿色发展的重要方式。一方面，要大力发展绿色经济，探索以绿能开发、绿氢生产、绿色发展为主的能源转型发展道路，推进生态产业化和产业生态化，壮大节能环保、清洁生产、清洁能源、绿色服务等产业，促进源头减量、清洁生产、资源循环、末端治理，构建科技含量高、资源消耗低、环境污染少的产业结构和生产方式，形成绿色产业链，开发绿色经济新业态，提高绿色生产水平；另一方面，要扩大绿色产品消费，在全社会推动形成绿色生活方式，在绿色产品选购、绿色交通出行、绿色建筑改造、垃圾分类和资源化利用等生活领域的方方面面促进绿色消费，倡导节约集约，引导公众培养环保、节约、低碳、健康意识，形成绿色生活方式。

（三）健全生态产品价值实现机制

制定出台税收、土地支持等优惠政策，建立政府主导、企业和社会参与、市场运作的生态产品价值实现路径。强化生态、市场、数字融合作用，畅通市场交易机制，建立生态产品流转交易市场体系。结合"生态洼地"保护修复，探索"生态修复+产权激励+生态产业"、附带生态修复条件的权益出让等具体实现模式。围绕葡萄酒、枸杞、滩羊、文旅等重点产业，积极打造区域公用品牌体系。激活资源要素，加快自然资本增值，促进生态指标交易和生态占补平衡，探索多元化生态产品价值实现路径，让生态"颜值"转化为经济"产值"。灵活运用自然资源产权交易、排污权、碳汇交易、品牌化交易等不同交易机制，助力生态产品市场化运作，推动生态产品价值实现经济效益、社会效益、生态效益同步提升，提高绿色生态水平。

（四）大力推进清洁能源产业发展

清洁能源作为自治区第十三次党代会提出的"六新"产业之一，是能源供应体系的重要组成部分，高效开发利用清洁能源是推进能源转型、高水平建设国家新能源综合示范区、实现碳达峰碳中和的根本路径。从优化整合电源、电网、负荷和储能结构入手，促进清洁能源安全高效开发利用。抢抓"东数西移""东数西储""东数西算"契机，构建绿色低碳循环现代产业体系。聚焦光伏、风电、水电、氢能、储能等重点领域，统筹核心基础零部件、关键基础材料、先进基础工艺与基础软件、新技术应用，以及氢能、二氧化碳回收捕捉封存利用等关键核心技术，积极支持水光风热储多能互补、集成优化清洁能源利用，开展可再生能源规模化制氢，开发绿氢在耦合煤化工、氢能交通、氢储能等场景技术研究，以科技创新支撑清洁能源高质量发展。出台支持风电、光伏、水电、储能发展的电价政策，明确电价补偿、电力调度等内容，促进清洁能源发电产业持续健康发展。

（五）引导企业与公众践行节能降碳新理念

绿色发展是精神文明与物质文明相协调的发展，需要树立绿色观念，倡导绿色行为。不仅要关注大企业的减污降碳行为，也要鼓励中小企业和公众的节能减碳行为。探索建立碳普惠机制，使绿色低碳发展惠及公众，在实现碳中和的过程中同步实现碳价值的共同富裕。探索建立面向公众的个人碳账户体系，记录和量化公众的绿色出行、低碳消费等低碳行为。通过政策、交易市场等方式使参与的活动获得政策鼓励和经济收益，引导和激励全社会形成低碳生产生活方式。探索企业的环境、社会和治理信息（ESG）的制度建设，倡导企业围绕环境、社会与公司治理开展制度建设，定期披露相关专题报告，推动企业形成绿色低碳发展的经营管理理念、企业文化和工作氛围。

基于能源消费的宁夏碳达峰研究

程 志

碳排放达峰是指某个地区或行业年度二氧化碳排放量达到历史最高值，然后经历平台期进入持续下降的过程，是二氧化碳排放量由增转降的历史拐点。

2014 年中美联合发布《中美气候变化联合声明》，中国政府首次承诺碳排放在 2030 年左右达峰并争取尽早达峰。2015 年 12 月，巴黎气候大会上中国重申了这一承诺，彰显了中国政府对碳减排的高度重视和坚定决心，受到国际社会的高度评价。作为世界上最大的发展中国家，中国面临发展经济、消除贫困、改善民生、保护环境等多重挑战，实现 2030 年二氧化碳达峰目标任务艰巨。2020 年 9 月，习近平主席在联合国 75 届大会一般性辩论上，提出中国将提高国家自主贡献力度，采取更加有力的政策和措施，二氧化碳排放力争于 2030 年前达到峰值，努力争取 2060 年前实现碳中和。

国务院于 2021 年 10 月正式印发《2030 年前碳达峰行动方案》，该方案聚焦 2030 年前碳达峰目标，对推进碳达峰工作作出总体部署。国家发改委、工信部、住建部、生态环境部等部委也先后印发了《工业领域碳达峰实施方案》《城乡建设领域碳达峰实施方案》《减污降碳协同增效实施方案》，逐步形成了碳达峰碳中和"1+N"政策体系。宁夏党委、政府积极落

作者简介 程志，宁夏 CDM 环保服务中心副研究员。

实中央碳达峰碳中和工作部署，先后印发《关于完整准确全面贯彻新发展理念 做好碳达峰碳中和工作的实施意见》《宁夏回族自治区碳达峰实施方案》等文件，进一步明确宁夏碳达峰、碳中和的时间表、路线图、施工图。

本文以能源消费为主要分析对象，基于宁夏历史能源消费趋势与现状，结合《宁夏回族自治区碳达峰实施方案》有关指标，从降低能耗、优化能源结构等角度预测宁夏碳达峰峰值时间与峰值排放量，并提出相关建议。

一、宁夏历史能源消费碳排放分析

（一）核算范围

本文核算的碳排放范围为宁夏全社会能源消费引起的二氧化碳排放（包括电力调度蕴含的间接排放）。

（二）核算方法与数据

本文采用的碳排放核算方法主要为生态环境部印发的《省级二氧化碳排放达峰行动方案编制指南》，并结合采纳的活动水平数据进行了适当调整。

$$CO_2 = \sum A_i \times EF_i \qquad \text{（公式1）}$$

其中，A_i 表示不同种类化石能源（包括煤炭、石油、天然气）的消费量（标准量）。EF_i 表示不同种类化石能源的二氧化碳排放因子，采用最新国家温室气体清单排放因子数据，其中煤炭为 2.66 吨二氧化碳/吨标准煤，油品为 1.73 吨二氧化碳/吨标准煤，天然气为 1.56 吨二氧化碳/吨标准煤。

宁夏二氧化碳排放总量中主要为能源消费引起的二氧化碳排放。考虑到《宁夏统计年鉴》中能源消费总量及结构数据已考虑了宁夏的煤电、新能源等电力调入调出因素，因此采用《宁夏统计年鉴》的数据作为基础分析数据。

（三）宁夏二氧化碳排放情况

根据文中描述的核算方法，计算得出宁夏 2010—2020 年二氧化碳排放量。从 2010 年到 2020 年，宁夏二氧化碳排放量由 8951 万吨增长到 18266 万吨，增幅达 104%，年均增速 7.4%。从能源消费总量来看，宁夏能源消费量从 3628.1 万吨标准煤增长到 7933 万吨标准煤，增幅达到 118%（见

表1），年均增速 8.1%，可以看出宁夏二氧化碳排放增幅与能源消费增幅趋势一致性高（见图1）。能源消费、二氧化碳排放大幅增加的背后是宁夏经济的快速发展，从 2010 年到 2020 年，宁夏 GDP 从 1689 亿元增长到 3748.48 亿元。

表 1　宁夏能源消费总量及结构

年份 （年）	能源消费总量 （万吨标煤）	煤炭 （%）	石油 （%）	天然气 （%）	非化石能源 （%）
2010	3628.1	85.2	7.1	5.0	2.7
2011	4254.1	85.5	6.2	5.6	2.7
2012	4496.7	82.4	7.1	6.0	4.5
2013	4780.5	81.6	7.1	5.2	6.1
2014	4962.7	82.4	6.0	4.5	7.1
2015	5437.9	81.2	6.4	4.7	7.7
2016	5591.3	78.8	6.1	5.0	10.1
2017	6460.8	80.9	4.8	3.8	10.5
2018	7100	81.9	3.3	3.5	11.3
2019	7648	81.3	3.8	4.0	10.9
2020	7933	81.7	3.6	4.3	10.4

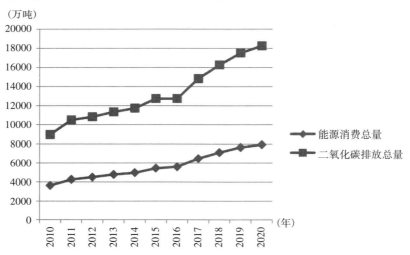

图 1　宁夏能源消费量与二氧化碳排放量变化趋势

从排放强度来看，2010 年宁夏单位地区生产总值二氧化碳排放量为

5.7 吨/万元，2015 年下降到 5.07 吨/万元（见图 2），"十二五"期间，宁夏单位地区生产总值二氧化碳排放下降 11%。"十三五"期间，宁夏单位生产总值二氧化碳排放不降反升，到 2020 年达到 5.26 吨/万元①，未完成国家下达的"十三五"碳减排强度下降目标，主要原因为宁东能源化工基地大型煤制油、煤制烯烃项目的集中投产。

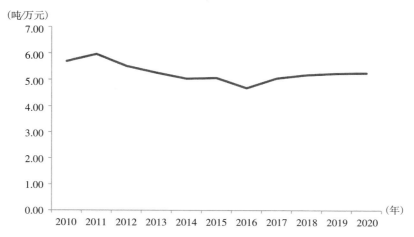

图 2　宁夏单位地区生产总值二氧化碳排放量变化趋势

从排放结构来看，宁夏二氧化碳排放主要来源于煤炭消费，从 2010 年到 2020 年煤炭消费产生的二氧化碳占比在 90% 以上，2020 年为 94%；石油消费产生的二氧化碳占比略有下降，从 2010 年的 5% 下降到 2.7%；天然气消费产生的二氧化碳占比相对稳定，维持在 3% 左右。

二、宁夏二氧化碳排放峰值预测

（一）预测方法

从二氧化碳排放核算方法来看，完成核算过程需要地区能源消费总量及能源结构等数据的支撑。因此，在预测宁夏未来二氧化碳排放量时，本研究将设置不同的情景，利用自上而下的方法对宁夏的能源消费总量、结构等数据进行预测。结合不同情景预测的能源消费总量、结构等数据及不

---

① 2011—2020 年宁夏地区生产总值以 2010 年为不变价。

同能源品种排放因子，利用公式1核算宁夏未来能源消费产生的二氧化碳排放量。

（二）情景与参数设置

在情景设置过程中，为考虑能源利用效率、能源结构改善等因素对宁夏二氧化碳排放的影响，本研究设置了3种情景，分别为基准情景、优化情景及低碳情景。基准情景为在维持2021年能源结构不变的情况下，考虑能源利用效率提高对宁夏二氧化碳排放的影响，即"十四五"末宁夏单位GDP能耗下降15%，"十五五"末宁夏单位GDP能耗下降16%，"十六五"末宁夏单位GDP能耗下降18%。优化情景下，2021—2035年每5年单位GDP能耗下降速度均为15%，煤炭占比在持续下降，随着终端电力消费比重不断提升，油品、天然气占比出现先升后降的趋势，能源结构持续优化，非化石能源占比持续提升；在低碳情景下，单位GDP能耗下降速度参考基准情景，参考《宁夏回族自治区碳达峰实施方案》中关于煤炭消费于2025年左右达峰、非化石能源消费比重等设置煤炭、非化石能源消费占比，2025年宁夏非化石能源消占比为15%，2030年为20%，2035年为30%（见表2）。

表2　不同情景下宏观参数设置

时间	情景	GDP年均增速(%)	单位GDP能耗下降速度(%)	能源消费结构(%)			
				煤炭	石油	天然气	非化石能源
2021年	—	6.7	5	78.95	3.56	5.27	12.2
2025年	基准情景	6	15	78.95	3.56	5.27	12.2
	优化情景	6	15	76.95	3.68	5.25	14.1
	低碳情景	6	15	71.24	3.83	9.93	15
2030年	基准情景	5.8	16	78.95	3.56	5.27	12.2
	优化情景	5.8	15	71.95	3.98	5.41	18.66
	低碳情景	5.8	16	63.99	4.18	11.83	20
2035年	基准情景	5.5	18	78.95	3.56	5.27	12.2
	优化情景	5.5	15	64.45	3.95	5.37	26.22
	低碳情景	5.5	18	60.04	4.77	5.18	30

注：1. 单位GDP能耗下降速度为5年累计下降速度；

　　2. 2021—2035年GDP数据均以2020年为不变价。

（三）结果分析

根据设置的情景与参数模拟，宁夏 2035 年之前在基准情景下二氧化碳排放未实现达峰，优化情景和低碳情景均实现了二氧化碳排放达峰。在基准情景下，宁夏 2030 年二氧化碳排放量为 22692 万吨，2035 年二氧化碳排放量为 24182 万吨；在优化情景下，宁夏于 2034 年实现二氧化碳排放达峰，峰值量为 21225 万吨；在低碳情景下，宁夏于 2030 年实现二氧化碳排放达峰，峰值为 19811 万吨，2035 年二氧化碳排放量为 18974 万吨，比 2030 年下降 4%（见图 3）。

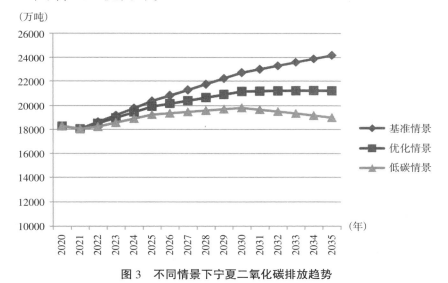

图 3　不同情景下宁夏二氧化碳排放趋势

从二氧化碳排放强度来看，三种情景下宁夏单位地区生产总值二氧化碳排放量均呈下降趋势（见图 4）。在优化情景下，2025 年宁夏单位地区生产总值二氧化碳排放量为 3.77 吨/万元，比 2020 年下降 19%；2030 年为 3.02 吨/万元，比 2025 年下降 19.9%。在低碳情景下，2025 年宁夏单位地区生产总值二氧化碳排放量为 3.64 吨/万元，比 2020 年下降 21.9%；2030 年为 2.83 吨/万元，比 2025 年下降 22.3%。

本研究采用了自上而下的宏观方法，基本预测出了宁夏二氧化碳排放达峰的时间与峰值。相对于自下而上的部门法来说，不确定性较大，应用宏观方法的主要目的在于衡量能效提高与能源结构调整等措施对二氧化碳

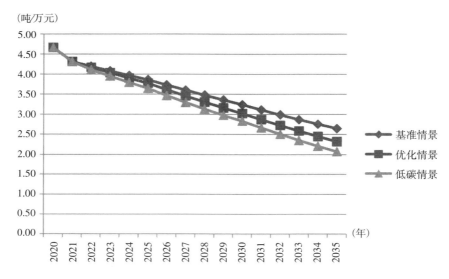

（吨/万元）

图4 不同情景下宁夏单位地区生产总值二氧化碳排放量变化趋势

排放影响的敏感性。从理论上分析，能效提高、能源结构调整措施均可促使地区二氧化碳排放达峰。当能效提高速度大于地方经济增速时，会引起地区能源消费总量的达峰，进而引起地方二氧化碳排放达峰。结合宁夏产业结构发展现状，能源消费总量仍呈上升趋势，这一情况现阶段不适用于宁夏，因此在参数设置过程中未进行考虑。从上述不同情景分析中，可以看出宁夏二氧化碳排放达峰的结果是能效提升与能源结构调整共同作用所致，能效提高主要解决的能源产出率问题，反应的是地区能源利用技术水平，主要目的是减少能源消费以减少二氧化碳排放量。对应的是传统行业的节能技改和全社会产业结构的优化调整，因此也被国家作为碳达峰碳中和的优先战略。能源结构调整主要解决的是能源替代问题，包括不同能源之间替代与不同来源电力的置换等，主要目的是通过低碳能源对高碳能源的替代以减少二氧化碳排放量。对应的是重点行业实施煤改电、煤改气等措施，大力发展可再生能源，实施可再生能源替代。因此实施能源结构调整，构建清洁低碳安全高效的能源体系也被认为是实现碳达峰碳中和的根本和必然路径。

三、宁夏二氧化碳排放达峰相关政策建议

本研究主要从能效提高、能源结构调整等角度分析对宁夏二氧化碳排放的影响。因此，政策建议也将围绕这两个方面。

（一）加强节能降碳，持续提高能源效率

1. 全面提升节能管理能力

坚持节约优先的能源战略，合理引导能源需求，提升能源利用效率。严格实施节能评估审查，对项目用能和碳排放情况进行综合评价，从源头推进节能降碳，强化节能监察。健全节能标准体系，加强能源计量监管和服务，实施能效领跑者引领行动。推行合同能源管理，推动节能服务产业健康发展。

2. 实施重点领域节能工程

推动工业、建筑、交通等重点领域节能降耗。在煤电、钢铁、有色金属、建材、煤化工等行业开展节能改造，提升能源资源利用效率。实施建筑能效提升行动，更新提升居住建筑节能标准，推进超低能耗建筑、近零能耗建筑等建设，持续推进既有居住建筑、公共建筑等用户侧能效提升、供热管网保温等改造。严格实施道路运输车辆达标车型制度，持续推进老旧柴油货车淘汰更新。

3. 推进重点用能设备节能增效

以电机、风机、泵、压缩机、变压器、换热器、工业锅炉等设备为重点，全面提升能效标准。建立以能效为导向的激励约束机制，推广先进适用高效产品设备，加快淘汰落后低效设备。

（二）强化新能源发展与控煤，不断优化能源结构

1. 大力发展新能源

持续扩大太阳能发电与风电开发规模，全面推进太阳能发电、风电高质量发展。坚持集中式与分布式并举，扩大外送和就地消纳相结合，因地制宜建设大规模光伏基地与"光伏+"综合利用项目，探索自发自用和就地交易新模式，有效扩大用户侧光电应用。加快建设风电和光伏发电基地。推广高塔筒、大功率、长叶片风机及先进技术，积极发展低风速风电，促

进老旧风电改造与分散风能资源开发。

2. 严格合理控制煤炭消费

坚持煤电节能降碳改造、灵活性改造和供热改造"三改联动"，有序推动淘汰煤电落后产能，降低度电煤耗，保障低碳煤电供应。大力推动煤炭清洁利用，合理划定禁止散烧区域，积极推进城乡居民清洁取暖，在集中供热无法覆盖的区域加快推进"煤改气""煤改电"清洁供暖工程。

3. 加快建设新型电力系统

构建以新能源为主体的新型电力系统，优化完善配电网网架结构，适应更大规模新能源电力接入及消纳。推进抽水蓄能电站建设，加快新型储能设施推广应用，提升电网调峰能力。积极发展"新能源+储能""源网荷储"一体化和多能互补，支持分布式新能源合理配置储能系统。加快实施电能替代工程，持续提升电能占终端能源消费比重。加强需求侧管理和响应体系建设，引导工商业可中断负荷、电动汽车充电网络、加氢站、虚拟电厂等参与系统调节，提升电力需求侧响应和电力系统综合调节能力。

宁夏农村人居环境整治提升的对策建议

官世博　张　源

改善农村人居环境，建设美丽宜居乡村，既是新发展阶段破解乡村建设瓶颈的有效抓手，也是新时代推进乡村全面振兴的必然要求，事关广大农民根本福祉，事关农村社会文明和谐，是重大的民生事业和民心事业。党的十八大以来，特别是 2018 年农村人居环境整治三年行动实施以来，宁夏深入贯彻党中央决策部署，认真践行绿水青山就是金山银山的理念，以农村厕所革命、生活污水治理、生活垃圾治理、村容村貌提升等为重点，全面推进农村人居环境整治，农村地区长期以来存在的"脏乱差"现象有效改善，农民群众生活质量显著提高，环境卫生保护意识不断提升，文明健康生活习惯逐渐养成，为打赢脱贫攻坚战、全面建成小康社会提供了有力支撑，为新时代新征程接续全面推进乡村振兴打下了重要基础。

一、宁夏农村人居环境整治取得的显著成效

（一）农村人居环境明显改善

建立"严把四关、严格四制、四级验收"农村户厕改造全过程管控体系。2018 年以来，共新建和改造农村卫生厕所 32 万户，累计完成改厕

作者简介　官世博，宁夏回族自治区党委农村工作领导小组办公室干部；张源，宁夏回族自治区农业农村厅农村社会事业处干部。

59.6 万户，卫生厕所普及率达到 64.9%，创新推行的节水防冻型改厕技术模式，被农业农村部评为典型模式供全国各地参考借鉴。构建"城乡一体、管网配套、循环利用"农村生活污水综合治理体系，共建成农村生活污水处理设施 278 座、集污管网 2211 公里，生活污水治理率达到 28.96%，达到全国平均水平。健全农村生活垃圾收运处置体系，探索推行"两次六分、四级联动"农村生活垃圾治理模式，分类减量和资源化利用覆盖面达到 25%，农村垃圾治理覆盖面超过 95%。常态化开展村庄清洁行动"四季战役"，充分发挥农民主体作用，教育引导广大农民主动参与村庄环境整治，参与群众人数累计超过 500 万人次，实现了行政村全覆盖。持续开展乡村绿化美化行动，引导村民在院内院外、房前屋后种植果蔬、栽植花木、建设经果林，每年植树增绿 3 万亩以上，推动农村人居环境逐步向美丽宜居升级。

（二）农村基础设施加快完善

各地按照集聚提升、特色保护、城郊融合、整治改善、搬迁撤并 5 种类型确定县域村庄分类，明确村庄规划编制重点，发挥资源禀赋比较优势，推进各类村庄特色发展，截至目前，宁夏共启动村庄规划编制 1112 个，覆盖率达到 50%，高于 29% 的全国平均水平。统筹推进农村水、电、路、气、房、信等基础设施建设，全面推广"互联网+城乡供水"，农村自来水普及率达 96%；建制村基本实现道路硬化，自然村通硬化路比重达 96%；新建农村住房 8 万多户，危窑危房实现动态清零；太阳能热水器实现农户全覆盖；4G 通信网络覆盖率达 98%，101 个重点乡镇实现 5G 网络全覆盖，农村基础短板加快补齐。

（三）长效工作机制不断健全

建立"省级全面抓、部门协同抓、市县主体抓"的推进机制，以农村网格员、村庄保洁员、环境监督员等为主体，建立常态化治理网；充分发挥政策、项目、资金等要素推动作用，建立长效化运行网；坚持政府引导、群众主体、社会参与，建立精细化管理网，构筑起农村人居环境长效整治"三张网"。截至目前，宁夏 22 个县（市、区）基本实现了农村生活垃圾和环卫保洁城乡一体化管理。在具体实践中，各县（区）在常态化开展农村人居环境整治的基础上，因地制宜，创新机制，取得了良好效果，比如兴庆区、金凤区、贺兰县、中宁县等地探索农村改厕和生活污水治理一体化"建设、运行、管理"模式，建立"互联网+智慧运维"服务平台，运维服务水平明显提升；灵武市探索推行运行效果付费制度，农户根据运行情况向服务主体付费，群众自我管理、自我服务、自我监督作用得到了有效发挥。在总结各县（区）做法的基础上，2020年宁夏创新开展乡村振兴"一村一年一事"行动，将其作为农村人居环境整治的重要抓手，坚持每年为全区每个行政村办好一件实事，形成了"一年办一事、三年大变样、五年变新村"的工作导向，行动自开展以来，累计办理事项6210件，完成投资75亿元。

（四）示范带动作用成效初显

宁夏以浙江"千村示范、万村整治"工程为典型标杆，抢抓创建全国人居环境整治激励县、村庄清洁行动先进县有利契机，积极探索符合自身实际和发展需要的农村人居环境整治新路径，加快美丽宜居村庄建设，不断促进乡村宜居宜业。2018年以来，宁夏农村人居环境整治工作连续4年获得国务院督查激励，利通区等4个县（区）被评为全国人居环境整治激励县，金凤区等6个县（区）被评为全国村庄清洁行动先进县，永宁县等3个县（区）被评为全国农村生活垃圾分类和资源化利用示范县，隆德县被评为全国农村生活污水治理示范县，创建自治区级农村人居环境整治示范县5个、示范村100个，打造美丽村庄333个、美丽小城镇57个、特色小城镇12个，美丽庭院示范户比例达到15.4%，形成了多点开花、面上推开、整体提升的农村人居环境整治良好态势。

二、宁夏农村人居环境整治典型案例剖析

2018年以来，利通区、西夏区、隆德县、红寺堡区先后获评全国农村人居环境整治激励县（区），形成了一批特色鲜明、操作性强的典型做法，为各县（市、区）持续开展农村人居环境整治提供了经验借鉴。

（一）利通区聚焦"规划先行"，推动农村人居环境整治常态化长效化

利通区坚持"一次规划、分类指导、因地制宜、重点突破"原则，编

制村庄布局规划和特色村镇建设规划，确保村庄建设有序推进。针对农村道路、安全饮水、污水治理、农户改厕、村庄绿化等方面的短板和不足，加大政策资金支持力度，整合投入各类项目资金 12.3 亿元，栽植树木 350 余万株，建成村级党群文化广场 232 个、农村垃圾处理场所 22 个、污水处理设施 15 个，拆迁安置 2.5 万户，卫生厕所覆盖率达到 65.2%，乡村通车里程达到 1260 公里，主街道和公共场所路灯全覆盖。聚焦农民群众最关心的"脏乱差"问题，建立稳定财政投入机制，每年安排 3000 万元、每个村每年 5 万~10 万元，开展全区域、无死角、高标准整治，推动农村人居环境整治常态化长效化。大力实施乡风文明改善行动，创新推行"笑脸积分制"，引导广大农民群众养成文明健康生活方式。

（二）西夏区聚焦"全域治理"，农村人居环境整治成效显著

西夏区围绕"建设贺兰山下美丽新农村"目标，坚持科学化统筹，一张蓝图绘到底，建立"主要领导亲自抓、分管领导具体抓、其他领导配合抓"的推进机制，月推进、季观摩、年评比，构建起"县区负总责、镇街具体抓、村民齐参与"的工作格局。坚持全域治理、全民参与，着力补短板、强弱项，农村卫生厕所普及率达到 70.4%，生活垃圾治理率达到 100%，生活污水治理率达到 65%，农村人居环境整治工作取得显著成效，农民群众的幸福感、获得感全面提升。按照集聚提升、特色保护、城郊融合、搬迁撤并、整治改善 5 种类型，扎实做好村庄调查分类，推动各类规划在村域层面"多规合一"，一村一品位、一村一景观，构建山水相依、林田共融、林水共生的绿色乡村生产空间、生活空间、生态空间，逐步形成依山傍水、错落有致的山水田园风光。

（三）隆德县聚焦"宜居宜业"，全力推动农村人居环境高质量发展

隆德县按照"农业高质高效、乡村宜居宜业、农民富裕富足"要求，结合村容村貌提升、农田防护林带、旅游环线、庭院经济和村庄绿化亮化美化工程，全力推动农村人居环境高质量发展。坚持网格化管理，扎实推进村庄清洁行动，常态化保洁、集中式整治，农村环境卫生明显改善，实现农村环境美。坚持一体化治污，统筹推进农村卫生厕所改造和生活污水治理，因地制宜、因村因户施策，加强基础设施建设和运行保障，农村逐步恢复了青山绿水，实现农村山水美。坚持资源化利用，实施"两次六分、四级联动"垃圾分类和资源化利用，推进垃圾分类投放、分类收集、分类运输、分类处理，加快生活垃圾减量化、资源化、无害化，实现农村业态美。坚持系统化治理，扎实开展国土绿化行动，持续推进公共服务设施向村覆盖、向户延伸，点、线、面结合，系统化打造生态宜居的美丽乡村，实现农村生活美。

（四）红寺堡区聚焦"四美标准"，建设宜居宜业和美乡村

红寺堡区聚焦环境美、田园美、村庄美、庭院美"四美"标准，全域整治、全力推进、全面提升，农村人居环境得到明显改善。深入推进农村厕所革命，群众自建和政府统建相结合，累计改造农厕1.9万座，农村卫生厕所普及率达44.3%，粪污无害化处理与资源化利用率达100%。深入推进农村生活污水处理，采取纳入污水管网、联村集中治理、分村分户治理等模式，梯次推进污水管网向周边村延伸，城郊村、中心村生活污水全部接入污水处理管网，农村生活污水治理率由10.94%提升到15.6%。深入推进农村生活垃圾治理，实行"户分类、村收集、乡转运、县处理"，集中整治村庄环境"脏、乱、差"问题，生活垃圾无害化处理率超过92%。深入推进乡村基础设施建设，突出移民元素和乡村风貌，2022年新提升改造农村公路31公里、供水管网15公里，农村"四旁"绿化村占比达65%，加快推动村庄环境由一处美向处处美、一时美向时时美、外在美向内在美转变。

三、宁夏农村人居环境整治存在的主要问题

（一）农村人居环境整治进展不平衡

一是近年来经过脱贫攻坚期的资金投入和政策支持，贫困县（区）农村基础设施逐步完善，人居环境水平明显提升；非贫困县（区）虽然基础条件更好，但近年来政策支持和资金投入力度较为薄弱，基础设施与贫困县（区）相比相对落后、欠账较多，亟待改善提升。二是由于"多规合一"实用性村庄规划编制要求高、难度大，基层规划力量不足、工作基础薄弱，一些村庄规划编制质量不高，不符合新时代新形势新发展需要。三是农村

公共基础设施虽然已经实现了建制村全覆盖，但大多质量、标准和水平较低，实现较高水平的往村覆盖、往户延伸，"十四五"时期建设任务仍然十分繁重。

（二）农村人居环境管护机制不健全

一是农村卫生厕所、生活污水、垃圾治理设施设备运维管护服务还有缺位，长效运行管护机制有待完善，群众满意度还需要进一步提升。二是农村卫生厕所改造任务仍然艰巨。11个三类县（区）农村卫生厕所普及率较低，部分2018年之前建设的存量农村厕所不符合现行卫生厕所要求；部分户厕由于建设年代久、模式选择不适宜，造成废弃或不能使用的占比达到33.5%。三是农村生活污水治理项目规划布局不够科学。出水排放标准偏高、处理设施设计规模不符、资源化利用导向不明确，导致建设、运行、维护成本较高，部分设施不能稳定达标排放。此外，由于县级财政趋紧，污水处理设施地方配套资金困难（自治区奖补30%，地方自筹70%），地方申报积极性逐年下降（2019—2022年分别为111个、107个、93个、70个）。四是农村生活垃圾分类治理水平有待提升、点多、线长、面广、布局分散，加之农村生活垃圾收集、转运、处置体系还不完善，垃圾资源化利用水平不高，小型化、分散化末端处置设施较为缺乏，垃圾转运成本较高，巩固垃圾治理成效难度较大。

（三）部分群众思想观念未彻底转变

一是部分农民群众受传统观念、季节原因、间歇性务工等因素影响，参与户厕改造、垃圾分类和环境整治的主动性、积极性不高，主体作用没有充分发挥。二是部分新建农村卫生厕所建而未用、用而不管，使用率不高、管护得不好，资金使用效益没有充分发挥。三是部分村庄环境卫生整治成效有待提升，房前屋后、院里院外、户内户外"脏乱差"现象仍然存在，群众健康文明生活习惯还未养成，文明乡风建设任重道远。

四、推进宁夏农村人居环境整治的对策建议

习近平总书记在党的二十大报告中指出："提升环境基础设施建设水平，推进城乡人居环境整治。""统筹乡村基础设施和公共服务布局，建设

宜居宜业和美乡村。"为我们建设宜居宜业和美乡村提供了根本遵循。要以习近平新时代中国特色社会主义思想为指导，深入贯彻落实习近平生态文明思想，按照党的二十大决策部署，按照"城乡差异、山川有别、因地制宜、分类推进"的原则，以美丽新宁夏建设为目标，以改善农村人居环境质量为核心，以实施乡村建设行动为抓手，巩固拓展农村人居环境整治三年行动成果，紧盯农村人居环境整治提升五年行动目标任务，扎实推进各项重点工作取得新突破、见到新成效，为建设美丽乡村、推进乡村振兴、实现共同富裕奠定坚实基础。

（一）持续提升农村户厕建管水平

坚持数量服从质量、进度服从实效、求好不求快，严格落实"4+4+4"全过程管控体系，科学选择改厕模式，大力推广节水防冻型改厕技术，因地制宜推进厕所粪污分散处理、集中处理与纳入污水管网统一处理模式。常态化开展农村户厕改造问题排查整改，推进农村人口密集、流动较大的场所建设公共卫生厕所，确保厕所前期建得好、后续管得好、农民用得好。力争到 2025 年，宁夏农村卫生厕所普及率达到 85%，国家和自治区 9 个乡村振兴重点帮扶县、261 个千人以上移民村（社区）卫生厕所普及率稳步提高。

（二）持续提升农村污水治理水平

坚持减量化、生态化、资源化导向，加快农村生活污水治理步伐，推进城镇近郊农村生活污水全部接入城镇管网，提高农村生活污水集中处理水平。因地制宜选择符合农村实际的生活污水治理技术，确保农村生活污水就地就近综合利用。加大农村黑臭水体整治力度，对国家和自治区本级监管的 27 条农村黑臭水体，实行分期分批治理。力争到 2025 年，农村生活污水治理率达到 40%，城镇近郊农村生活污水治理实现全覆盖，已排查出的农村黑臭水体全部整治完成。

（三）持续提升农村垃圾治理水平

坚持"源头分类、可持续发展、政府主导、广泛参与"的原则，完善生活垃圾收集、转运、处置体系，加强垃圾治理保洁队伍建设，推动农村垃圾专业化治理、市场化运营。推进农村垃圾分类减量与利用，探索符合农民习惯、简便易行的分类处理模式，提升可再生资源垃圾回收率。以乡镇或行政村为单位，建设一批区域农村有机废弃物综合处置利用中心。推进农村建筑垃圾等就地就近消纳。力争到2025年，农村生活垃圾得到治理村庄基本实现全覆盖，生活垃圾分类和资源化利用覆盖面达到35%以上，创建一批农村生活垃圾分类和资源化利用示范县、示范乡村。

（四）持续提升村容村貌整治水平

坚持规划先行，优化村庄布局，科学划定整治范围，重点整治集聚提升类、城郊融合类、特色保护类村庄。将国有和乡镇农（林）场居住点纳入农村人居环境整治提升范围，统筹考虑、同步推进、全域覆盖。统筹推进农村水、电、路、气、房、信等基础设施建设，优化村庄生产生活生态空间，改善村庄公共环境。加强村庄风貌建设引导，加强传统村落和历史文化名村名镇保护。以环境美、田园美、村庄美、庭院美为目标，持续开展村庄清洁提升行动和乡村绿化美化行动，推动村庄清洁常态化、长效化。

（五）持续提升长效运行管护水平

建立健全农村厕所、生活垃圾、污水处理、绿化保洁等建设、运营和管护制度，制定修订农村户厕改造、垃圾分类、污水治理等相关标准规范，建立有制度、有标准、有队伍、有经费、有监督的农村人居环境整治提升长效机制。推进农村人居环境整治领域的项目整体打包一体化建设，完善农村户厕信息管理平台管理功能，推广"互联网+智慧运维"等信息化管理模式。依法探索建立农村厕所粪污清掏、生活污水治理、垃圾处理农户付费制度，逐步形成"政府拿一点、集体出一点、群众掏一点、社会担一点"的多元化付费机制。

（六）持续提升村民自管自治水平

充分发挥农民主体作用，引导村集体经济组织、农民合作社、村民等全程参与农村人居环境相关规划、建设、运营和管理。充分发挥农村基层党组织领导作用、党员先锋模范作用、驻村工作队和第一书记作用，组织动员村民自觉改善农村人居环境。将村庄环境卫生保洁等要求纳入村规民约，以新时代文明实践中心为载体，深入开展美丽庭院和星级文明户评选、卫生红黑榜评比、积分兑换等活动，加快提升村民维护村庄环境卫生的主人翁意识。

(七) 持续提升示范引领带动水平

深入开展农村人居环境整治示范创建，创建一批自治区级示范县、示范乡、示范村，持续抓好平罗县、隆德县等自治区级试点示范工作，巩固文明村镇、美丽庭院示范户评比成果，以点带面、整体提升。大力推进重点小城镇建设和高质量美丽宜居村庄建设，为各县（区）整体推进乡村建设探索完善政策制度、工作机制、实现路径。统筹生产发展、生活幸福、生态和谐的"三生融合"发展理念，将农村人居环境整治提升与各地特色产业相结合，以人居环境改善带动农民致富提升，努力建设宜居宜业和美乡村。

贺兰山雪豹等顶级捕食者与
周边社区关系研究

王宇恒

贺兰山位于宁夏与内蒙古交界处，独特的地貌与气候使这里形成了丰富的自然资源。党的十八大以来，在习近平生态文明思想指导下，贺兰山地区加速生态保护和生态修复，岩羊等种群数量增长迅速，昔日的雪豹、兔狲等也重返家园。野生动物与人类活动地正日益重叠，这既拉近了我们与大自然的距离，也给我们带来新课题：如何保持生态平衡？如何与这些动物邻居友好相处？

一、贺兰山雪豹等顶级捕食者及其社区关系发展变迁

贺兰山为南北走向，长 250 多公里，东西宽 20—40 公里，南段山势缓坦，北段山势较高，海拔 3000 米左右。高大山地使贺兰山形成了丰富的生态环境，动植物资源丰富，具备生物多样性特征。

（一）生物链中的顶级捕猎者——雪豹

雪豹，大型食肉动物，全身灰白色，遍布黑色斑点和黑环，毛长密而柔软，尾粗大而毛蓬松。雪豹被称为"雪山之王"，栖息于中亚高原，常在

作者简介　王宇恒，宁夏社会科学院《宁夏社会科学》编辑部研究实习员。
基金项目　宁夏回族自治区科技厅重点课题《贺兰山主要野生动植物生态特征及顶级捕食者适应性研究》（2020BEG02001）之子课题的阶段性研究成果。

陡峻山地活动①。雪豹以岩羊、北山羊等山地羊类为主要食物。

历史上，雪豹曾在贺兰山活动。2013 年发布的《中国雪豹保护行动计划（内部审议稿）》指出，我国雪豹分布在九大区域，贺兰山为其中之一。②曾经，开采、放牧、猎杀动物等人类活动严重破坏了贺兰山生态环境，大量野生动物失去栖息地，或濒临灭绝，或被迫迁移，数量锐减。近几十年，失去了栖息地的雪豹在贺兰山的活动记录极少。在加强生态环境保护后，贺兰山地区雪豹记录有了更新。2011 年 2 月，泾源县村民反映曾在六盘山山林中远远看见雪豹。③2021 年 9 月，在内蒙古四子王旗获得救助的雄性雪豹"四王子"，佩戴卫星颈圈后被成功放归贺兰山。红外相机拍摄到的影像资料显示，"四王子"体格健硕，精神状态良好。2022 年，贺兰山多个红外触发相机拍摄到另一只未知的雄性成年雪豹新个体。④2022 年十一期间，雪豹乘夜色"光临"了贺兰山岩画景区，这也为如何管控好雪豹、如何避免野兽与游客及居民发生冲突等新问题提出了警示。

（二）贺兰山与周边社区关系变迁阶段分析

1. 贺兰山周边社区的分布及概况

贺兰山是我国 200 毫米等降水量分界线，山的东西两侧降水量差异较大，西侧降水较少，主要为牧区，东侧则在降雨及黄河的双重保护下形成了灌溉农业区。

贺兰山周边社区密布，人口集中。截至 2020 年末，贺兰山东侧沿山由北至南依次为石嘴山市惠农区、大武口区、平罗县、银川市贺兰县、西夏区、永宁县，以及吴忠市青铜峡市等 3 市、7 县（区），面积 10115 平方千米，主要为宁夏经济社会相对发达的市县，人口约 211 万人。

---

① 刘振生等：《贺兰山脊椎动物》，宁夏人民出版社，2009 年，第 385 页。

② 肖凌云：《守护雪山之王：中国雪豹调查与保护现状》，北京大学出版社，2019 年，第 76 页。

③ 马鸣、徐峰、程芸等：《新疆雪豹》，科学出版社，2013 年，第 229 页。

④ 陈秀梅、李静尧、李祎斌：《"四王子"有伴了！宁夏贺兰山保护区又发现一只雪豹》，《新消息报》2022 年 6 月 27 日。

2. 贺兰山与周边社区关系变迁分析

贺兰山有着优质的焦煤、太西煤、石灰岩贺兰石等矿产资源。贺兰山矿产资源经济价值高，开采利用历史久远。随着人们对贺兰山矿产资源的开采、利用、保护等行为和意识的变化，贺兰山与周边社区关系发生变迁，可以总结为以下阶段。

（1）古代有限利用阶段。先秦时期，贺兰山岩画反映出周边地区游牧、捕猎、种植等生活场景。秦汉至隋唐时期，河套地区大量移民开发，对贺兰山资源有一定利用。西夏时期，贺兰山及沿线大量修建离宫和军事设施，树木砍伐、人类活动显著增加，是第一次自然大破坏时期。明至民国时期，贺兰山周边人口大幅增加，煤炭等矿产资源被发现及开采利用，自然环境遭到第二次破坏。但总体上囿于生产技术、市场需求等因素，人类对贺兰山资源索取利用的破坏程度较低，动植物受到影响较小，周边社区与贺兰山能够和谐共生。

（2）三线建设阶段。该阶段自20世纪60年代至80年代初。在以加强国防为中心的战略大后方建设指引下，一些工厂、军营、城镇等布局于贺兰山之中，宁夏石嘴山市依靠贺兰山资源优势迅速崛起，成为当时区内经济社会发展程度领先的城市之一。由于大力发展煤炭采掘业，人类活动对贺兰山资源进行了程度较大的利用。

（3）过度索取阶段。该阶段主要集中于20世纪90年代至21世纪初。随着改革开放及经济发展，这一阶段全国各地经济腾飞。尽管一些工厂、军营等陆续撤离贺兰山，但对贺兰山矿产资源的开采仍旧有增无减。开采企业或个人并不需要承担高昂的生态经济成本，对资源无节制的索取和浪费十分严重，生态环境遭到严重破坏，贺兰山矿区裸露、植被退化、动植物资源锐减。1988年，国务院正式批准贺兰山为国家级自然保护区，凸显和强调了贺兰山的生态价值。贺兰山周边地区各级政府也提出要保护贺兰山生态环境，贺兰山生态保护逐步得到加强。

（4）生态综合治理阶段。该阶段自党的十八大召开至今。因对贺兰山资源无节制的索取，贺兰山良好的自然环境受到严重破坏，大气和水污染严重，贺兰山满目疮痍。2017年5月，宁夏正式打响"贺兰山生态保卫战"，全面开展了生态环境综合整治。2017年10月，党的十九大报告指出"坚持人与自然和谐共生"。在"绿水青山就是金山银山"理念的指导下，2018年，宁夏下达2019年重点生态修复保护治理项目资金，启动贺兰山东麓山水林田湖草生态保护修复工程试点项目，封堵矿洞、回填矿坑、拆除建筑、植树种草。2019年5月，宁夏印发《贺兰山生态环境综合整治修复工作方案》，要求建立贺兰山生态环境保护长效机制。经过一系列治理，贺兰山自然生态逐步恢复。

（三）贺兰山引进雪豹等顶级捕食者问题

随着贺兰山生态环境恢复，岩羊等"本土居民"种群数量大幅增长。研究表明，岩羊在贺兰山的合理容纳量应为每平方千米17.6只。①岩羊天敌数量少、繁殖力强，如果不能有效控制数量，预计将很快超过贺兰山生态的最大承载量。岩羊践踏破坏草地，啃食灌木枝叶，超出承载量则对贺兰山生态造成破坏。因此，为了生态平衡，一些专家和学者思考是否应该引进雪豹或狼等顶级捕食者，也为如何引入及其可能引起的社区关系提出了新课题。

1. 如何获取雪豹

雪豹是国家一级重点保护动物，法律严禁交易。若从我国其他地区的动物园或动物保护基地等地引进雪豹，则涉及繁杂的审批手续等问题。

2. 是否适应生存

雪豹生存条件严苛，需高山、低温、人为干涉少的栖息地。如引进人工繁育的雪豹，则涉及引进放生后对新环境的适应问题。贺兰山雪豹活动记录较少，且近年来贺兰山气候特点、生态环境等已发生改变。贺兰山是否仍适宜雪豹生存、繁衍，尤其是否适宜经由人类繁育长大的雪豹生存有待考证。

3. 人兽是否冲突

第一，与雪豹栖息同域的地区，以牧业为主。研究表明，当食物稀缺

---

① 《贺兰山上岩羊数量达到临界点　将对生态造成破坏》，中国政府网，http://www.gov.cn/jrzg/2007-03/31/content_567582htm。

时雪豹可能会猎杀家畜。[1]第二，雪豹是大型猛兽，在认为自己受到威胁时可能会攻击人类。因此，尽管雪豹数量较少、鲜少出入人类居住地区，但人兽冲突难以避免。

二、贺兰山人类活动对生物多样性的影响分析

（一）贺兰山周边人类活动变化

自古以来，贺兰山地区便是多民族聚居的地区，农耕文化与游牧文化相互碰撞、融合，形成了东侧农耕业与西侧畜牧业交融的特点。贺兰山东侧宁夏平原多种植水稻、小麦、玉米、枸杞等农作物，同时积极发展肉牛、滩羊、奶、葡萄酒等特色产业。由于纬度、气候适宜，贺兰山东麓被公认为世界最适合葡萄栽培及酿酒葡萄的地区之一，经过发展，葡萄酒产业已成为宁夏的九大重点特色产业之一。

贺兰山矿产资源丰富，进入工业时代后，周边地区又通过采矿、加工制造等方式营生。以东侧为例，宁夏工业起步于1958年，成长于三线建设时期，改革开放特别是国家西部大开发战略实施后，工业经济进一步发展壮大[2]，经过60余年发展，依托自然资源禀赋，形成了以煤炭、电力、化工、冶金、有色、装备制造、轻纺等行业为支柱的工业体系。

随着现代化社会推进和产业结构升级，贺兰山周边地区服务业取得一席之地。得益于独特地貌及秀美雄浑的自然风光，贺兰山周边地区大力发展旅游业，形成了镇北堡影视城、西夏陵、苏峪口国家森林公园、韩美林艺术馆、贺兰山岩画及葡萄酒庄等旅游项目和旅游景点，吸引了大量游客前往参观游览。

（二）人类活动对贺兰山生态环境及生物多样性的危害

随着人口增长、经济社会发展，贺兰山周边地区人口越发密集。曾经，无序的放牧、耕种、开采和砍伐，使贺兰山生态环境和生物多样性受到破坏。

---

[1]肖凌云：《守护雪山之王：中国雪豹调查与保护现状》，北京大学出版社，2019年，第110页。

[2]宁夏回族自治区工业和信息化厅：《宁夏工业发展概况》，https://gxt.nx.gov.cn/zwgk/gyjbxx/gygk/202012/t20201221_3617510.html。

1. 植被退化严重，生态整体恶化

贺兰山原生林区曾一直延伸到山麓，但由于过度开采、砍伐、放牧、耕种等行为，植被退化严重，水土流失及土地沙化加剧，西侧荒漠化加剧，东侧矿区地表裸露、煤灰飞扬，生态环境整体恶化。

2. 加剧土壤污染，自我修复减弱

频繁而密集的人类活动使贺兰山地区土壤层厚度降低、地力衰退、肥力下降、土壤盐碱化，土地的自我修复能力减弱。受到污染的土壤影响植物和作物生长，最终通过食物链影响动物及人体健康。

3. 造成水土流失，引发次生灾害

贺兰山地区生态环境较为脆弱，易发生气象灾害与地质灾害。受植被退化影响，荒漠化程度加重，土壤蓄水固沙能力减弱。水土流失不仅会加剧如山洪、山体滑坡带来的灾害，也会使更多泥沙进入黄河，造成黄河泥沙淤积引发洪涝的隐患。

4. 提高火灾威胁，潜在危害巨大

贺兰山地区常住人口、游客数量增加，人类出入深山林区的可能性、范围、深度逐渐扩大，防范不当则易诱发森林火灾，威胁动植物及人类生命财产安全。

此外，贺兰山汝箕沟矿区煤层自燃已有300余年历史，[1]特别是20世纪90年代，贺兰山区中小煤窑到处乱采，火区加剧发展，治理难度极大，有害气体超标，危害居民健康，经济损失严重。

5. 侵占生态用地，改变栖息环境

道路、设施、工厂、景点等人类活动的痕迹占用了大量土地资源，侵占和割裂了野生动物种群栖息地，改变了原始生存环境特征，也增加了汽车尾气、噪音、交通事故等伤害动物的可能性。

6. 捕猎野生动物，直接威胁生存

人类在不断扩大生存范围时，出于保护自身安全和追逐利益的原因，

---

[1]于瑶、刘海：《煤层自燃三百年，贺兰山生态修复"添了难"》，《新华每日电讯》2021年2月4日。

对野生动物尤其是具有经济价值的珍稀野生动物的猎杀尤甚，直接威胁了野生动物的生存。

上述人类活动改变甚至破坏了贺兰山生态环境，直接或间接地影响野生动植物的生存。当野生动植物失去栖居地时，便遭受种群缩减甚至灭绝的威胁。生态系统包罗万象，山水林田湖草沙互为一体，人类与动植物都是生态环境的组成部分。人类行为破坏了自然环境，生物多样性丧失，生态系统失衡，生态环境陷入恶性循环，破坏生态环境的恶果最终将反噬人类自身。

（三）人类活动对贺兰山生态环境及生物多样性的改善

人类活动对生态环境及生物多样性既可产生负面影响，也可通过自身努力起到改善作用。近年来，宁夏开展贺兰山生态保护工作，在贺兰山国家级自然保护区内划分核心区、缓冲区、实验区，分类分级治理；启动山水林田湖草生态保护修复工程试点项目，封堵矿洞、回填矿坑、拆除建筑、植树种草；建立生态环境保护长效机制。经过一系列治理，贺兰山自然生态本底逐步恢复，保护区植被覆盖率提高，涵养水源、保持水土、防风固沙、调节气候等功能得到强化，生态环境变好，生物多样性得到恢复。[①]

（四）顶级捕食者对生态环境及周边社区的影响

雪豹等顶级捕食者的到来，对贺兰山生态环境及贺兰山周边社区存在不同程度的影响。

1. 促进生态平衡

岩羊、马鹿缺乏天敌，近年来贺兰山种群数量激增，过度啃食植被，易造成植被退化、地表裸露等问题，威胁生态环境健康，凸显了贺兰山生物链不健全的问题。雪豹等顶级捕食者有助于控制岩羊、马鹿等动物的数量，可以健全生物链，促进贺兰山的生态健康发展。

2. 潜在人兽冲突

人兽冲突是野生动物活动范围与人类社区重合时不可避免的矛盾之一。

[①]王小明：《宁夏贺兰山国家级自然保护区综合科学考察》，阳光出版社，2011年，第6页。

调查显示，2015 年三江源国家公园澜沧江源园区昂赛乡平均每户有 4.6 头牛被雪豹、豺、狼等捕食，最多的一户达到 23 头，户均损失超过 5000 元。[①]贺兰山沿山区域人口较为密集，人类及家畜的活动范围较大，存在潜在的人兽冲突问题。

3. 非法猎捕隐患

一方面，雪豹皮毛华丽，耐寒抗冻，不仅具有实用价值，而且在部分地区也是地位和财力的象征。因此，不法分子受利益诱惑，非法猎捕雪豹。另一方面，如果雪豹攻击家畜，则可能引起居民报复性猎杀。

三、平衡贺兰山雪豹等顶级捕食者与社区关系的政策建议

基于生物多样性与人类活动之间的关系、生态环境与经济发展之间的关系，贺兰山周边社区与雪豹等顶级捕食者和谐相处，应当从以下方面考虑。

（一）做好野生动物保护宣传教育

1. 普及环境保护知识，促进和谐共生理念深入人心

加大环境保护知识普及力度，广泛宣传人与自然和谐共生理念。一是开展寓教于乐的宣传教育活动，提高周边社区居民生态环保意识。二是引导社会力量采用举办公益纪念日活动、出版科教读本等方式，扩大宣传受众，号召全社会关注生态环境保护。

2. 完善安全保护措施，加强对野生动物科学有效管理

一是开展贺兰山地区野生动物管理工作，布放红外摄像头等设备，在最大程度上识别野生动物，掌握其生活习性。二是完善安全保护措施，如设置诱导标识、张挂野兽出没警示，尽可能地避免人兽相遇。

（二）建立人兽冲突补偿保险机制

1. 建立补偿保险项目，形成长效运行机制

政府应牵头发起人兽冲突补偿保险项目，成立以政府、自然保护区、周边社区、保险公司为主体的补偿保险管理委员会，制定政策，做好宣导，

---

① 肖凌云：《守护雪山之王：中国雪豹调查与保护现状》，北京大学出版社，2019年，第 4 页。

形成长效机制，监督引导补偿保险项目健康持续运行。

2. 政府、居民两级参保，专业机构专门运作

政府与自然保护区先共同投入一定金额作为项目的补偿基金，再鼓励周边社区居民按照家畜数量、价值及本人意愿等参保，收缴的保费交由保险公司等专业机构运作。

3. 明确保险赔偿标准，督促居民尽责履职

做好宣导工作，制定保险赔付的范围、标准，明确周边社区居民有义务履行对自己的人身、家畜等财产的管理责任，因对家畜等财产管护不到位或恶意挑衅、捕猎野兽等违法行为导致的受伤、受损则不予赔付。

（三）打击盗猎及非法贸易行为

开展自然保护区内智能检测与反盗猎巡护工作，打击盗猎及非法贸易等违法行为。

1. 加强监测，及时发现人类活动

在不干扰野生动物的情况下布放红外摄像头、传感器等设备，加强对区域内动物的监测，一方面，有助于掌握野生动物情况，为保护区管理和科研考察提供基础数据；另一方面，有助于掌握保护区内人类活动，判断是否存在违法行为。

2. 加强巡护，严厉打击非法行为

增加反盗猎巡护力度，配备专业人员，征召并培训一批巡护志愿者，组成"执法机构+保护区专业人员+志愿者"的巡防力量，加大对盗猎和非法野生动物交易的打击力度，严肃遏制盗猎行为。

（四）形成区域间共治共防共享合力

贺兰山的生态环境与生物多样性保护，离不开东西两坡的共治共防，保护成果也应由东西两坡共享。2022年5月，内蒙古与宁夏签订了共同创建贺兰山国家公园和建立生态保护协同监管、联合执法机制的合作协议。宁蒙两地可进一步深化在贺兰山国家公园创建、生态保护和修复及资源管护等方面的合作。

1. 共享信息资源

建立信息交流共享机制，常规事项定期互通、重大事项联合决策、疑

难问题共同商讨、紧急事件特别响应，形成高效、完善的长效机制，避免出现信息不对称、传递时效低等信息阻塞问题。

2. 共建基础设施

共同采购、建设、使用和管理基础设施，成立管理专班，建立科学规范的申请、决策、监督机制，形成合理有效的采购、使用、管理、盘查流程，确保物尽其用。

3. 共同推进生态保护和高质量发展

宁蒙两地同属贺兰山地区，同处黄河流域，协同推进贺兰山生态保护还应坚持优势互补、资源共享，如开展生态保护科学研究，提高保护与修复能力、生态资源利用能力、人兽和谐共存能力等；联合开展生态环境监管与执法，在法规建制等方面统筹规划，规避违法行为寻租套利空间；加强经验交流，持续改善贺兰山生态环境，共治共享，共同推进宁夏、内蒙古黄河流域生态保护与高质量发展。

宁夏党政机关推进生活垃圾分类的思考

张万静　张国君　王　勇　张智凯　辛　艳

2016 年 12 月 21 日，习近平总书记在中央财经领导小组第十四次会议上提出："要加快建立分类投放、分类收集、分类运输、分类处理的垃圾处理系统，形成以法治为基础、政府推动、全民参与、城乡统筹、因地制宜的垃圾分类制度，努力提高垃圾分类制度覆盖范围。"为新时期做好垃圾分类工作提供了根本遵循和行动指南。2021 年 1 月，国家机关事务管理局办公室、住房城乡建设部办公厅、国家发展改革委办公厅联合印发《关于做好公共机构生活垃圾分类近期重点工作的通知》，提出"大力推动地级城市公共机构全面实施生活垃圾分类制度，有序推进县级城市公共机构开展生活垃圾分类工作""持续巩固生活垃圾分类工作成果"的工作要求，为公共机构开展生活垃圾分类重点工作指明了方向。

一、宁夏党政机关生活垃圾分类工作开展情况

（一）出台规范性指导意见

2020 年 3 月，自治区机关事务管理局印发《关于进一步推动全区公共

作者简介　张万静，宁夏社会科学院古籍文献研究所副研究员；张国君，宁夏社会科学院社会学法学助理研究员；王勇，宁夏留学人员和专家服务中心高级经济师；张智凯，海南热带海洋大学计算机技术学院助教；辛艳，银川市教育科学研究所高级教师。

机构生活垃圾分类工作的通知》，确定了五个地级市的目标任务，并对重点推进工作做了安排。2021 年 9 月，自治区机关事务管理局、发改委印发《宁夏公共机构节约能源资源"十四五"规划》，对"十四五"期间垃圾分类管理平台、体制机制、标准体系、立法建设、示范创建等方面进行了规划部署。2022 年 3 月，自治区住建厅、机关事务管理局等部门转发国家 11 部委办公厅《关于依法推动生活垃圾分类工作的通知》，要求各地重点统筹建设生活垃圾分类全过程处理系统，以实施"六大行动"为重点，积极推进"两网融合"，健全"四级联动"工作机制，建立部门联席会议制度等，为党政机关开展公共机构垃圾分类工作指明了方向。

（二）宁夏各级党政机关公共机构生活垃圾构成及分析

表 1　全区党政机关生活垃圾类型

	可回收物（千克）	有害垃圾（千克）	其他垃圾（千克）	厨余垃圾（千克）
2022 年全区垃圾分类数据统计	3730742.71	226201.25	796996.07	5474091.14
2022 年银川市垃圾分类数据统计	3490518.30	86051.15	158619.72	5218244.26
2022 年吴忠市垃圾分类数据统计	134231.38	137801.74	570446.91	57847.47
2022 年石嘴山市垃圾分类数据统计	4992.34	22.47	4185.06	31572.55
2022 年固原市垃圾分类数据统计	18015.72	232.89	6132.64	12099.58
2022 年中卫市垃圾分类数据统计	35568.03	953.32	43936.65	80933.39
2022 年区直垃圾分类数据统计	3730777.21	226201.25	796996.07	5474091.14

注:统计项截至 2022 年 8 月。

从上述数据可以看出，全区厨余垃圾的产生量最大，厨余垃圾本身臭味大、收集储存转运难度大，而且很容易二次污染，加大对厨余垃圾除臭和密封转运是着重攻克的难题，要探索建立厨余垃圾全链条、整体性处理利用体系及适宜当地实际情况的生物利用技术路线，恰当选择分散和集中处理相结合的方式，不断提升厨余垃圾处理的能力和水平。

(三)生活垃圾分类运行流程

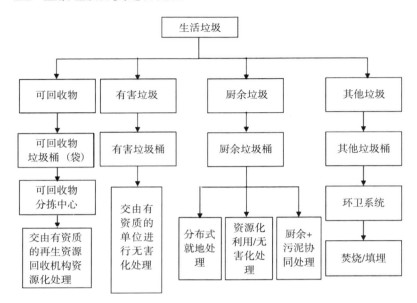

图 1　宁夏党政机关生活垃圾分类运行流程图

从图 1 可看出,对可回收物、有害垃圾、厨余垃圾、其他生活垃圾采取了不同的处理技术路线。可回收垃圾交由再生资源机构进行兑付处理;有害垃圾交由有资质的单位作无害化处理;厨余垃圾做分布式处理、资源化利用、协同化处理;其他垃圾作焚烧、填埋处理。四种生活垃圾处理路径脉络清晰、功能齐备、纵横贯通、运转协调。各级机关事务管理部门的主要职责是统筹管理公共机构生活垃圾的收集、分类,并做好与转运承接部门的沟通衔接工作。

二、宁夏党政机关垃圾分类处理的主要做法和经验

(一)严格制度标准,规范分类实施

2020 年,自治区机关事务管理局印发《关于进一步推动全区公共机构生活垃圾分类工作的通知》,明确以公共机构生活垃圾分类工作评价参考标准为依据,强化监督指导,有力推动了生活垃圾分类工作的全面开展。五地市机关事务管理部门结合本级实际情况,编制了本地区的生活垃圾分类实施方案,确定了 2025 年前要实现的目标任务,提出了工作要求和实施措

施，为本级各成员单位和县级人民政府进一步开展生活垃圾分类工作指明了方向。2021 年，自治区机关事务管理局印发《关于在全区开展公共机构垃圾分类量化统计的通知》，搭建宁夏公共机构生活垃圾分类信息化管理平台，实现垃圾分类回收数据信息的线上填报，并具备数据汇总、分析、统计、处理等功能，全面提升了生活垃圾减量化、资源化和无害化集成管理水平。2021 年，自治区机关事务管理局牵头编制《党政机关生活垃圾分类管理规范》，对党政机关生活垃圾分类流程及实施步骤等进一步作了明确规范。截至 2021 年底，全区党政机关生活垃圾分类工作实现全覆盖，大中型集中办公区已全部建成可回收物分拣中心，各级党政机关垃圾分类容器配备率达到 100%。

（二）强化监督考核，推动垃圾分类落实

自治区建立"以块为主，条块结合"的区、市、县（区）三级联动的党政机关生活垃圾分类工作体系。自治区机关事务管理局一方面统筹管理区政府集中办公区和区直机关、事业单位和团体组织等机构的生活垃圾分类工作；另一方面督查指导市、县（区）级人民政府开展公共机构生活垃圾分类工作。自治区机关事务管理局编制的《宁夏回族自治区节约型机关创建行动方案（2020 年)》评分细则中将垃圾分类作为节约型机关创建评估重要依据，百分制赋分权重达 33%。

（三）坚持系统思维，提高整体参与意识

生活垃圾分类分为分类投放、分类收集、分类运输、分类处置四个环节。宁夏突出党政机关特色，利用主题党日、节能宣传周时机，大力开展生活垃圾分类的宣传活动，教育广大干部职工增强对垃圾分类重要性的认识，加快生活垃圾源头减量，引导公众对生活垃圾分类形成正确观念，推广绿色生活消费方式，并鼓励干部职工依托信息化管理平台积极参与兑换积分活动，提升干部职工参与积极性。同时，会同物业公司制定生活垃圾分类激励考核制度办法，将垃圾分类情况纳入物业考核范围，全面推动物业公司做好社区垃圾分类工作。指导各区直机关单位和市县（区）责任单位与有资质的垃圾收运企业、再生资源回收公司、环卫队签订收储转运合同，并根据区域生活垃圾分类类别要求和相应垃圾产生量，合理确定收运站点、频次、时间和路线等。对于厨余垃圾基本能做到车载桶装、换桶直运，确保收储转运环节符合相关行业的技术评价标准，提高了生活垃圾分类收集转运效率。

（四）信息化加持赋能，助力"双碳"目标实现

为高效精准便捷地对各主体单位分类收集的生活垃圾进行量化统计和考核管理，宁夏机关事务管理局委托研发的信息化管理平台，在全区生活垃圾分类管理中发挥了重要作用。保洁人员将收集到的可回收物归集到信息化平台应用终端后，经刷卡识别，智能电子台秤会自动显示可回收物的类别重量积分等，同步存储上传，并完成信息数据的分析汇总，自动生成相应的日报表、月报表、季度报表和年度报表，便于对各责任单位生活垃圾分类工作进行评比考核、监测监督。同时，宁夏机关事务管理局倡导节约、绿色、低碳的生活消费方式，深入开展节能减排全民行动。自治区政府集中办公区的收储室广泛采用可再生能源，其中，设备运行维护需要的电力主要由太阳能光伏发电供应。信息化平台的应用和践行节能减排的活动共同助力"双碳"目标的实现。此外，与中国绿化基金委员会对接协调，将自治区政府集中办公区可回收物兑付的收益用于荒漠种植公益林，未来将产生的绿色碳汇用于中和干部职工办公中产生的碳排放量。

三、宁夏党政机关垃圾分类工作的难点和困惑

（一）垃圾分类意识有待提高

垃圾分类工作是一项系统工程，需要全社会多部门共同参与。在调研中发现，部分管理人员还不能适应新时期垃圾分类工作要求，具体表现在：一是缺少管理工作经验。例如垃圾分类容器未按照相关要求配备，有些公共区域只设置了可回收物和其他垃圾两类垃圾箱，厨余垃圾分类标识简单，未做干湿分离区分，存在混投现象，造成二次分拣困难。个别集中投放点未张贴投放指南，甚至还存在图案标识和说明不统一的情况。二是存在分类容器的配备不适配的现象。部分单位未将分类容器放置在人员密集的地区，盲目撤桶并桶，增加了干部职工垃圾分类投放的困难；还存在盲目照搬照抄先进工作经验，未考虑便利群众的客观需要，将智能垃圾桶放置在

人流量较少的公共区域，也未在醒目地方设置导向牌，出现分类容器利用率不高、折损率较大的情况。

（二）制度设计亟需进一步优化

用制度管人管事是精细化管理的基本要求。自治区机关事务管理局在线应用的信息化管理平台，在督查考核、数据统计、报告反馈制度方面能较好地满足全区生活垃圾管理的基本需要，但在线监测、经费保障、应急预案建设等方面需进一步加强。调研中发现，很多单位存在过度倚重第三方机构，将收集存储转运的业务交由第三方完成，而第三方机构与发包方不存在隶属关系，权责不清晰或不对等，治理信息公开不及时，监管不到位等情况普遍存在，致使末端处置能力较弱，存在先分后混的现象，加大了生活垃圾分类工作推进的难度。目前，宁夏只有银川市出台了《银川市生活垃圾分类管理条例》，国家层面和自治区层面都缺少对可回收物兑付收益归属及使用的规定，机关事务管理局及各成员单位又没有法律授权的资金安排使用设定权，致使该项资金归属使用成为工作中新出现的难点。

（三）体制机制亟待加强

经过 2018 年的机构改革调整，自治区及各市县（区）机关事务管理部门自机构转隶后，同级的编制委员会均未对机构设置进行统一的定编定额，目前，各市、县（区）对内设机构设置均不相同，有的将生活垃圾分类工作划归节能科管理，有的由后勤科、办公室主管。同时，囿于各市、县（区）对生活垃圾分类重视程度及地方财政的差异，全区 60% 的市县（区）公共机关节能从业人员不超过 2 人，1/3 的市、县（区）不超过 1 人，且以兼职居多，难以满足当前生活垃圾分类工作要求。同时，各市、县（区）普遍存在生活垃圾分类经费无法保障的情况，好多责任单位没有资金购买垃圾转运车，有些垃圾桶盖子破裂了无法更换，更不用说配置智能化回收设施及箱房、集中回收站点了。人员编制、资金支持问题成为制约宁夏生活垃圾分类工作推进的主要障碍。

（四）监督考核有待完善

目前，宁夏各市、县（区）机关事务管理部门均按照《公共机构生活垃圾分类工作评价参考标准》的要求开展组织管理、宣传教育、投放收运工作，该标准同时设置 10 个子项，子项下又设置 12 个分项，对推进宁夏生活垃圾分类工作及节约型机关创建发挥了极大的作用，但缺少适用于全区范围内的生活垃圾专项考核管理办法，致使管理层面缺乏有效的抓手。当前我们主要适用《宁夏节约型机关评分细则》的部分条款对生活垃圾绩效进行打分评价，在该评分细则中垃圾分类只占到 33 分，考核科目项目只有 12 项，内容相对简单，没有建设标准、操作流程、方法步骤的规定，也没有规范物业公司、收运转送企业的规定，不能全面客观反映生活垃圾分类工作的成效，导致无法建立起正向激励的表彰机制，不能激发干部职工的参与积极性和工作热情，影响了全区生活垃圾分类工作提质增效。

（五）配套法规制度相对滞后

实现垃圾有效治理，地方立法要先行。国家及自治区关于垃圾分类的实施意见都将建立"配套完善的法规规章制度体系"作为"十四五"目标任务，但垃圾构成复杂，包括有机物、玻璃、塑料、织物、电子产品等，构成不同，属性不同，如若保存储存不好，极易被污染，产生毒害性，危及生态环境及公民身体健康。因此，加强对特种垃圾分类的流程管理和专门立法显得格外重要。目前，国家层面出台了《废弃电器电子产品回收处理管理条例》《商务领域一次性塑料制品使用、回收报告办法（试行）》《危险废物管理办法》《电器电子产品有害物质限制使用管理办法》等，这些行政规章和规范性文件由各相关主管部门发布，零碎分散，不便于查找掌握。需要国家相关部门将配套法规列入立法规划，尽快启动制订工作，弥补法律适应之不足。

四、提升宁夏党政机关垃圾分类工作的对策及建议

（一）建立垃圾分类联动机制，加强部门沟通协调

为充分发挥政府的职能作用，推进垃圾分类工作制度化、常态化、长效化。建立党委统一领导、党政齐抓共管、全社会积极参与的生活垃圾领导体制和工作机制，加快形成统一完整、能力适应、协同高效的生活垃圾分类全过程运行系统。县（市）级以上工作部门应成立垃圾分类工作领导小组，以加强对各级生活垃圾分类工作的组织领导和统筹协调，明确机关

事务管理局在公共机构垃圾分类工作中职责权限，发挥机关事务管理局在工作中的统筹管理作用。同时建立垃圾分类工作联席会议制度，推动落实上级部门决策部署及重大事项，汇总掌握工作进展情况，分析研判工作形势，解决工作中出现的的重大疑点问题，探索垃圾分类工作新路径。为了推动公共机构垃圾分类工作向基层末梢深入开展，夯实垃圾分类工作在基层的工作基础，亟需成立市、县（区）级垃圾分类工作领导小组，建立垃圾分类工作联席会议制度，以切实加强生活垃圾工作的组织领导，明确领导小组及成员单位工作职责，更好地指导公共机构开展垃圾分类工作。

（二）规范垃圾分类流程，制订垃圾分类配套制度标准

近几年来，随着外卖、电商等新型行业的兴起，党政机关和公共机构生活垃圾构成成分越来越复杂，如餐盒、电子电器、包装盒、高含量汞镉电池，加大了垃圾分类难度。为适应新时期垃圾分类工作的需要，全面落实有害垃圾单独存放，餐厨垃圾规范处置的相关规定，本着问题导向、目标导向、结果导向的原则，应尽快制订包装物回收、快餐盒回收、电子电器类回收、电池回收等生活垃圾分类收集操作规程和作业指南，并制定系统完善的生活垃圾分类指导目录、站点建设标准和管理指标体系，统一明确相关的术语概念，便于生活垃圾分类的标准制定、成果量化、评价监管、绩效考核等工作。

（三）加强源头减量治理，推动垃圾分类示范创建

源头减量是垃圾分类基础，是垃圾分类的前端治理。建议将源头减量工作作为一项硬指标，出台《促进生活垃圾分类减量办法》《限制商品过度包装管理办法》《减少使用一次性用品收集作业规程》等规范性意见，进行常态化的督察检查，并纳入公共机构文明、卫生、先进单位创建的考核范围。另外，可配套先进的垃圾减量和资源化处理设施，如食堂餐厨、厨余垃圾的就地减量与资源化装备，在食堂内将餐厨、厨余垃圾就地固液分离，固渣制肥，液体进行油水分离，将餐厨、厨余垃圾资源化为有机肥和生物柴油，也可通过购买服务，引进厨余垃圾处理企业，将厨余垃圾制作有机肥料，实现资源最大化利用，也可利用果皮菜叶通过制作环保酵素，做到源头减量利用。根据国家机关事物管理局等4部门《关于深入推进公共机构生活垃圾分类和资源循环利用示范工作的通知》的要求，在宁夏回族自治区政府集中办公区、宁夏财经职业技术学院、银川市口腔医院先行先试。以垃圾分类示范区试点建设为契机，全面加强科学管理，补齐设施短板，推进分类投放收集系统建设，初步建立生活垃圾分类推进工作机制，打造一批垃圾分类试点示范单位，为全域全面推开垃圾分类积累经验。

（四）加大数字化场景建设，实现集成化应用管理

为推动垃圾分类不断向智慧化、精细化转型，精准助力党政机关公共区域环境提升。要按照《宁夏回族自治区"十四五"城镇生活垃圾分类及无害化处理设施建设规划》要求，加大科技创新投入，在现有的生产技术条件下，引入现代化运营方式，配备高端智能的垃圾分类收集自助设备，建立激励引导机制，完善分类收集程序，建立大数据服务系统，有序推进再生资源回收两网融合体系，探索建立适合党政机关公共机构特征的垃圾分类全流程处理技术路线。并采用物联网、云计算、大数据技术，建立垃圾回收云端信息化模式，探索使用垃圾分类 App、支付宝、微信等方式，在线获取各区域实时垃圾量信息，通过大数据手段做到及时清理处置，形成分类投放、分类收集、分类转运、分类处理的全链条云平台精细化管理模式，不断提升党政机关公共区域生活垃圾分类管理工作水平。

（五）补齐短板和弱项，提升垃圾分类服务水平

党政机关等公共机构点多、面广，分类工作战线长，受基础条件薄弱、群众动力不足、设施建设滞后、法治保障不足等原因的影响，各地生活垃圾工作推进不平衡，还需要补齐短板和弱项。为进一步推进末端处置工作，建议建立标准的再生资源分拣中心和厨余垃圾末端处置场所，建立标准化的有害垃圾安全储存场地，达到一定量后由相关部门交由有资质的企业进行处理。同时，为方便各市县党政机关公共机构遴选有资质的回收企业和资源再生服务企业，建议自治区事务管理局商同自治区市场监督管理局、住建厅制定企业名录，下发各基层单位和机关参考。同时，要建立责任清单制度，将垃圾分类的具体责任落实到具体的管理单位和管理责任人，并签订目标责任书，以便垃圾分类责任落实到位。除了加强教育宣传外，建议自治区机关事务管理局会同环保厅、市场监督管理厅制订特殊垃圾分类处理规程，并收录相关回收企业的基本信息。受极端天气影响，近年来城市内涝自然灾害增多，公共机构垃圾二次污染的可能性增加，一旦失控，污染传播快，蔓延范围广，为防患于未然，建议各责任主体单位应建立公共机构垃圾分类处理应急预案，确保公共机构垃圾分类收集可管可控。

（六）强化监督考核

建议政府及各级机关事务管理部门要尽快出台生活垃圾量化考核办法，办法要对考核的项目内容进行细化分解，设计要科学合理、公平公正，建立充分论证的基础上，并根据重要程度等因素审慎设置评分权重比重，坚决制止将业务外包逃避监管的行为，确保监督考核机制成为调整指引党政机关推进生活垃圾分类工作的指挥棒，发挥其正向激励作用，激发干部员工参与积极性。

改革篇
GAIGE PIAN

深化宁夏用水权改革调查研究

赵　颖

水是生命之源、生产之要、生态之基。2020 年 6 月，习近平总书记视察宁夏赋予宁夏建设黄河流域生态保护和高质量发展先行区的时代使命，强调要把水资源作为最大的刚性约束，以水定城、以水定地、以水定人、以水定产，推动水资源节约集约利用。宁夏是全国水资源最匮乏的地区之一，人均水资源量只有 664 立方米，仅为全国平均水平的三分之一。为破解用水之困，自治区党委、政府坚决贯彻习近平总书记视察宁夏重要讲话和重要指示批示精神，坚持"节水优先、空间均衡、系统治理、两手发力"的治水思路，以"四水四定"为核心，以"节水增效"为关键，以农业用水权和工业用水权改革创新为突破口，积极探索推进水权、水价、水市场改革，水权交易制度基本建立，水资源监管得到有效落实。优化用水结构，转变用水方式，提高用水效益，推动水资源利用由粗放低效向节约高效转变。面向全社会的节水制度与约束激励机制基本形成，水资源开发利用得到严格管控，用水效益明显提升，以有限的水资源支撑了宁夏高质量发展。

一、宁夏用水权改革取得的成效

深化用水权改革以来，宁夏不仅解决了水怎么分的问题，还摸清了底

作者简介　赵颖，宁夏社会科学院农村经济研究所（生态文明研究所）副研究员。

数。"四水四定"理念、水权意识渐入人心，从根本上扭转了水资源无序利用的现状。金融支持用水权抵（质）押融资迈出坚实步伐，实现了水资源向水资产的转换。宁夏用水权改革在确权、赋能、定价、入市等关键环节实现了突破，其中探索用水权有偿取得在全国是率先之举。

（一）立柱架梁，强化制度引领

制定了《宁夏回族自治区水资源管理条例》和《关于印发用水权、土地权、排污权、山林权"四权"改革实施意见的通知》（宁党办〔2021〕39 号），全面推进《关于落实水资源"四定"原则深入推进用水权改革的实施意见》落地落实。结合实际，自治区水利厅制定了《宁夏回族自治区用水权确权指导意见》（宁水权改发〔2021〕1 号）、《宁夏回族自治区用水权市场交易规则》（宁水规发〔2021〕1 号）；自治区水利厅、财政厅制定了《宁夏回族自治区用水权收储交易管理办法》（宁水规发〔2022〕6 号），规范用水权确权、收储、交易等行为。自治区水利厅印发了《宁夏回族自治区"十四五"建立健全节水制度政策实施方案》（宁水节供发〔2022〕16 号），强化水资源最大刚性约束，全面提升水资源集约节约安全利用能力和水平。九个县区及宁东能源化工基地相继研究出台配套制度 44 项。印发《金融支持用水权改革的指导意见》，改革制度体系"四梁八柱"基本建立。确定了《2022 年宁夏用水权改革工作要点》，围绕强化制度引领、推进用水权确权、开展用水权收储交易等 5 项内容开展用水权改革工作。

（二）推动用水权改革精准确权

确权是资源变商品的关键一步，是改革的基础性、先导性工作。石嘴山市立足用水实际，以工业用水权确权为重点，因地制宜、因情施策，建设市辖两区工业地下水实时监控信息平台，实现了市辖两区工业企业自备井用水在线监测精准计量全覆盖。市辖两区共安装监控设施 366 套，其中工业 238 套，实现了用水量手机 App 实时查询。完成了市辖两区工业企业用水权确权，地毯式摸排全市工业自备井用水户 437 家，其中市辖两区 96 家，平罗县 341 家。实行"一户一档"，摸排整顿无用水权企业，建立台账，集中约谈 81 家无用水权企业，下达整改通知书 65 份，已办理取水许可证 150 家，10 家自备井企业委托第三方开展水资源论证 5 家，依法取缔

5家。按照"总量控制、明晰水权、分级确权"的原则，宁夏在全国率先制发用水权证，建成用水权确权交易监管平台。全区核定确权灌溉面积1040万亩，摸排工业企业3758家、水量核定完成2715家。全面启动工业用水权有偿使用费征收，征缴金额1.21亿元。22个县区全部完成末级渠系农业水价成本测算和监审，18个县区执行新水价。

（三）健全监测监管体系，提升用水管理效率

把建立健全水资源监测监管体系作为实现水资源精细化管理的有效途径，建设覆盖全面、标准统一、信息共享的水资源监测网络和监管平台，促进水资源节约集约高效利用。一是提升农业用水监测计量能力。全区农业用水占总用水量的83%，围绕水资源智能化、自动化、规范化、精细化管理，平罗县积极推进现代化生态灌区建设，投资4537万元实施姚伏镇、城关镇、高庄乡现代化生态灌区计量设施改造工程，砌护改造支渠17.6公里，配套改造建筑物155座，安装自动化测控闸门341套，建成县级信息化总控中心和乡级分控中心，开发水情监测、自控闸门控制、水费收缴等系统，对渠系水量实时监测管理和远程控制，推动投建管服一体化，实现发展方式、治水方式、用水方式转变。二是建立河湖湿地生态流量监测预警机制。按照"定断面、定目标、定保证率、定管理措施、定预警等级、定监测手段、定监管责任"的思路，平罗县综合沙湖蒸发需水量、渗透需水量、换水需水量和行船需水量等，采取水量平衡法开展生态水量计算，初步确定基本生态水量2377万立方米、生态水位1098.9米，建立蓝色（1098.9米）、黄色（低于1098.81米）、红色（低于1098.66米）三个预警等级，采取常规调度、应急调度、区域调水、预警响应措施，保障沙湖生态水位达标。

（四）搭建平台，实现用水权改革增效增益

入市交易是用水权改革实现资源转化增值、优化配置的关键。宁夏聚焦发挥市场在资源配置中的决定性作用，着眼长远、搭建平台、探索水权市场化交易，真正让沉睡的水资源"活"起来。一是搭建交易平台。建立水权市场化交易机制，收储运营"散户"用水权，探索设立"水银行"，切实将"水资源"变为"活资产"。目前，部分县区已完成用水权二级市场交易平台搭建，并纳入自治区总平台进行统一运行管理。二是开展市场交易。2021 年，青铜峡市将"十四五"期间节水灌溉工程节余的 2505 万立方米水资源使用权进行收储，经自治区水利厅审查，折算为可交易黄河水用水权 1500 万立方米，已委托自治区公共资源交易中心先期对 869 万立方米进行公开挂网交易，分 9 宗与太阳山工业园区的 9 家企业以 1.08 元/立方米的价格进行交易，交易期限 10 年，实现交易金额 9385.2 万元。2021 年以来，全区完成用水权交易 89 笔，交易水量 5659 万立方米、金额 3.20 亿元。

（五）创新用水权投融资机制

通过 PPP 项目，贺兰县引入社会资本方京蓝沐禾节水装备有限公司参与农田水利建设，成立京蓝沐禾（贺兰县）灌溉服务有限公司。由社会资本方投资实施渠道砌护、高效节水、自动控制、精准计量等工程设施，节余水量进行市场化交易，收益中一部分用于返还社会资本方投融资成本，一部分用于奖励节水户及用水管理组织，剩余部分用于水利建设投入。在贺兰县立岗镇和常信乡的 25 个行政村先行试点，签订节水合同，由村农民用水者协会负责灌溉管理。截至 2022 年 6 月，社会资本方已投入资金约 2 亿元，砌护支、斗、农渠共计 337.94 公里，建设高效节水灌溉面积 3.47 万亩，干渠直开口已全部安装自动化计量设施，田间自动化测控计量设施实现试点村全覆盖，面积达到 17 万亩。

二、宁夏用水权改革存在的问题

从已经开展水权改革试点的县区看，普遍存在着确权难度大的现象，用水权确权工作只完成一部分，尚有大量确权工作未完成，多数市、县、镇、村的用水权改革尚未迈出实质性步伐。

（一）用水权改革政策滞后

一是自治区至今未出台节约用水奖补办法、非常规水源开发利用管理办法，由于配套政策跟进不及时，基层无法深入推进。比如，农业灌溉水费收缴，需要市、县设立财政专户，但有些县区至今尚未设立财政专户。二是部分地级市至今没有明确与市辖区的水资源税收入分配比例。除中卫市外，其他地级市没有明确与市辖区的水资源税收入分配比例，部分地市用水权有偿使用费征收使用职责不清，市、区水资源管理权责利益不对等，导致市辖区水资源管理驱动力不足、水资源节约集约利用资金短缺。

（二）部分改革任务进展缓慢

2021年，自治区确定了5个县区和宁东基地为用水权改革重点地区，承担着用水权改革关键环节的试点任务，但有些县区试点工作推进缓慢，至今没有形成试点经验。一是宁东水务一体化改革未有实质性突破。宁东基地承担着水务一体化改革试点任务，水务一体化改革仅编制了可研报告，还没有进入实施阶段。二是贺兰县"合同节水+水权交易"模式未达到改革目标。贺兰县社会资本参与节水改造工程建设及运行养护的投入和收益不对等，企业未获得水权交易收益，难以形成长效良性运营机制。三是沙坡头区水资源承载力预警机制未有效建立。沙坡头区水资源承载能力监测预警项目保障不足，还未有效实施。四是银川市再生水确权交易试点推进缓慢。目前，银川市仅启动了再生水确权交易试点实施方案编制。

（三）用水权市场交易有待完善

自推进用水权改革以来，虽然建立了市场交易规则，建成了市场交易平台，制定了水权价值基准，但全区用水权确权尚未全部完成，用水权赋能环节还没有取得有效突破，用水权市场交易供需错配矛盾突出。一是地方党委、政府和相关部门"四水四定"管控理念没有落地生根，以水定地、以水定产没有深入人心，灌溉面积无序扩张，县域内水资源得不到优化配置，仍存在先上项目后找水、用水不找市场找政府等现象。二是农户"淌大锅水"的用水习惯未转变，按照用水权管控指标定额用水的意识淡薄，农业节水存在很大的不确定性，农业用水权交易难度大。三是用水权金融价值还未显现。由于农业、规模化畜禽养殖业用水权为政府无偿配置，用水权价值难以估算，尽管2021年石嘴山市、泾源县两地3家用水户以用水权质押贷款360万元，但相关银行在用水权抵（质）押金融产品开发上没有形成有效的机制，目前，只有宁夏银行和建设银行正在研究制定用水权抵押、贷款管理办法。四是交易激励机制有待进一步完善。短期水权富余，长期水权不足，长期需求与短期出让不匹配。自治区用水权分配到各市县后，对市县"富余"用水指标交易缺乏激励机制，有些市县考虑本地后续发展用水需求，即使有富余用水指标，也不愿跨县区交易，导致买方市场无水可买，市场交易活跃度不高。

（四）水资源管控不到位

一是农业超计划用水征收水资源税执行不到位。现行政策下，定额内农业灌溉地下水免费，超定额超许可用水惩罚措施执行不到位，导致地下水无序开采。比如，青铜峡、永宁、贺兰等县市供港蔬菜种植基地常年开采地下水灌溉，造成地下水位逐年下降，但农民仅获得土地承包费收益。二是管控措施不到位。供水公司对工业企业超计划用水缺乏有效措施，即使企业超计划用水也不敢停水，一些工业企业用完确权用水指标后，宁可用超计划加价水，也不愿意到市场购买用水权。三是水费收缴不规范。虽然各市县都已经批复了新的农业灌溉水价，但有的市县没有严格执行水费预算管理和收支两条线制度，也没有推行电子缴费模式。原州区、西夏区、沙坡头区、惠农区等县区没有执行新水价，存在水费水价"两张皮"现象，且沿用人工收费老方式，水费征收不透明、不规范。

（五）市县改革进展不一

总体来看，各市县把用水权改革作为先行区建设破题开局的战略举措，主动作为，大胆探索，形成了一些有利于节水增效的经验做法，但部分县区在推进改革任务落实中还存在着力度不够大、创新主动性不够强、认识不够到位、进度不一的问题。部分县区参与改革人员不足、技术力量薄弱，过多依赖第三方技术服务单位，自身不愿研究、没精力研究的现象较为普遍。一是水权确权进度慢。按照工作计划安排，2022年6月底前要完成用水权确权工作，截至2022年6月，仅有青铜峡市等8个县市正式发布了确权成果，金凤区、灵武市、惠农区、西吉县等4个县（市、区）还在核定灌溉水量，尚未形成农业用水权确权成果。二是有偿使用费征收进展慢。按照用水权改革实施意见要求，现有工业企业中无偿取得用水权的，从2021年开始按照基准价、分年度缴纳用水权使用费。目前，仅有7个县区开展了工业企业用水权有偿使用费收缴，但起征时间不一，有的从2021年1月开始，有的从2022年6月才开始。三是完善计量设施投入不平衡。全区末级渠系监测计量口总数（以最适宜计量单元为基数）8527个，具有计量设施的 2919 个，计量率 34%，灌区存在末级渠系计量设施安装率低、计量设施保障机制不健全、投入不均衡的问题。有的市县投资力度大，如利通区的计量设施覆盖率达到 92%，但有的市县不重视计量设施建设，工作推进较慢，如西夏区、平罗县覆盖率不足 10%。四是部分高效节水灌溉项目重建轻管。盐池等县区高效节水灌溉项目建管服体制比较健全，设施运行较好，节水效果明显，但部分地区还存在有人建、无人管的现象，运管机制不健全，节灌设施效益发挥不充分，尚未实现节水增效的目标。

三、深化宁夏用水权改革的政策建议

要完整、准确、全面贯彻新发展理念，深入践行中央治水思路，以黄河保护治理为核心，紧紧围绕自治区"六新六特六优"产业、"六大提升行动"和"六权"改革等重大部署，健全完善水权水市场，持续深入推进用水权改革，加快水治理体系和治理能力现代化。

（一）科学确定区域用水总量

一要依据各地实际用水量，考虑用水效率、作物结构、未来经济社会发展的需求等因素，在坚决落实"四定"原则的基础上，将国家确定的用水总量控制指标逐级分解到市、县、乡（镇）、村、组，并作为刚性约束，建立水资源最大刚性约束考核制度，将用水节水最大刚性约束性指标纳入市、县党政领导班子和领导干部政绩考核范围，破解"管理好水"的难题。二要科学确定清水河、苦水河等河流生态流量以及沙湖生态补水保障目标。完成泾河、葫芦河、清水河水量分配方案，在保障控制断面河道内生态水量的基础上，明晰沿河各县（区）的支流可利用量。三要全面实行水资源用途管制。要将用水总量控制指标落实到生活、生态、工业、农业等行业，明确到黄河水、当地地表水、地下水、非常规水等不同水源，落细水资源用途。四是推进农业用水权应确尽确。引黄、扬黄灌区黄河水确权到乡镇、村组、基层用水管理组织、农业用水大户或最适宜计量用水单元，地下水确权到户、到机井。工业用水以工业用水定额、企业产能、节水潜力、区域工业用水总量等综合考虑确权水量，全面确权到户。全面推进公共供水管网内的用水企业核发用水权证。

（二）全面推进用水权确权工作

全方位落实"四水四定"原则，严格用水定额标准，精细核定用水权，全面推进用水权确权工作。一是推进农业用水权应确尽确，严格按照确权流程科学确权。推进工业用水权全面确权，督导无用水权企业依法办理取水许可证或用水权证。做好用水权确权、交易等信息录入确权交易监管平台工作。二是实行工业企业以基准价按年度缴纳用水权有偿使用费。落实水资源税超计划加倍征收制度和工业用水超计划加价制度。启动宁东能源化工基地和银川经济技术开发区自治区节水型工业园区建设。三是尽快建立台账名录，做细做实核权颁证，保护节水者权益。合理确定水价，促进高效用水。充分考虑市场因素，根据水资源稀缺程度、工农业节水潜力、生态补偿标准、用水成本和输水工程成本等，制定分类基准价。

（三）培育和发展水市场，建立市场化的水权交易机制

一是将用水权纳入自治区公共资源交易平台统一交易，分两级市场进行交易管理，破解"交易好水"的难题。实现从向政府要水转变为到市场找水，促进水资源从低效益领域向高效益领域的流转。二是严格执行水权交易制度。在严格执行已出台的宁夏用水权交易制度的基础上，开展用水权交易可行性论证报告导则、用水权交易后评估规程等，从而指导、推动用水权改革与用水权交易市场发展。三是推进多种形式的水权交易。推进区域间、灌域间、用户间、行业间用水权市场化交易。鼓励通过用水权回购、收储等方式促进水权交易。实行工业用水权有偿取得，对无偿配置的按价值基准征缴用水有偿使用费。进一步推动银川市再生水确权交易，开展生态补偿性水权交易试点，探索多样化交易方式。

（四）严格水资源监管

一是严格生态流量监管。制定重点河湖生态流量保障实施方案，对河湖生态流量实施清单式管理，加强生态流量监测预警、水量调度，全面落实生态流量保障目标。二是严格地下水水位管控。落实水位控制指标，制定地下水超采治理方案，明确超采市、县（区）地下水目标压采量和逐年压采量。全面推进贺兰山、六盘山、罗山区域地下水取水井关停专项行动，依法关停公共供水工程覆盖范围内的自备井。严格地下水水位变化预警通

报，落实地方政府地下水超采治理主体责任。三是严控水资源开发利用总量。建立重点河湖生态流量预警机制和考核机制，促进重点河湖水生态改善。深化用水权改革，建立政策引导、市场倒逼的节约高效用水机制，完善节水激励机制，激发全社会节水内生动力。发挥政府的调节和监管职能，建立统筹协调的节水工作机制，严格责任考核和监督管理。

（五）建立用水权投融资机制

大力鼓励金融机构开发用水权绿色金融产品，吸引社会资本直接参与节水改造工程建设及运行养护，优先获得节约的水资源使用权；支持金融机构开发用水权质押、担保、租赁等金融产品。各地结合实际，建立用水权投融资机制，推广"合同节水+水权交易"等模式。切实提高水行政执法队伍能力和水平，严厉打击涉水违法行为。

（六）深入推进各项配套改革工作

一是全面推进农业水价综合改革，按照"提水价、降水量、稳水费"的原则，合理制定农业用水价格，建立完善农业水价机制，所有县（市、区）全部执行新水价。二是着力完善基层水利服务组织，规范运行服务，推行用水合作社、专业化服务公司等模式。三是推进水资源税改革，完善水资源税收入分配机制。四是不断完善用水权改革评价体系。积极组织多方力量，对用水权改革重大政策制度的执行效果开展综合评价。定期总结当前阶段用水权改革工作成效，梳理出可推广借鉴的典型经验做法。通过各类主流媒体、新媒体等加强用水权改革宣传引导，提高社会知晓度和参与率。

宁夏土地权改革存在的问题与对策建议

郜　贤

土地是人类生存和发展最基本的物质条件。宁夏把推进土地权改革作为破解黄河流域生态保护和高质量发展先行区建设体制机制障碍、优化土地资源要素市场化配置、提高农民财产性收入的关键一步，先后探索制定优化国土空间用途管制保障重大项目用地、城乡建设用地增减挂钩节余指标跨县域调剂使用等用途管制措施，出台城市生态用地"只征不转"用地政策，引导资源要素向优势地区、重点产业集聚。目前，宁夏全面落实自治区第十三次党代会关于推进"六权"改革部署要求，加快推进土地权改革，一级土地市场高效运转，二级市场有序建立健全。固原市土地二级市场交易平台成功上线运行，石嘴山市依托二级市场平台挂牌交易第一宗地，银川市、吴忠市、中卫市也纷纷加快二级市场建设。

一、宁夏土地资源及土地权改革历史沿革

（一）宁夏土地资源状况

宁夏土地资源相对丰富，按照用途类型分，农用地 6031 万亩，占77.4%，其中耕地 1822 万亩、林地 1447 万亩、园地 142 万亩、牧草地2200 万亩、其他农业用地 420 万亩；建设用地 422 万亩，占 5.42%，其中

作者简介　郜贤，宁夏回族自治区党委政策研究室改革督察处处长。

城镇和独立工矿用地 347 万亩，交通运输及水利设施用地 75 万亩；未利用地 1339 万亩，占 17.18%。宁夏人均土地 11.2 亩、耕地 2.62 亩、建设用地 0.61 亩，分别是全国平均水平的 1.1 倍、1.63 倍、2.2 倍，土地资源相对丰富，但由于市场化配置程度不高，部分土地还在"沉睡"，需要用创新的精神、改革的办法，优化资源配置，转变利用方式，实现自身转化增值，以深化供给侧结构性改革。

（二）宁夏土地权改革历史沿革

改革开放以来，宁夏按照党中央的决策部署，渐次推动城乡土地改革。1979 年开始，在全区农村实行家庭联产承包责任制，1994 年以来开展了土地 30 年延包。2004 年全面开展农村土地"三权分置"改革；2014 年，国家在平罗、同心、贺兰、永宁等 6 个县区开展土地承包经营权和农民住房财产权"两权"抵押贷款试点；2015 年，国家在平罗县先后开展农村宅基地、农村集体经营性建设用地入市、农村土地征收三项制度改革试点。

1990 年以前，全区城镇国有土地实行单一行政划拨制度；1990 年后，开始实行城镇国有土地使用权和所有权两权分离，变无偿无期限使用为有偿有期限使用。2003 年，开始实行国有经营性建设用地招拍挂制度；2007 年工业用地也实行招拍挂制度，逐步建立了土地交易一级市场。2017 年，国家在石嘴山市开展建设用地使用权转让、出租、抵押二级市场试点，但受制于市场发育不充分，土地改革总体上进展较慢，土地资源市场化配置程度明显滞后于全区经济社会发展水平、落后于东部发达地区改革进度。2016 年，宁夏被列为全国第二个省级空间规划试点省份，开始"多规合一"试点，但历史遗留问题多、解决难度大。2018 年，全区划定生态保护红线，将永久基本农田、村镇、人工商品林等 3621 平方公里的土地划到红线以内，占全区总面积的 6.9%。2018 年全区 2280 多个行政村只有 50% 的村编制了村庄建设规划，质量总体不高。一些地方和园区把降低土地价格作为招商引资的招牌，对土地亩均投入强度、产值、税收等关注不够，以土地引投资，低价供地，甚至无偿供地，用地方式十分粗放。近年来，宁夏在持续推进中不断深化土地改革，但总体上推动力弱、覆盖面小、集成度低，活力和红利释放不够，与发展的需求和群众的期盼还有差距。

2021 年 4 月，自治区党委、政府启动土地权改革，坚持节约集约用地基本国策，聚焦先行区建设，以推动高质量发展为主题，以深化供给侧结构性改革为主线，以盘活土地资源、保障市场供给、提高配置效率、守住耕地红线为根本目的，统筹城乡、工农、区域土地资源，解放思想、改革创新，加快推进土地要素市场化配置改革，着力加强用地管控，构建统一市场，优化供地方式，提升用地效益，走出一条高质量发展新路子。

二、宁夏土地权改革的主要做法及成效

全区各地各部门深入贯彻习近平生态文明思想，全面落实自治区党委和政府决策部署，紧紧围绕"盘活土地资源、保障市场供给、提高配置效率、严守耕地红线"的土地权改革主线，重点市县区先行先试、探索创新，推出了引入社会资本参与生态移民迁出区修复治理、低效闲置土地盘活利用、农村集体经营性建设用地入市改革等做法，破解了一些改革难题，初步实现了生态改善、经济发展、群众增收的综合效益。

（一）盘活资源，显化土地价值

围绕闲地、废地、荒地盘活利用，运用市场化机制盘活城乡土地资源，拓宽发展空间，显化土地价值，实现了闲置隐性土地资源增值。

1. 土地确权平稳有序

坚持一村一梳理、一地一确认，完成农村宅基地摸底调查，出台化解农村宅基地历史遗留问题若干措施，确权合法宅基地 62.9 万宗，实现了应确尽确；农村承包地确权登记 1551.8 万亩，占确权面积的 95.4%；完成集体建设用地不动产权籍调查，集体建设用地确权 600 多宗；探索创新国有农用地确权登记路径，颁发土地经营权证 32 本 1.08 万亩。

2. 入市交易盘活乡村闲地

深入分析涉农重点产业"进区入园"规模发展、一二三产融合发展、乡村休闲旅游提升发展趋势，在自治区和市、县（区）国土空间规划编制中，探索将零散分布的农村建设用地适度集中布局，在已经完成的 261 个移民重点村"多规合一"实用性村庄规划编制中，将散落各村的农村集体经营性建设用地，调整到集镇周边、中心村附近、产业园区周围，"化零

为整"，增加规模优势；"化偏为邻"，提升区位优势。出台集体经营性建设用地出让（出租）指导意见，探索建立入市交易、收益分配等机制，全区累计交易 163 宗 1669.22 亩，出让价款 1.14 亿元，村集体和农民分享土地增值收益 4355.82 万元。吴忠市灵活确定国有建设用地尤其是工业用地出让年限和供应方式，采取产业用地"标准地"形式出让土地 5 宗 562 亩。

3. 整治修复盘活工矿废地

聚焦石嘴山市 10 万亩采矿退出区域废弃地盘活利用，在自然资源部支持意见中预留政策"窗口"，探索"山上退出修复生态、山下复垦置换空间、节余指标跨省交易"的路径。汝箕沟、石炭井矿区已退出建设用地 1.3 万亩，宜林则林、宜草则草修复 0.6 万亩；首批复垦腾退的 2141 亩建设用地指标已用于产业项目建设，直接节省新增建设用地有偿使用费 3200 万元。实施全域土地综合整治，完善吸引社会资本参与生态保护修复机制，深入探索固原、贺兰山葡萄长廊"生态+产业化"发展模式，节出地、增出绿、换来钱、培产业的土地权改革综合效益初步显现。吴忠市统筹推进土地综合整治和生态修复，通过土地整治、工矿废弃地复垦等方式，实施 2021 年度补充耕地项目 8.5 万亩，保障重点产业发展用地。

4. 综合治理盘活"四种荒地"

完成全区耕地后备资源调查，解决土地整治"地从哪里出"的问题。协调国家开发银行、农业发展银行宁夏分行给红寺堡等县（区）一次授信 1.12 亿元，分期支持 7200 万元贷款，解决启动资金"钱从哪里来"的问题。会同自治区财政厅制定跨省域补充耕地资金分配使用管理办法，解决指标交易"收益怎么分"的问题。工作专班持续跟进督导，推进红寺堡、青铜峡、盐池等县（市、区）整理沙荒地、边角地、盐碱地、裸土地 27.6 万亩，沙漠锁边 2.3 万亩，消除土地盐渍化 5.6 万亩，新增耕地 10 万亩。在满足项目耕地占补平衡基础上，分三批次申请将 12.1 万亩新增耕地指标纳入国家统筹，0.76 万亩已经国务院批准完成交易，第一笔 5.7 亿元资金已到位，全部完成交易后，可为相关市县财政增加近 100 亿元生态修复、乡村振兴资金。

（二）强化供给，提高批供效率

围绕有效市场、有为政府相结合的改革方向，推动土地要素跟着项目走、跟着好项目走、跟着可持续发展的项目走。

1. 高效用地保优质项目

完成重点产业发展、重大基础设施、重要民生项目用地调查分析，建立建设用地指标调控机制，探索规划"留白"机制，90%的规划用地指标支持"六新六特六优"发展，70%的新增建设用地指标支持20个重大项目建设，60%的乡村建设用地指标支持"六大提升行动"。2021年以来批准的282批次（宗）8.5万亩建设项目用地应保尽保、快审快批。兴庆区通贵乡河滩村作为银川市开展农村集体经营性建设用地入市改革的试点村，通过土地作价入股方式，与企业合作开发"美丽乡村·黄河人家"项目，集中打造以"葡萄酒庄、民宿营地、农业公园、农耕文化、黄河非遗、中华美食、亲子体验、教育培训、校外课堂、康养度假"为一体的一二三产业融合发展综合体，村集体每年依据土地评估价值按比例取得固定分红。

2. 多元供地促节本增效

出台工业用地弹性供应、"标准地"出让、低效土地市场化处置等11项政策。弹性年期、先租后让、租让结合出让工业用地94宗4792亩，打破了企业只能通过出让方式一次获得50年土地使用期限的瓶颈，企业一次性成本减少50%。全区出让"标准地"10宗1422.95亩，破除了产业项目多头审批手续繁杂的困局，企业拿地即可开工。推行预告登记，使企业闲置多年的土地入市再流通，推动作价入股（出资）、分割转让，使企业用不完的土地入市变资金，近7万亩处置的批而未供和闲置土地用于项目建设，超出国家下达15%目标任务5个百分点，单位GDP建设用地使用面积年均下降3%。

3. 完善机制让土地增值

协调国开行、农发行宁夏分行给有关县区授信1.12亿元，盘活利用闲置和批而未供土地9.95万亩。2021年以来，全区以"弹性年期"方式出让工业用地94宗4792亩地，出让价款2.2亿元。石嘴山市实施工矿废弃地复垦整治，推动盘活石炭井、汝箕沟等采矿退出区域10万亩闲置建设用地指标，推动实现腾出地、增加绿、换来钱的综合效益。泾源县开展"生态修复+产业导入"试点，鼓励社会资本投资修复生态面积3900亩。沙坡头区创新国有农用地承包经营权确权登记路径，办理了2宗532.5亩国有农用地确权登记。海原县对划拨地无偿收回再挂牌出让，实现出让收入5759.6万元。规范城乡统一建设用地市场，修订国有建设用地使用权网上交易办法，一级市场供应国有建设用地1480宗6608.77公顷，出让价款108.79亿元。建成五市土地二级市场交易系统和自治区监管平台，177宗7058.8亩"沉睡"的工业建设用地重新进入市场，为经营困难企业获得18.3亿元转型发展宝贵资金。金凤区通过实施增减挂钩易地扶贫，将西吉县存量建设用地指标置换至金凤区使用，两县（区）建设用地总量保持平衡，润丰新村安置区用地按照存量建设用地进行报批，金凤区不再上缴新增建设用地有偿使用费、耕地开垦费及耕地占用税，共计为安置区建设节约了1075万元建设成本，解决了安置区269.3亩建设用地指标，腾挪增减挂钩指标315.34亩。

4. 交易规模不断扩大

不断提高一级市场标准化规范化水平。2021年以来，全区高效供地1707宗11.4万亩，出让价款123.3亿元，企业拿地成本下降12%，拿地时间减少10个工作日。积极建立二级市场，177宗7059.8亩闲置工业建设用地重新进入市场，企业获益18.3亿元。开展跨省域补充耕地交易试点，2021年，全区土地指标跨省域交易7600亩，获得资金5.7亿元，12.1万亩新增耕地指标已提交国家交易平台。研究建立集体经营性建设用地出让（出租）办法，累计交易集体经营性建设用地163宗1669.2亩，出让价款1.14亿元，村集体和农民分享土地增值收益4355.8万元。固原市在全区率先建成联通四县一区的土地二级交易市场平台，办理国有建设用地使用权证3宗116亩，转让价款8520万元。中卫市创新土地供应模式，2022年已处置闲置土地和批而未供土地761亩，完成年度任务的60%。平罗县采取直接、调整、优先、整治4种方式，交易农村集体经营性建设用地156宗1462.8亩，出让价款9761万元，村集体分享土地增值收益3127.7万元。兴庆区采取村集体入股方式，盘活206亩闲置村集体建设用地，村集体每年分红 100 万元，带动 300 多人就业。

（三）聚焦难点，破除改革障碍

瞄准配置高效公平、流动自主有序的改革目标，重构土地批、供、用、管全链条制度机制。

1. 优化流程

在用地报批阶段，优化审批流程，规范审批行为，压缩内审时限，实现了"一窗受理、一次告知、并联审批、限时办结"。在项目建设和验收阶段，推进建设用地"多审合一、多证合一、多测合一"，畅通规划、选址、开工、验收一体化办理渠道，推动实现拿地即开工、竣工即登记。建立重点产业和民生项目用地绿色通道，建设用地审批申报材料压减 50% 以上，审批时限由 30 日减少至 10 个工作日。

2. 制定完善政策措施

针对农村一二三产业融合发展新特点，制定根据产业业态"点状供地"、产业类型"分类供地"、产业需要"混合供地"的新政策；针对城市生态空间需求不断扩大的新形势，出台城市生态用地"只征不转"用地机制，湿地绿地仍然按农用地管理，让宝贵的新增建设用地指标更多用于保障优势产业发展；针对重大线性工程建设距离长、空间跨度大、市县征地拆迁时间进度不一致等新问题，实行先行用地、分段组卷、分期报批新措施，有效保障了银昆高速、包银铁路等重大项目及时开工。

3. 聚焦"实"、破难题

出台化解农村宅基地确权登记历史遗留问题若干措施，分类施策解决"一户多宅""权属来源不明"等 8 类疑难问题，4.9 万宗宅基地确权历史遗留问题化解销号。继志辉源石酒庄后再为 9 个酒庄颁发土地经营权证 30 本，破解承包经营的国有农用地无法确定权益、资产不能融资等历史难题，使"有资产者有恒心"，为葡萄酒产业持续发展壮大提供坚实保障。

三、宁夏土地权改革中存在的主要问题

（一）政策衔接不到位

地方土地使用政策和国土"三调"地类确定标准不衔接，自治区和国

家关于劳务移民搬迁后原承包地政策上下不一，造成一些土地无法确权。目前，全区仍有 74.1 万亩承包地、29.8 万宗宅基地无法确权。一部分自发移民的土地、房屋、宅基地是通过私自交易、开荒挤占等方式获得的，权属来源不清楚、不规范、不合法，由此引发的矛盾多发频发。

（二）历史遗留问题多

确权登记颁证直接涉及企业和群众，利益错综复杂，社会关注度高，工作量大面广，过去因规划、技术、力量等条件所限，林地一地多证、证地不符、地类重叠的问题，以及宅基地一户多宅等问题还比较多，确权登记颁证进展不一，土地权确权登记仅完成 52.9%。据统计，目前全区仅有 6.04 万亩林地登记颁发了林权类不动产证。因林地四至不清、面积不准，造成林地纠纷比较多、确权难度大，全区涉权属纠纷林地面积达 698.9 万亩，占林地总面积 50.4%。一些土地因管理主体不清、多头发证引发纠纷的问题长期无法解决。

（三）水地矛盾日益突出

一些地方为了上项目、增耕地、提交易，积极争取项目支持，加快开展荒地、闲地、废地整治和土地指标交易改革，忽略了水源和用水指标问题，农田灌溉配套设施跟不上，导致新增耕地无灌溉水，存在新增耕地撂荒的隐患。比如，红寺堡区整理沙荒地、边角地、盐碱地、裸土地等荒地、闲地、废地 5.2 万亩，新增耕地 3.8 万亩，却有 2 万亩耕地无用水指标。

（四）低效闲置土地盘活利用率低

全区 23 个工业园区亩均投资强度、产出强度分别为全国平均水平的 35.8%、11.4%，亩均税收为全国平均水平的 11.7%，土地利用效率仍然不高。由于没有建立涉诉涉法、"僵尸企业"闲置土地处置联动机制，闲置土地和批而未供土地处置难度大、盘活利用难，低效土地再开发再利用路径还不够宽，中宁县工业园区内批而未供土地年度内应处置 786 亩，实际仅完成 423 亩。

（五）试点经验推广不够

自治区确定了贺兰、平罗等 6 个市县承担 17 项改革试点任务，涉及各种地类确权、优化国土空间规划用地布局、土地盘活利用改革、土地权抵押融资、土地权流转交易改革和相关制度机制的建立完善等。截至 2022 年 8 月底，已完成 11 项，并形成了试点经验做法；有 7 项基本完成，还没有形成可复制推广的经验。对已经形成的土地确权登记、国土空间规划用地布局优化、用地结构调整、创新土地供应方式、"以亩论英雄"激励机制、农村宅基地自愿有偿退出（有偿使用）机制、农村宅基地使用权和农房所有权抵押融资、农村集体经营性建设用地入市改革等试点经验在全区推广力度不够，经验总结和宣传培训不到位，有些经验在其他地方还没有全面推开。

四、深入推进宁夏土地权改革的对策建议

按照自治区第十三次党代会部署要求，以全面建设社会主义现代化美丽新宁夏为目标，以土地要素市场化配置为重点，在改革步伐上再提速、任务落地上再见效、真督实查上再用力，着力在以下几个方面持续用力。

（一）加快完善配套政策

针对生态移民迁出区土地确权和自发移民土地、房屋、宅基地确权问题，加快研究制定出台推进生态移民迁出区土地权指导意见，研究制定解决自发移民土地、房屋、宅基地权属，着力解决土地确权中权属来源不清楚、不规范、不合法等问题。研究制定生态保护红线监管制度，推动生态保护红线依法监管。

（二）着力化解确权难题

全面梳理各市、县（区）推进改革中遇到的突出矛盾和疑难问题，按照"一地一策、一事一策"的原则，研究破解农村土地确权、国有农用地确权、山林地确权中难题，厘清权属关系，主动化解矛盾，提高确权效率。对自发移民私自交易的宅基地、开荒挤占的耕地和一户多宅等问题，在尊重历史、依法依规基础上，完善政策、妥善解决，推动土地权改革迈出更大一步。

（三）更好发挥市场作用

不断健全土地市场交易机制、完善市场交易平台、创造市场交易条件，做活一级市场、繁荣二级市场，依据市场规则、市场价格、市场竞争推动

土地资源要素配置效益最大化、效率最优化，更好体现资源的稀缺性，实现价格与价值相匹配。比如，健全农村集体经营性建设用地入市制度，建立农村宅基地自愿有偿退出、有偿使用机制，规范国有建设用地市场，更新城乡建设用地基准地价，制定标定地价，建立国有建设用地招拍挂全流程监督管理机制，强化用地规划管控，创新市场供地方式，构建城乡统一的用地市场，进一步强化政策供给，建立完善"资源有价、使用有偿、交易有市、节约有效"的长效机制，为实现土地价值发现和效益增值提供制度保障。

（四）总结推广试点经验

全面总结推广重点市县试点经验做法，对已经成熟的经验做法进行总结提炼，形成可复制、可推广的土地权改革经验，在全区大力推广。比如，贺兰县承担的农村宅基地使用权和农房所有权抵押融资和农村宅基地流转交易试点任务，泾源县引入社会资本参与生态移民迁出区修复治理试点任务，红寺堡区承担的荒地、闲地、废地整治和土地指标交易改革试点任务，中宁县承担的创新土地供应方式和建立"以亩论英雄"激励机制试点任务都已经探索出了路子，应在全区大力推广，发挥试点市县示范引领作用，推动土地权改革向纵深发展。

宁夏排污权改革面临的现实困境与路径选择

张东祥

实施排污权改革，是加快建设黄河流域生态保护和高质量发展先行区、推进环境污染防治率先区建设的"金钥匙"。自治区党委、政府高度重视排污权改革，以持续改善生态环境质量为目标，以建立环境成本合理负担机制和污染减排约束激励机制为核心，全面开展排污权有偿使用和交易改革，建立"谁排污谁付费、谁减排谁受益"的市场机制，调动排污单位降污减排内生动力，实现了交易区域全覆盖和污染因子全覆盖，完成了主要污染物指标由政府无偿划拨向市场公开交易的历史性转变，实现排污减量化、生产清洁化、发展绿色化，使环境资源有价、使用有偿的理念深入人心，为建设社会主义现代化美丽新宁夏提供了重要生态环境保障。

一、宁夏排污权改革主要做法及成效

自治区党委、政府牢固树立"绿水青山就是金山银山"的理念，坚持市场化改革方向，立足宁夏区域面积小、排污单位少的特点，抓住确权、赋能、定价、入市关键环节，积极探索资源有价、使用有偿、交易有市、节约有效的制度机制，建立统一规范的排污权交易市场，有效发挥政府引导、调控、监管、服务作用，引导排污单位主动技改、自主减排，倒逼企

作者简介　张东祥，宁夏社会科学院《宁夏社会科学》编辑部副编审。

业转方式、调结构、换动能，从源头上改变大量生产、大量消耗、大量排放的生产模式，推动资源要素价值发现、增值增效，以市场化改革撬动生态环境保护、推动高质量发展，实现生态效益、经济效益、社会效益相统一，探索出了市场化减排、制度化控污的新路子，有力推动了污染排放"双控"任务落实。2021 年以来，全区实施重点减排工程项目 111 个，氮氧化物、挥发性有机物、化学需氧量、氨氮 4 项主要污染物分别减排 5312 吨、269 吨、1794 吨、123 吨，分别完成国家下达减排任务的 236.7%、295.9%、174.6%、128.6%。

（一）健全制度体系，规范交易行为

坚持政策引领创新、保障改革，做好政策"加减法"，破旧立新、建章立制，形成了促进要素资源市场化配置的政策体系和制度机制。自治区生态环境厅会同发展改革、财政、公共资源交易、税务等 7 部门联合印发了《自治区排污权有偿使用和交易管理暂行办法》，为各级政府、有关部门和广大排污单位有序参与排污权交易提供了基本遵循。规范指导交易各环节，制定出台了排污权交易规则、价格管理、储备调控、收入管理、电子交易、抵押贷款等 6 项主要配套制度。结合改革实际，进一步完善管理措施，相继出台了排污权租赁、指标调剂审查、金融服务等文件，形成了较为完善的"1+6+N"政策制度体系，切实保障交易市场健康发展。发展改革、财政、生态环境等部门根据全区环境资源稀缺程度、经济发展水平、污染治理成本、行业承受能力、环境承载空间等因素，充分考量企业运行成本和治污成本，科学合理确定排污权基价，作为排污权有偿取得的指导价格、市场交易的基准价格。测算发布了排污权交易基准价格（有偿使用费征求标准），二氧化硫 2000 元/吨、氮氧化物 2000 元/吨、化学需氧量 2700 元/吨、氨氮 5400 元/吨。银川市、石嘴山市、宁东基地结合承担的试点任务，解放思想、先行先试、探索创新，研究制定了一批含金量高、针对性强的改革政策，创新推出了一批核定初始排污权、实行排污权有偿取得、建立排污权市场交易机制、创新排污权抵押融资、完善排污监管体系等改革模式。

187

（二）精准核算确权，夯实交易基础

坚持系统谋划、协同推进，探索将初始排污权、可交易排污权、新增排污权、政府储备排污权"四笔账"与现行排污许可、环境影响评价、总量减排等管理制度有效衔接，建立了方法一致、标准统一、结果准确的确权核算体系，制定了《自治区主要污染物排污权指标核算指南（试行）》，组织各级生态环境部门按照企业自查、县级初核、市级复核、自治区综合评估的程序进行。兴庆区对辖区内 1100 家排污单位逐一进行排查，累计完成 959 家企业的排污登记和排污许可证办理工作，确认各项污染物排放总量分别为：二氧化硫 792.795 吨，氮氧化物 1129.668 吨，化学需氧量 6147.443 吨，氨氮 486.793 吨。目前，全区共确权 1625 家排污企业（银川市 495 家、石嘴山市 476 家、吴忠市 239 家、固原市 155 家、中卫市 196 家、宁东管委会 64 家），基本做到"应确尽确"，指导申报可交易排污权企业 31 家、新增排污权企业 54 家，做到"应报尽报"，完成了自治区、五市（含宁东管委会）两级储备排污权的核算，其中二氧化硫 24690 吨、氮氧化物 13422 吨、化学需氧量 8595 吨、氨氮 580 吨，做到"应储尽储"，为排污权交易奠定了坚实的基础。2021 年以来，银川市累计投资 9.3 亿元，实施污水处理能力提升、再生水循环利用、燃煤锅炉淘汰等重点减排工程，引导宁夏赛马水泥、瀛海天琛等企业实施技术改造工程 36 个。2021 年，银川市超额完成自治区下达的主要污染物总量减排任务，其中氮氧化物减排量 1564.68 吨，超额 124%；化学需氧量减排量 1470 吨，超额 138%；氨氮减排量 100.25 吨，超额 193%，通过降低污染物排放，有效扩大了环境容量。

（三）构建交易平台，提升线上服务

生态环境、公共资源交易等部门在充分借鉴浙江、福建等地成功经验的基础上，优化交易平台流程设计，提升信息化服务水平，将排污权交易纳入自治区公共资源交易平台统一开展交易，依托自然资源交易系统，建成了集信息、服务、交易、监管等于一体的、覆盖区市县的排污权交易市场体系，依法依规组织开展排污权交易，实现排污权交易智能化、数字化。市场主体在排污权市场按照自主自愿、公平公开原则，通过挂牌竞价等方

式进行交易，任何市场主体不得进行场外交易，有力保障了交易活动顺利开展。排污单位通过淘汰落后过剩产能、清洁生产、污染治理、技术改造等措施减少污染物排放量，形成可交易排污权入市出让。新（改、扩）建项目所需新增排污权，由生态环境部门核定许可排污量后到市场购买相应的排污权。工业、农业、服务业及火电行业原则上在本行业内进行交易。环境质量未达标的地区，不得进行新增本地污染物总量的排污权交易。目前，正在推进建设排污权交易综合管理系统，初步建立了排污单位确权信息库和储备排污权信息库，进一步提升排污权交易平台信息化服务、监管水平。建立排污权交易扶持激励机制，对积极开展交易的排污单位和地区，优先安排工业企业节能减排技术改造资金和生态补偿资金，鼓励企业主动降污减排、积极入市交易。石嘴山市创建排污权交易平台试点城市，制定排污权抵押融资管理办法，将银行信贷资金引入排污权交易市场，探索建立排污权抵押贷款、租赁机制，允许排污单位短期租赁排污权，支持社会资本参与污染物减排和排污权交易，鼓励企业运用排污权开展绿色信贷，通过排污权抵押，为当地新材料企业贷款 200 万元，赋予排污权有效金融功能，盘活排污权无形资产。

（四）加强交易指导和服务项目建设

坚持环境有价、使用有偿理念，排污单位有偿取得排污权。相关部门广泛开展调研指导，深入基层生态环境部门和重点企业，了解掌握改革困难问题，优化调整顶层设计，指导地市交易支持项目建设。截至 8 月底，全区各地市累计达成排污权交易 108 笔，交易金额 404.76 万元（其中银川市 52 笔 53.13 万元，石嘴山市 15 笔 182.89 万元，吴忠市 19 笔 122.06 万元，固原市 5 笔 8.73 万元，中卫市 7 笔 2.39 万元，宁东管委会 10 笔 32.78 万元）。排污权成交量：二氧化硫 123.68 吨、氮氧化物 241.74 吨、化学需氧量 41.73 吨、氨氮 4.05 吨，支持 54 个项目落地建设，实现了排污权交易区域和污染因子全覆盖。2022 年 5 月 12 日，宁夏碳谷能源科技有限公司在宁夏公共资源交易平台经过 120 次出价，最终以 54900 元/吨的价格购得二氧化硫 20 吨；2022 年 5 月 16 日，经过 81 次竞价，再次以 27200 元/吨的价格购得氮氧化物 16.136 吨。

二、宁夏排污权改革面临的现实困境

通过一年多努力，排污权改革总体上取得了突破性进展，但排污权有偿使用和交易改革尚处于起步阶段，管理体制尚不完善，市场发育还不充分，创新意识不够强，上下衔接不够紧密，部门配合不够有力。具体表现在以下几个方面。

（一）资源融资转化不顺畅

受市场发育不充分、政策措施不配套、体制机制不完善影响，排污权还没有完全实现在市场上自由流动、高效配置，转化增值空间不大，通过抵押融资难度较大，金融赋能不明显。主要有三个方面原因：一是金融政策支撑不足。金融支持排污权改革的政策还不够完善，缺乏配套政策支持，对目前出台的相关政策法规宣传不到位，企业、新型经营主体和农户不了解政策、不知悉法规，一些企业存在等待观望、"捂权惜售"等现象，参与排污权交易的积极性不高。二是金融机构参与不足。有的金融机构认为排污权改革起步晚，各方面法律法规、体制机制还不健全，市场交易不活跃，政府也没有完善的兜底政策，担心抵押担保后会变成呆账死账，不愿意也不敢参与。目前，全区仅有石嘴山市完成 1 笔排污权融资抵押贷款业务，且金额仅为 200 万。三是金融产品种类不多。宁夏经济总量小，全区排污权确权企业仍不足 2000 家，排污权分散在不同企业中，存在量小权弱、交易无市问题，金融机构创新金融产品意识不强。

（二）部门协调机制不健全

推进排污权改革需要各部门协同发力、共同推进，目前，一些部门认为排污权改革是生态环境部门的职责，存在配合不紧密、工作不衔接等问题，导致排污权改革推进难度较大。比如按照规定所有新（改、扩）建项目必须购买排污权，但一些地方为了引进项目尽快落地，招商部门、行政审批部门与生态环境部门不协同，缺乏沟通，导致一些新（改、扩）建项目落地后，市场没有可购买的排污权，存在违规生产问题。

（三）要素配置利用质效低

由于资源有价、使用有偿的机制还不健全，排污权稀缺性还没有得到充分彰显，直接影响利用质效。虽然自治区制定出台了排污权交易基准价（二氧化硫 2000 元/吨、氮氧化物 2000 元/吨、化学需氧量 2700 元/吨、氨氮 5400 元/吨），但受市场的影响，有的地方交易价格偏低，有的地方交易价格偏高。个别地方为了引进项目，把一些资源配给了能耗高、产出低、价值小的产业，既影响了资源要素价值的最大发挥，也带来了配置的不公平。

（四）企业降污减排动力不足

通过长期实施总量减排，排污单位不断提升污染治理设施水平，污染物排放量大幅度下降，减排空间明显收窄，企业进一步改造减排的资金投入与减排量出让所得存在一定差距，一些企业总认为技术改造投入大，排污权交易收益低，不愿意在企业设备和生产流程上加大技术改造力度，导致排污权储备不足，可交易量低。

（五）市场交易活跃度不高

一方面，受监管体系不健全制约，一些企业还存在偷排漏排现象；另一方面，一级市场监管严格、竞争激烈，企业购买排污权程序多，交易的周期长、成本高，二级市场建设起步晚，市场化程度低，资源交易价格不高，导致企业参与积极性不高，整体上排污权交易市场活跃度不高。

三、持续深化宁夏排污权改革路径选择

（一）完善政策体系

坚持目标导向，紧盯排污权改革中存在的困难和问题，研究制定出台确权许可、有偿使用、市场交易、金融产品、监测监管等制度机制和政策体系，简化交易流程，充分发挥市场作用，通过增加流通性，促进转化增值，增强金融属性，鼓励金融机构创新金融产品，积极开展排污权抵押授信贷款，真正让资源变成流动的资产、资本，推动排污权交易规范化、制度化、常态化，真正实现环境有价、使用有偿、交易有市的目标。

（二）提升交易活跃度

针对个别企业"捂权惜售"、等待观望的现象，积极探索建立形式多样的扶持激励机制，对积极开展总量减排并入市交易的企业和地区，给予贷款贴息、减免征收有偿使用费、优先安排生态补偿资金等政策，充分调动各

方参与排污权交易的积极性，持续扩大排污权市场供应量和交易量。不断健全市场交易机制，完善市场交易平台，创造市场交易条件，做活一级市场、繁荣二级市场，依据市场规则、市场价格、市场竞争推动资源要素配置效益最大化、效率最优化，更好体现资源的稀缺性，实现价格与价值相匹配。

（三）强化污染排放监管

加强排污单位在线监测设备建设、运维和监管，持续扩大污染源在线监测覆盖面，不断提高监测数据的准确性和有效性。建立健全排污总量核算体系，依托自治区固定污染源在线监控平台，探索构建大数据智能化监管系统，加大排污数据监测、收集、校验设备投入，不断提升环境监管能力和水平。加大环保执法力度，依法查处监测数据弄虚作假、超许可量排污、无证排污、偷排漏排等违法违规行为，严厉打击监测数据造假、超标超总量排污等违法行为，努力维护交易市场公平。

（四）协同开展碳排放交易

按照国家统一安排部署，落实减污降碳要求，积极探索减污与降碳、排污权交易与用能权交易协同推进机制。积极推进碳排放权交易基础工作，开展碳排放权账户注册审核，根据国家碳排放配额总量确定与分配方案，向重点排放单位分配规定年度的碳排放配额，定期公开重点排放单位年度碳排放配额清缴情况等信息，监督企业开展配额清缴，组织二氧化碳重点排放单位参与全国碳排放权交易。

（五）加强部门协同配合

健全完善协作共推机制，加大协调力度，合力推动跨部门、跨领域改革事项。排污权改革专项领导小组靠前指挥、一线推进，主责厅局和相关单位强化配合、密切协作，有关部门主动入位、主动作为，全力做好保障服务工作，主责厅局对照改革要求和任务清单，绘好"施工图"、倒排"时间表"，将具体任务逐条分解到相关部门和市县，加大督导指导力度。党委改革办会同党委督查室、政府督查室，采取随机抽查、季度督查、半年核查、年终评查等方式，对重大任务、重点环节、重要领域和主体责任盯着督、盯着查，发现问题及时反馈、限时整改。强化评估问效，完善考核办法，重视考核结果运用，倒逼责任到位、工作落实。

宁夏山林权改革路径和方向探讨

张仲举

党的十八大以来，在国家三北防护林、退耕还林、天然林保护等林业重点工程的支持下，宁夏林业建设实现了跨越式发展，积累了一定的林业资源。进一步探讨宁夏山林权改革，对于推进山林生态价值转化增值、生态效益优化提升、生态环境持续好转，加快植绿增绿护绿步伐，构建"绿水青山就是金山银山"的价值实现机制，实现农民增收、林业增效、国土增绿具有重要的意义。

一、宁夏林业改革历程

自 1958 年宁夏回族自治区成立以来，各级党委、政府确立了以营造防护林为主，因地制宜发展用材林、经济林的林业总发展方向，当时林业总产值仅为 439.4 万元。加之 1966—1976 年六盘山等重点林区普遍存在乱砍滥伐、侵占国有林、毁林开荒等破坏森林的行为，致使森林面积日益减少。

党的十一届三中全会后，中央将造林绿化确定为基本国策，宁夏林业进入新时期。20 世纪 80 年代以来，不断探索林权制度改革，确定了山林权属、划定自留山、林业生产责任制的林业"三定"政策，全区涌现出一

作者简介　张仲举，宁夏贺兰山国家级自然保护区管理局副局长，高级林业工程师。

批从事林业开发性生产的承包大户和经济联合体。

"十五"期间，是宁夏林业发展最快的时期，也是成就最显著的时期。国家提出西部大开发战略并明确要求将加强生态环境保护和建设作为其重要内容和紧迫任务，先后启动了天然林资源保护、退耕还林、三北防护林等国家重点林业工程，2003 年宁夏全面实施封禁保护，2004 年召开了全区林业工作会议并发布《关于进一步加快林业发展的意见》，推动了林业的大发展，完成营造林 1583.6 万亩。"十五"期间，葡萄、红枣、枸杞、苹果特色优势产业发展迅速，经济林基地新增 93 万亩，林业总产值由 1950 年的 17.2 万元增加到 2007 年的 56893.6 万元。

"十一五"期间，国务院出台了《关于进一步促进宁夏经济社会发展的若干意见》，明确提出支持宁夏为全国防沙治沙综合示范区，森林覆盖率由 2000 年的 8.4% 提高到 2013 年的 13.6%。

"十二五"期间，全区完成营造林面积 685 万亩，森林覆盖率达到 13.8%，林业及其相关产业产值达到 200 亿元，步入历史发展最好时期，特色产业健康发展。枸杞种植面积 85 万亩，建成酿酒葡萄基地 60 万亩，苹果、红枣、种苗花卉、生态旅游等成为助农增收新渠道。集体林权制度基础改革全面完成，启动集体林权流转试点，培育新型林业经营主体，5.2 万农户加入林业合作社，创建农民林业专业合作社 297 家、家庭林场 735 家。

"十三五"期间，宁夏依托三北防护林、退耕还林、天然林保护等国家重点林业工程，遵循降雨线分布和不同区域水资源分布规律，组织实施引黄灌区平原绿洲绿网提升工程和六盘山重点生态功能区降水量 400 毫米以上区域造林绿化工程等自治区重点工程，下发了《落实生态立区战略推进大规模国土绿化行动方案》，启动实施了以精确规划设计、精确造林小班、精确造林模式、精确造林措施、精确项目管理、精确成林转化的精准造林大规模国土绿化行动，全区完成营造林 769.8 万亩，森林覆盖率达 15.8%，枸杞标准化基地面积 35 万亩，综合产值 210 亿元，宁夏成为全国核心产区。引（扬）黄灌区、中部干旱风沙区、南部山区形成以苹果、红枣、杏等为主的特色经济林，面积 213.4 万亩，产值 30 亿元。全区林下经济基地达 123.81 万亩，产值 5.7 亿元。在生态护林员及建档立卡贫困户带动下发展庭院经济 4 万亩，实现林业发展、生态良好、林农增收。

二、宁夏山林权改革现状

（一）集体林权"三权分置"激发了山林权改革活力

2016 年，宁夏在彭阳、西吉县开展了集体林权"三权分置"改革试点，取得阶段性成效。2016—2018 年，全区共投入造林绿化资金 50.36 亿元，其中：企业投资 9.09 亿元，占 63.7%；各类合作组织及其他社会组织投资 3.58 亿元，占 25.1%。这充分证明林业的市场化改革路径是正确的，激发了市场活力和潜力。随后在银川市西夏区围绕葡萄产业开展了"三权"分离试点，进一步提升了葡萄产业的活力。"十三五"期间，全区确权集体林地 1444.7 万亩，积极推进林权抵押贷款，完成涉林贷款 21 亿元。大力扶持发展以林下种植、林下养殖、林产品采集加工、森林景观利用为主的林下经济 360 万亩，形成九大系列 20 多个品种。

（二）实施林长制，山林权改革效应初步显现

2021 年，林长制全面实施，为宁夏全面推行山林地所有权、承包权、经营权"三权分置"改革提供了坚强的组织保障。资源变资产、资金变股金、农民变股东的改革效应初步显现。截至 2021 年底，全区培育新型林业经营主体 3040 家，经营林地面积 117.7 万亩。培育自治区优质特色林果示范基地 47 个，林下经济示范基地 20 个，国家林下经济示范基地 9 个，自治区林业产业龙头企业 46 家，国家林业产业龙头企业 11 家。全区发展林下种植、林下养殖、林产品采集加工、森林景观利用等的农户数达 3.5 万户，建设各级林下经济示范基地 50 余家，林下经济面积 139.3 万亩，产值 6 亿元。

（三）出台政策，为山林权改革保驾护航

为推动山林权改革，自治区党委办公厅、人民政府办公厅《关于印发用水权、土地权、排污权、山林权"四权"改革实施意见的通知》（宁党办〔2021〕39 号），自治区金融局配套出台了《关于金融支持山林权改革的指导意见》，建立林业金融支持体系，构建"政府+银行+担保+保险"的林业金融服务机制，自治区出台了《关于深化体制机制改革创新推进公共

资源交易高质量发展的实施意见》，将山林权交易纳入自治区公共资源交易体系，建立了全区"1+5+22"山林权市场交易体系。精准施策推动林权流转、抵押。在彭阳县、惠农区、红寺堡区和中宁县等 5 个县区，重点推进山林地所有权、承包权、经营权"三权分置"改革，鼓励支持农户开展山林地经营权和林木所有权流转，拓展山林权融资功能和规模，探索建立政府回购机制，推进"以林养林"新模式，探索"以地换林"新路径。

三、宁夏山林权改革存在的主要问题

（一）山林权改革基础工作依然滞后

全区 961.6 万亩自然保护地中，有 61.9 万亩集体林地仍未确权登记，全区各市、县（区）山林资源的划界确权、权籍调查等技术工作，几乎都通过招标由第三方完成，几百万元乃至上千万元的工作经费对于地方财政仍有压力，进而导致林权类不动产登记颁证工作推进缓慢。

（二）山林权改革制度建设滞后

引导企业和个人参与的造林绿化体制机制尚未形成，缺乏有效的激励机制。集体林权流转不完善，林权交易机制未建立，森林资源资产评估体系不健全。国有林地管理政策不完善，市场化运作政策障碍重重。

（三）山林权改革服务体系不健全

龙头企业、林业专业合作社、家庭林场、新型林农等经营主体的发展壮大，而从事现代林业服务的主体依然是政府专业技术部门，包括林业推广站、场圃总站等，林业的产前、产中和产后服务严重滞后，政府单一供给的传统服务机制已经不能满足新型林业经营主体对林业服务的多样化需求，尤其是社会化服务中介组织发展滞后。

（四）林业专业技术人才严重不足

基层林草人才队伍老化、年龄断层明显，多年来基层林场专业技术人员只退休不进人，基层机构、人员设置与林草治理体系和治理能力现代化要求严重不符，已严重影响了很多林草政策的落地实施，成为最后一公里的"堵点"。

（五）林业科技无法满足林业快速发展要求

宁夏现代林业科技研发体系滞后，科技创新不够，林业科技成果储备不足，科技研发同市场需要脱离严重。枸杞、红枣、苹果、葡萄产业体系处于较低水平，产业研发严重不足，产业链尚未真正形成。旱区造林技术及造林树种严重不足，造林机械无法满足现代化林业发展需要。

（六）林业信息化建设急需加强

林业管理与发展仍然处于传统思维模式，"互联网+大数据"尚未真正运用到林业管理中，营造林管理、森林资源监测和管护还依靠传统手段，全区林业管理缺乏系统的林业信息化建设规划，基层林业信息化程度低，甚至连基本 OA 办公系统还未实现，亟需整合森林防火、资源监测、病虫害防治等现有资源，加快自治区林业信息化建设步伐，提升林草决策和管理能力。

（七）现有林草资源无法满足多功能林业的需求

宁夏林草资源质量普遍不高，即使在森林覆盖率较高的县（区），低质低效林草资源占比仍过大，缺乏优势经济树种，导致社会资本参与绿化的积极性不高，林草碳汇仅处于概念运作阶段，缺乏实质性的项目运行。

四、宁夏山林权改革路径和发展方向

（一）加快生态产品供给的市场化

山林权改革是探索生态产品价值实现的重要路径。党的十八大报告首次提出了生态产品，主要指维系国家生态安全、保障生态调节功能、提供良好人居环境的自然要素，包括清新的空气、清洁的水源和宜人的气候等。林业不仅向市场提供各种木质和非木质林产品，向社会和市场提供各类森林服务，而且还可以衍生出各类加工产品。林业提供的生态产品需要生产周期长，而要缩短生产周期，调节生产周期的多样性，就需要充分调动全社会的参与，激活林业市场活力和要素，保证林业及其经营组织的正常经济循环。党的二十大报告提出，人与自然和谐的现代化成为中国式现代化的重要内核之一，这就意味着林草发展已成为国家战略，林草资源提供高质量的生态产品，就需要全社会参与林草建设，才能实现生态产品的市场化。

（二）深化林业经营体制改革，提升林地利用效率

宁夏山林权改革的根本目标就是实现资源的有序增长，实现林业资源向林业资产转化。一是在充分尊重农民意愿基础上，按市场机制引进社会资本，积极引导林地经营权股份流转，引导林农以林地经营权、林木所有权作价入股，组建股份制合作组织，采用"保底+分红"模式，按股分红，保障农民持续稳定的林地收益权，构建新型林业经营合作体系。探索建立林地入股流转奖补政策。要完善相关政策，完善林权交易机制和政府回购机制，进一步扩大林地经营权流转证发放范围。允许专业大户、家庭林场、股份合作社、林业龙头企业等新型经营主体在经营流转林地使用林业建设相关基础设施。二是加快探索国有林地流转模式。在保护好森林资源的基础上，坚守生态保护红线和国有森林资源资产保值增值底线，加快探索国有林地流转模式，尤其要在保证公益林生态功能的前提下，合理利用其他等级国有林地资源，科学发展林下经济、森林公园、郊野公园、运动公园、森林旅游、森林康养等一系列林产业，提高国有林地资源利用效率。

（三）完善林业服务体系，为山林权改革夯实基础

加快山林权改革，关键在于合理定位政府在山林权改革改革中的职能。一是林业行政主管部门要找准职能定位，不断转变林业管理部门职能，适应市场化改革的要求，强化政府的地方立法功能、规划功能和执法功能，把政府该管的通过立法、规划、标准、执法管严管好，弱化政府造林的功能，在符合国土空间规划以及国土绿化规划的前提下，将"在哪造、谁来造、造什么、怎么造"的问题，交给市场主体去运作。二是强化林业社会化服务建设，通过财政扶持、信贷等金融政策，加快培育林业经营性社会服务组织，采取业务委托或购买服务等方式，将林草规划设计、森林资源资产评估、森林资源调查监测、森林资源数量和技术鉴定、林权交易等服务事项，交由社会机构和服务组织承担。探索森林草原防火、病虫害防治以及管护等政府购买服务试点。健全林业资源市场化服务体系，培育中介组织，开展资产评估，为林业资源的评估、流转、融资等提供中介服务，促进林业资本市场的发育。三要建立健全购买林业社会化服务绩效考评机制，恢复基层林业技术推广体系，在乡镇林业站的指导下，大力培育发展

林业专业化服务公司和林业合作社，为林业生产经营提供各种专业化服务，积极引导和支持龙头企业、专业合作社主持或参与承担林业各类项目。积极发展林业电子商务，加大林业机械购置补贴力度。

（四）林业项目投资的市场化

目前，宁夏生态公益林几乎全部依靠中央投资，社会主体参与仅限于枸杞、苹果、红枣和葡萄等产业和苗木产业发展上。要进一步探索和引导支持山水林田湖草沙一体化保护和修复的市场化项目，探索生态修复新模式。围绕实施乡村振兴战略，谋划一批乡村公园、城郊公园、森林特色小镇以及森林人家项目，探索生态旅游新模式。通过山林权改革，探索储备林建设、碳汇林新模式，投资主体按规定标准投资完成所建设绿化任务后，落实好"把治理土地 3%用于其他用途的建设用地"这一政策，在不破坏生态功能的前提下，可利用林地林木资源开发林下种养业，利用森林景观发展森林旅游业等经营项目。同时，邀请科研机构参与宁夏林草碳汇研发，鼓励林业碳汇项目产生的减排量参与温室气体自愿减排交易，促进碳汇进入 CCER（核证自愿减排量）林业碳汇交易市场。

（五）完善林业资源的金融和保险政策

加快构建全区林业金融政策基础平台。构建全区多级联网的林权交易平台，建立健全森林资源资产抵押、流转、处置、评估的专业化服务机制，探索建立林业收储公司。通过政府购买服务等有效手段，加快建立森林资源地理信息系统，构建银林互通信息平台，健全林业信用体系。银行机构要结合林权的权能属性、绿色产业特点，加快推进公益林补偿收益权质押贷款、林地经营权流转证抵押贷款，创新开发多品种、多模式的贷款产品。采取利息补贴、发展政府支持的担保公司、利用农村产权交易平台提供担保、设立风险补偿基金等方式，建立抵押贷款风险缓释及补偿机制。进一步完善森林保险制度，提升森林保险保障水平。

（六）建立宁夏林草资源的价值评估体系和标准

深化山林权改革，一是必须建立一套包含林业资源的生态价值、经济价值、显性价值、隐性价值、商品性价值、生产要素性价值、自身价值、延伸价值的科学的价值评估体系和标准。通过林业资源价值评估，将森林覆盖率指标转化为具有市场意义的资产价值指标，为林业资源参与市场经营与利益分配提供科学基础数据，进而调动社会各界参与国土绿化的积极性，提高宁夏森林覆盖率。二是对森林资源实物量和价值量的存量及变量进行科学核算，推动建立森林资源核算与国民经济核算相衔接的综合核算体系。探索编制全区林地、湿地、草原等自然资源资产负债表，研究完善森林、草原、湿地等自然资源资产离任审计评价指标体系。全面利用云计算、移动互联和大数据技术，构建全区森林资源与生态状况智慧化监测和评价体系。

（七）提升林业科技支撑能力

林草种质资源自给率不高，优良种源选育培育工作滞后，必须深化林业科技支持方向，要围绕林业生产实际，调查了解生产中亟待解决的技术难题，提升科技成果的市场力和生命力。强化市场观念和商品意识，确立从市场来到市场去的科研方向，市场需要什么就研究什么，形成市场—科研—开发—市场的良性循环，形成从市场中来到市场中去的选题立项原则，瞄准市场和生产需求，确立科研方向，聚焦林草良种培育、困难立地生态修复、森林质量精准提升、林草产业转型升级及林草机械装备等开展研究，通过项目突破带动科研成果转化和人才队伍培养。探索干旱半干旱地区生态修复理念和技术模式。

（八）大力推进全区数字林业建设

要加快全区林草大数据开发工程，重点加强林业资源普查、生物多样性普查、珍稀野生植物种群普查和林业有害生物防治，积极推进林业系统基础数据库建设，加快林业信息基础设施的全面升级优化，充分利用卫星、物联网、大数据等信息资源开发利用技术，基于林业空间地理数据库和遥感影像数据库，构建全区林草感知系统，实现对林业地理空间数据的有效整合、共享、管理及使用，为各级林业部门提供高质量的基于地理空间的应用服务，消除"信息孤岛"，避免重复投资。构建林业物联网，林业遥感卫星、无人遥感飞机等监测感知的林草动态感知系统，实现对造林过程、森林资源的动态监测和自动预警、全面监测和相互感知，形成林草智能化科学决策服务体系。

推进宁夏用能权改革的对策建议

宋春玲

党的二十大报告提出要推动绿色发展，促进人与自然和谐共生。要加快能源结构调整优化，深入推进能源革命，加强能源产、供、储、销体系建设，确保能源安全。自治区第十三次党代会提出，要扎实推进用水权、土地权、排污权、山林权、用能权、碳排放权改革，为全区开展要素市场化改革指明了方向。围绕自治区第十三次党代会的部署要求，以提升能源利用效率为导向，加快推进能源要素市场化改革，探索建立用能权初始分配制度。能源要素的市场化改革是构建全国统一大市场的关键内容之一，同时也是完善现代市场体系、构建新发展格局的必然选择。

一、宁夏能源发展现状

宁夏人口数量少，土地面积小，经济发展较为落后。宁夏的产业结构已经由原来的"二三一"结构转变为现在的"三二一"结构，产业结构逐步优化。从 2019—2021 年宁夏能源生产情况可以看出，宁夏煤炭、电能等能源供应保障能力持续增强，可再生能源发电占比在逐年增加。宁东现代煤化工基地和国家新能源综合示范区建设取得重大进展，煤炭清洁生产水

作者简介　宋春玲，宁夏社会科学院农村经济研究所（生态文明研究所）助理研究员。

平和能源技术水平不断增强，宁东能源化工基地的多项能源技术处于行业领先水平。国家出台《关于支持宁夏能源转型发展的实施方案》，宁夏印发《宁夏回族自治区能源发展"十四五"规划》《宁夏回族自治区能耗双控三年行动计划（2021—2023 年)》《关于推动能源转型发展高水平建设国家新能源综合示范区的实施意见》等系列政策措施，为宁夏进一步调整能源结构提供政策支撑。随着宁夏新能源的迅速发展，对于新能源的存储能力、电力系统的稳定性与灵活性提出了更高的要求。随着煤炭需求的不断增长，煤炭绿色开发利用的关键技术和重大装备需要加快攻关，同时先进储能、氢能的商业化利用也将成为宁夏能源发展的一个重要课题。

表 1　2019—2021 年宁夏能源生产情况

		2019 年	2020 年	2021 年
规模以上工业原煤产量（万吨）	总量	7168.0	8151.6	8632.9
	一般烟煤	6548.2	7626.6	8070.6
	炼焦烟煤	376.1	335.0	442.4
	无烟煤	243.7	190.0	120.0
工业发电量(亿千瓦时)	总量	1724.3	1881.4	2081.9
	火力发电量	1417.4	1529.3	1596.9
	可再生能源发电量	306.9	352.2	485.0
油品生产量(万吨)	总量	592.4	509.4	567.2
	汽油	205.8	168.6	202.7
	柴油	237.4	200.9	217.1
	石脑油	149.2	139.9	147.4

数据来源：《2019 年全区能源生产情况》《2020 年全区能源生产情况》《2021 年全区能源生产情况》，宁夏回族自治区统计局。

自治区第十三次党代会提出的"六权"改革是在原来"四权"改革的基础上提出的新的要求。用水权改革、土地权改革、排污权改革、山林权改革在经过一定时间的发展已经取得了阶段性的成就，均已实现市场化交易，让资源要素主动进入市场、适应市场，盘活资源，实现资源要素的市场化改革，增加居民收入。用能权改革、碳排放权改革是新增加的资源要素改革，目前尚处于谋划部署阶段。用能权概念相对较新，它是指企业在一年内，经确认可消费各类能源量（包括电力、原煤、蒸汽、天然气等）的权利。围绕自治区第十三次党代会的部署要求，以提升能源利用效率为导向，加快推进能源要素市场化目标改革，用能权改革是生态文明建设方面的一项重大改革，利用能源资源的市场化机制，倒逼企业转型升级，可优化能源消费结构，提高能源利用效率，腾出用能指标用于高效低耗项目，与"双控"行动是相配套的。自治区已确定"政府培育、市场主导、整体设计、分步推进、网上交易、全程监管"的总原则，稳步推进用能权改革工作。

二、全国试点省区先进经验与做法

用能权在我国最早出现在党的十八大报告中，当时使用的是"节能量"这一概念，在随后的两年中一直沿用这一概念。2015 年 9 月，国务院印发了《生态文明体制改革总体方案》，强调健全生态保护市场体系，其中提到推行用能权交易制度。为了落实《生态文明体制改革总体方案》，2016 年国家发改委发布《用能权有偿使用和交易制度试点方案》，提出以浙江、福建、河南、四川 4 个省份为试点开展用能权改革工作，先行先试，目的在于通过四省的试点工作形成可推广的先进经验与做法，推进全国各地能源资源市场化改革工作，提高我国绿色发展水平。四个试点地区根据各省实际情况开展了用能权有偿使用和交易实践，取得了初步的成效。

（一）浙江省的经验与做法

浙江省最早启动用能权改革试点工作，2018 年正式启用能权有偿使用和交易市场。浙江省印发了《浙江省用能权有偿使用和交易试点工作实施方案》，在用能权交易初期，采取的是以增量带存量的模式，购买方是新增能耗高的项目，这在一定程度上有利于用能权交易工作的推进。总体来说，浙江省的经验与做法与其他三省差别较大，其他三个省份以行业划分，将重点用能行业内增量或者存量达到门槛的企业纳入交易范围。浙江省首先制定用能权确权技术规范，对试点企业的用能量分类确权。对于使用可再生能源的企业用能量确权，经核定后可抵扣自家企业新增用能指标；对于淘汰落后产能、压减过剩产能的企业用能量确权，需经县级以上人民政府审核；对于使用技术改造节能的企业用能量确权，需要经过第三方机构审核。浙江省规定对于高于 6000 吨标准煤当量的新增用能量是需要有偿获取指标的，用能权交易主体初期以企业与政府交易为主，市场逐渐成熟后交易主体变为企业与企业、企业与政府。

（二）福建省的经验与做法

福建省自 2017 年启动用能权改革工作，并印发了《福建省用能权交易能源消费量审核指南（试行）》《福建省用能权交易管理暂行办法》《福建省用能权有偿使用和交易试点工作实施方案》《福建省用能权指标总量设定和分配办法（试行)》等一系列政策措施。在 4 个试点省份中，福建省建立了较为完备的制度标准。福建省将电力、水泥制造、炼钢、原油加工、合成氨、玻璃、铁合金、电解铝、铜冶炼 9 个行业年耗能超过 5000 吨标准煤当量的用能单位纳入用能权有偿使用和交易系统之中。用能权确权是根据行业分类的，除电力行业为非总量控制行业外，其余八大行业皆为总量控制行业，在分配产能指标时，按照既有产能和新增产能来划分，基本采用行业基准法和历史总量法来进行指标分配，先期以免费为主，逐步引入有偿使用。福建省用能权有偿使用和交易主体与河南省一样，均为用能单位，用能单位在第二年足额缴纳上一年度的等额用能权指标。

（三）河南省的经验与做法

2017 年河南省启动了用能权改革工作，2018 年开始用能权交易，同时印发了《河南省用能权有偿使用和交易试点实施方案》，先将郑州、鹤壁、济源、平顶山 4 市的有色、化工、钢铁、建材等重点行业年耗能超过 5000 吨标准煤当量以上的用能企业纳入试点。目前，通过试点后河南省已经建立较为完备的制度体系和登记交易平台，交易工作正有序进行，也形成了比较容易学习与推广的发展模式。通过试点后，根据全省的实际综合因素确定用能权配额总量，综合因素包括经济社会发展情况、产业转型情况、全省"双控"目标实现情况等因素，配额也分为实发配额和预留配额两种。用能权分配情况为试点时期免费分配，随后根据试点情况适当引入有偿分配。河南省用能权交易主体为用能单位，用能单位需在第二年足额缴纳上一年度的等额用能权指标。

(四) 四川省的经验与做法

2018 年四川省印发《四川省用能权有偿使用和交易管理暂行办法》，2019 年正式启动用能权交易市场。四川省先将全省水泥、陶瓷、造纸、白酒和钢铁五大行业纳入试点，将用能单位划分为重点用能单位和非重点用能单位。根据五大行业能源消费量情况，制定符合四川省经济社会发展的单位产品能耗基准值，利用基准值法和历史能耗下降法确定企业用能权指标。用能权指标可根据企业使用清洁能源的情况适当收紧与放宽，在年度清算后，有结余用能权指标的企业可将结余用能权交易，通过此举，促使企业主动调整用能结构。用能权分配以免费与有偿相结合的方式进行。四川省用能权交易主体为重点用能单位以及交易用能权的其他单位、社会组织、机构等，在第二年足额缴纳上一年度的等额用能权指标。

三、推进宁夏用能权改革的对策建议

近年来，我国温室气体排放得到有效控制，重点产业节能减排工作进展顺利，可再生能源的开发利用发展迅速，这些既是我们的成绩也是我们的底气。宁夏回族自治区第十三次党代会提出，要大力发展风电、光伏、氢能等清洁能源产业，加速推动能源产业绿色转型。宁夏是西部能源富集地区，煤炭丰富，风光无限。坚持走能源绿色转型的高质量发展之路，着力建设新能源综合示范区，实现了能源发展的两次飞跃，走在全国能源转型前列，为实现碳达峰、碳中和目标打下良好基础。牢固树立"创新、协调、绿色、开放、共享"的新发展理念，在碳达峰、碳中和目标下，持续加快能源绿色转型步伐，助力宁夏经济高质量发展。

(一) 进一步优化产业结构

高质量发展是"逼"出来的。用能权要素市场化改革倒逼产业结构调整，用布局倒逼发展方式的转变，要推动供给侧结构性改革，推动实体经济尤其是高耗能产业的转型升级。要狠抓落实，严格监管，转方式、调结构，淘汰落后产能，压减高耗能产业，提高行业准入标准。宁夏应查实家底，制定重点产业落后产能清单，主动淘汰落后产能，为先进产能、高端化工等腾出发展空间。实施集中供热、耗煤设备节能技改或拆除淘汰燃煤锅炉等设备减少的煤炭消费。能耗"双控"目标实现的有效途径就是转变现有的经济发展方式，不断地优化产业结构，提高能源效率。产业结构优化包括产业结构目标优化、对象优化、措施优化、政策优化等，宁夏正努力建设黄河流域高质量发展和生态保护先行区，产业升级过程中应向绿色产业方向倾斜。同时鼓励发展高新科技产业和现代服务业的发展。

（二）做好煤炭能源的清洁高效利用

煤炭在未来依然是宁夏的主体能源，在能源转型过程中发挥着"压舱石"的兜底作用。经预测，到 2035 年我国一次能源消费比例中煤炭仍会超过 40%。因此，我们要坚定不移走煤炭能源清洁高效利用之路。一是做好煤炭能源在生产、运输、利用过程中的清洁高效。通过余热利用、清洁煤、粉煤发电、节能燃煤锅炉等技术与装备，减少污染物与碳的排放。二是加大能源技术的示范运用。碳捕获、利用、封存技术可以有效利用燃烧化石能源所释放出的二氧化碳，并将二氧化碳作为资源回收利用。同时坚持煤炭深加工技术，让煤炭逐步从燃料向原料转变。三是控制煤炭能耗增量、降低能耗强度，在"双控"目标前，坚决做到对标达标。近几年，煤炭、石油等化石能源价格新高，有部分原因是"脱碳"步子迈得太急太大，新能源续接不上导致的，因此在煤炭能源转型过程中要认清现实，不极端、不盲目，因地制宜，有的放矢。

（三）大力发展可再生能源

化石能源从生产到消费都伴随着二氧化碳的排放，为实现碳达峰、碳中和目标，加速了水能、风能、太阳能等可再生能源的替代之路，我国水电、风电、光伏发电装机量连续几年稳居世界首位。2021 年，宁夏水电、风电、太阳能等可再生能源发电量达到 485.2 亿千瓦时，比 2020 年提高了37.7%，新能源利用率达到 97.7%，居西北第一。坚持走可再生能源的替代之路，宁夏具有坚实的基础。一是提高风电和太阳能发电的存储能力。风能与太阳能正是宁夏的优势能源，以新能源为主的新型电力系统将在未来能源利用中占据举足轻重的地位。建设以新能源为主的能源基地，增加外送通道，加大储能技术的研发投入与补贴。二是以水电配套发展风电与光伏发电。风电与光伏发电具有波动性与随机性，无法精准预测峰谷，而水电具有灵活性，是很好的调峰电源。以水电配套发展风电与光伏发电可有效提高资源利用率，通过源网荷储一体化、多能互补等途径，提升风电、光伏发电的发展空间。

(四) 鼓励能源技术的发展与创新

未来，在能源转型过程中氢能将发挥至关重要的作用。氢能尤其是由非化石能源制取的绿氢从生产到消费全过程零排碳，是目前发现的最为清洁、高效的可替代能源。绿氢的利用与发展将成为宁夏实现碳达峰、碳中和目标的重要抓手，在用能权改革过程中占有一席之地。对于绿氢的发展，一是要加大布局建设"制—储—运—用"全产业链的"绿氢"项目。宁夏发展绿氢产业有资源优势，在发展模式、技术支持、政策支撑等方面先行先试，积极探索可复制可推广的发展经验。出台能够服务绿氢产业链的政策体系。宁夏绿氢产业发展处于起步阶段，需要政策的大力支持与引导。二是要加大研发力度，攻坚克难，实现绿氢的大规模商用价值。近期需要解决的是降低制氢成本、安全可靠的运储方式、燃料电池等关键技术装备的研发问题，同时对于电解槽新材料的更新换代、降本增效等问题可做长期基础性研究。三是可以利用无法消纳的弃风弃光电解水制氢，或者利用各大电网的低电价时段"谷电制氢"，这些措施既提高了利用率，又降低了制氢成本，高质量地推动新时代非化石能源的市场化发展。同时注意生物质能的研发与推广，加快科技成果转化，利用秸秆可制作出第三代生物催化剂，利用厨余油脂可以加工生物柴油等，虽然目前生物质能利用率不高，但从节能降碳的角度来看，生物质能也是一种很好的补充。

(五) 建立健全用能权管理体系

用能权的有偿使用与交易属于政策产物，深受国家和地方政策的影响，政府要充分考虑用能权改革对电力市场的影响，做好顶层设计和发展规划，企业要时刻跟踪政策发展并深入研究。同时用能权交易市场属于新兴市场，需要加强能源大数据的应用，深入挖掘发电企业的能源数据，准确分配用能权交易配额，根据数据挖掘问题，帮助企业预判形势，为企业优化发电结构、节能技改乃至发展战略提出建议。另外，鉴于目前纳入用能权交易的企业普遍存在管理相关能力不足等问题，政府要定期为企业提供培训和咨询，减少企业在核算、报送等环节出现问题。宁夏需要借鉴浙江、福建、河南、四川4个用能权有偿使用与交易试点省的先进经验与做法，做好用能权有偿使用的前期准备工作。首先借助闽宁深度协作的机会向福建省学习建设科学、合理、符合宁夏区情的行业标准与政策措施，做好前期的确权工作。其次学习河南省用能权改革的做法与模式，以一两个市区的重点行业为试点，先行先试，试点通过后再建立统一的登记交易平台。交易初期可以像浙江省那样，将新增用能企业纳入其中，以增量带存量，可以更容易推进用能权改革工作。用能权分配过程可以学习四川省，以免费与有偿相结合的方式进行。

（六）做好政策保障

在宁夏深度推进"六权"改革过程中，用能权改革还处于谋划阶段，这就离不开政策的引导与支持。对于政府来说，一是大力推进节能减排工作，积极培育新能源产业，加强能源项目的监管，扩大对新能源项目的政府采购。二是加大对优质项目的财税支持，扩大税收优惠政策，设立专项资金，专款专用。三是扩大金融支持力度，简化审批程序，放宽新能源产业民间投资的准入条件等。四是对待绿氢这样的发展还处于起步阶段的新兴产业，需要制定配套的政策及行业标准，向公众展示发展绿氢的前景，提升认可度与接受度。

宁夏碳排放权改革路径研究

吴 月 王晓娟

党的十八大把生态文明建设纳入中国特色社会主义事业"五位一体"总体布局，党的十九大和二十大明确提出实现人与自然和谐共生的现代化。十年来，全国各地深入贯彻落实习近平生态文明思想，我国生态环境保护取得历史性、转折性、全局性好转。习近平总书记就实现碳达峰、碳中和多次作出重要论述。2015年，习近平总书记在巴黎气候变化大会上承诺"将于2030年左右使二氧化碳排放达到峰值并争取尽早实现"。2020年9月，习近平总书记在第七十五届联合国大会一般性辩论会上郑重宣布："中国将提高国家自主贡献力度，采取更加有力的政策和措施，二氧化碳排放力争于2030年前达到峰值，努力争取2060年前实现碳中和。"2021年，习近平总书记明确指出"要把碳达峰、碳中和纳入生态文明建设整体布局"。2022年，党的二十大明确提出："我们要推进美丽中国建设，坚持山水林田湖草沙一体化保护和系统治理，统筹产业结构调整、污染治理、生态保护、应对气候变化，协同推进降碳、减污、扩绿、增长，推进生态优先、节约集约、绿色低碳发展。"这一系列重要论述，彰显了我国坚持生态优先、绿色发展的战略定力和积极应对气候变化、推动构建人类命运共

作者简介 吴月，宁夏社会科学院农村经济研究所（生态文明研究所）副研究员；王晓娟，宁夏社会主义学院讲师。

同体的大国担当。宁夏要立足当地碳排放现状及全国减污降碳战略目标，处理好发展与保护的关系，积极探索适合宁夏区情的碳排放权改革路径，创新碳交易市场机制、发展碳汇金融，确保如期实现碳达峰、碳中和目标，推动黄河流域生态保护和高质量发展先行区建设。

一、宁夏实施碳排放权改革的重大意义

宁夏拥有丰富的矿产资源，加之能源产业聚集度高，使其经济结构偏煤偏重，碳排放量高且强度大，面对能耗双控及碳达峰碳中和目标紧实压力，宁夏的减污降碳难度大、任务重。因此，宁夏要发挥主观能动性，积极探索碳排放权改革路径，助力宁夏甩掉"黑能"帽子，树立"绿能"形象，推进宁夏碳达峰碳中和目标实现。

（一）实施碳排放权改革有利于能源绿色低碳转型

宁夏依托丰富的资源及能源优势，形成倚能倚重的产业结构，致使碳排放量和碳排放强度都较大。2019年，宁夏碳排放量居全国第9位，占全国碳排放量的2%；GDP居全国第29位，占全国GDP的0.38%，表明宁夏经济体量小、碳排放量相对较高的特点。在应对全球气候变化大背景下，宁夏积极探索碳排放权改革，有利于宁夏加快产业结构调整，优化经济结构，降低能耗及碳排放，彻底摆脱宁夏倚能倚重的能源路径依赖，使全社会绿色低碳转型，走上高质量发展轨道。随着降碳技术和储能科技的不断升级，宁夏的高碳企业有望在降碳行动中催生、孵化一批嵌合深、链条深、竞争力强的新兴低碳产业，助推传统产业转型升级、新兴低碳产业不断衍生壮大，打造新的经济增长极。

（二）实施碳排放权改革有利于节能降碳增效

作为倚能倚重省区，宁夏要抓住碳达峰、碳中和机遇，积极应对各种挑战，积极探索碳排放权改革路径，减少煤炭等化石能源使用量，大力发展绿色新兴能源，替代化石能源（如宁东引进绿氢产业链），提高能源利用效率和产业发展动能，并与黄河流域九省区协同推进全流域绿色低碳发展，不仅实现节能、降碳、增效目标，而且为实现经济高质量发展提供新方案、新路径，使宁夏碳排放权改革走深走实。

（三）实施碳排放权改革有利于碳交易市场建设

宁夏不仅是我国碳排放量及碳排放强度较大的地区（即碳源地区），也是我国西北地区重要的碳汇地区之一。在能耗双控及碳达峰碳中和目标驱动下，宁夏积极探索盘活"碳"无形资产，创新碳排放权改革路径，先行先试，为企业增资减负，为建立公平公正、实时共享、智慧型碳排放权交易市场奠定坚实基础。

（四）实施碳排放权改革有利于形成全社会绿色低碳新风尚

近年来，由于温室气体增加迅速，致使全球生态环境遭到严重破坏，生物多样性锐减，进而对人类生存产生一系列连锁反应。宁夏作为全国双碳行动一盘棋中的一员，必须严格按照国家部署及要求，探索创新碳排放权改革的路径，依托风电、光伏发电、黄河水资源、生物质能等优势资源及能源，不断调整产业结构，大力发展绿色低碳全产业链，分阶段、分部门、分地域逐步实现减污降碳目标，引领全社会经济绿色转型和绿色生活方式转变。从党政机关到社会团体，从企业到个人，都要凝聚共识、加强合作，推动建立公平合理、合作共赢的应对气候变化的治理体系，为全国乃至全球气候治理提供强大动力，成为应对全球气候变化的重要参与者、贡献者。

（五）积极承担全国降碳的政治责任

实现碳达峰碳中和是我国向全球作出的庄重承诺。宁夏要从区情现状、优势资源及条件入手，因地制宜探索碳排放权改革的可行办法，加快减污降碳目标实现，履行全国降碳的政治责任。也要充分认识到，实现"双碳"目标是主动的而不是被动的，是系统的而不是独立的，是艰巨的而不是轻松的，对宁夏而言推动碳排放权改革走深走实更是责任所在。

二、宁夏碳排放现状

宁夏自然资源及能源资源丰富，经济结构依能依重，碳排放强度和人均碳排放量较高，短期内转变能源消费结构的难度较大，资源生态约束趋紧，转型升级任务艰巨，减碳压力很大。

（一）宁夏产业结构情况

从产业结构看（见表1），近十年宁夏三次产业占比中，第一产业基本保持稳中有降，第二产业占比逐步降低（2020年较2010年低了8个百分点，2021年较上年略有回升），第三产业占比稳步提升（2020年较2010年高了近9个百分点，2021年较上年略有降低）。2019年和2020年连续两年，全区第三产业占比都超过50%。可见，宁夏的产业结构正在不断调整、优化。

表1　2010—2021年宁夏三产比重

年份	2010年	2011年	2012年	2013年	2014年	2015年
三产比重	9.4:49.0:41.6	8.8:50.2:41.0	8.5:49.5:42.0	8.7:49.3:42.0	7.9:48.7:43.4	8.2:47.4:44.4

年份	2016年	2017年	2018年	2019年	2020年	2021年
三产比重	7.6:47.0:45.4	7.3:45.9:46.8	7.6:44.5:47.9	7.5:42.3:50.2	8.6:41.0:50.4	8.1:44.7:47.2

数据来源：《宁夏统计年鉴》（2011—2021），宁夏各年度国民经济和社会发展统计公报。

（二）宁夏能源结构与消费情况

宁夏矿产资源丰富，是我国重要的能源产区，累计探明能源矿产110处，煤主要分布在贺兰山北段、宁东、宁南和香山4个含煤区（煤田），以宁东煤田为主，有11处中、小油气田，地热资源相对丰富。根据《宁夏统计年鉴》（2011—2021），2010—2019年，已查明的煤炭资源储量在340亿吨上下浮动，煤炭资源保有量在328亿吨上下浮动，2020年探明资源量为73.84亿吨。2020年，全区一次能源生产量达6352万吨标准煤。2021年，规模以上原煤产量为8632.9万吨，电源装机达6214万千瓦，新能源装机达2839万千瓦（新能源发电量占总发电量的23.3%）。可以看出，宁夏煤炭资源短缺，新能源占比逐年提升，能源结构正在调整、优化。

2010—2020年，宁夏能源消费总量逐年增加（见图1），2020年高达7933万吨标准煤，煤炭消费占能源消费比重的81.7%，石油消费占能源消费比重的3.6%，天然气消费占能源消费比重的4.3%，非化石能源占能源消费比重的 10.4%，占比较低。宁夏各地市能源消费主要仍以煤炭为主，其中，宁东基地能源消费总量占比最高，其次为石嘴山市，二者占全区能源消费总量的一半以上。宁夏能源消费总量中工业领域能源消费比重一直处于极高的水平（近几年超过 90%），同时随着工业项目的陆续上马，占比还在稳步提升；其次是交通运输、服务业及其他、居民生活领域为能源消费较大的领域；建筑业和农业能源消费占比较低。

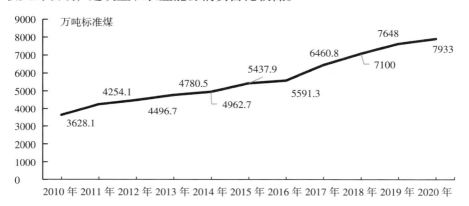

图 1　2010—2020 年宁夏能源消费总量变化

（三）宁夏全社会碳排放现状

根据测算，我国将于 2027 年二氧化碳排放达到峰值，即 106 亿吨，继而开始下降，预计 2035 年排放量约 102 亿吨，至 2060 年排放量约 6 亿吨。在强化低碳情景下宁夏将于 2028 年碳排放达到峰值，争取 2060 年前实现碳中和目标。

根据统计局碳排放数据资料：2019 年，全区碳排放总量约 2.03 亿吨，排放强度 5.285 吨/万元，是全国平均水平的 4 倍左右。其中，宁东基地碳排放总量达 9631.9 万吨，占全区碳排放总量的 44.5%，其次是石嘴山市（占比达 21.0%），之后依次是银川市、吴忠市、中卫市、固原市，占比分别为 12.5%、11.9%、7.5%、2.6%。可以看出，宁夏及各市县减污降碳目标任务艰巨，尤其宁东地区和石嘴山市的节能减排和降碳任务艰巨。

从产业布局看宁夏碳排放现状。宁夏分行业碳排放中工业排放量（占89%）>服务业（占 4%）和居民生活（占 4%）>交通（占 2%）>农业（占

1%）和建筑业（占 1%），其中，工业排放中以化工为主，占全区碳排放量的 35%，其次为钢铁、有色金属、非金属，分别占 14%、8%、6%。

从重点行业单位产值看宁夏碳排放情况。全区二氧化碳排放总量绝大部分来源于工业部门，其中，化学原料和化学制品制造业，黑色金属冶炼和压延加工业，石油、煤炭及其他燃料加工业，有色金属冶炼和压延加工业，非金属矿物制品业分别产生二氧化碳排放 6290 万吨、2539 万吨、1550 万吨、1170 万吨、935 万吨，为重点排放行业，是"高碳低效"行业。因此，行业之间也应梯次实现碳达峰，如钢铁、水泥、有色金属等行业与建筑领域的直接排放在"十四五"期间达峰，石化化工、煤化工与交通领域在"十五五"末期达峰，电力行业在"十五五"末"十六五"初期达峰。

各市县分领域碳排放情况。宁夏五地市能源消费均以工业领域消费为主，而煤炭是各地市乃至全区工业碳排放水平较高的一个重要因素。在规模以上工业中，银川市（含宁东）的碳排放主要来源于化学原料和化学制品制造业，电力、热力生产和供应业，石油、煤炭及其他燃料加工业；石嘴山市、吴忠市和中卫市以制造业为主。

分析以上数据可以看出，宁夏产业结构二产占比高于全国、三产占比低于全国，仍需要继续调整、优化。能源结构倚能倚重，碳排放强度和人均碳排放在全国各省市区中较高，宁东基地能耗总量和强度均为宁夏最高，石嘴山市能耗总量大、强度高于全区均值，因此宁东基地和石嘴山市是宁夏能耗双控重点区域，工业领域的减污降碳是重中之重。煤化工、火电等产业的优化升级，是节能减排及降碳的主战场，但也要考虑现实困境，虽然火力发电产生的温室气体含量高，污染严重，但火力发电稳定性好，是目前确保电力供给稳定的主要发电模式。短期内转变能源消费结构的难度较大，资源生态约束趋紧，转型升级任务艰巨，减碳压力很大。因此，我们要准确把握能耗及减污降碳任务，科学研判趋势，精准谋划举措，不断优化经济结构、能源结构、项目结构、体制机制，推动碳排放权改革落实落细。

三、宁夏碳排放权改革路径选择

（一）完善碳排放权改革政策

一是依托国家层面的碳排放权改革相关法律法规，制定并不断完善符合宁夏实际的碳排放权改革相关条例、办法、实施细则。科学合理分配各市县、各行业、各园区、各企业、各重点产业及项目等碳排放权指标，不断完善碳排放权许可确权、市场交易规则、碳排放指标有偿使用征收标准、碳汇碳排调控、监督管理政策等条例办法，梳理细化碳排放权核算机制，理清实际二氧化碳排放量、碳汇交易量、清缴超量排放量、缴纳平台交易费用、碳排放权换购等改革全过程工作流程，建立碳交易台账，提高宁夏碳排放权改革的制度化、规范化、法治化水平。二是加大碳排放权改革宣传，使碳排放权改革措施落地落实。利用智慧云平台，动态更新碳排放权改革的相关内容，让碳排放权改革成为碳达峰碳中和目标实现的有力保障。三是立足宁夏实际，参考国家及其他省区定价标准，综合考虑宁夏经济发展水平、碳汇能力、碳排放后生态恢复及治理成本、环境承载力及资源能源的稀缺程度等，科学合理制定并不断修订碳排放权有偿使用和交易基价，用于碳交易。

（二）积极探索生态系统碳汇交易

一是因地制宜构建符合宁夏森林、草原、湿地等生态系统特征的完备的碳计量模型体系，摸清碳储量，为林草碳计量与效益评估做支撑。二是开发搭建桌面端宁夏林草碳汇资源感知平台和手机端林草碳汇资源展示App，实现林草碳汇计量监测可视化，提升温室气体清单编制和碳汇效益核算工作效率，为宁夏碳汇交易提供有力支撑。三是继续开展宁夏林地碳储量资源调查，为科学评估自治区林草碳汇能力、碳中和能力及发展潜力，推动绿色低碳发展提供可靠的数据保障。全面监测、捕集、利用与封存在能源利用、工业过程、生活中产生的二氧化碳，精准核算初始碳排放量、可交易碳排放量、新增碳排放量、政府储备碳排放量等指标，对标国家下达的各地区、各行业配额碳排放量，依托全国统一的碳排放权交易市场体系和交易平台，积极探索拓宽碳排放权交易范围，实现市场在资源优化配置中的主导地位，协同推进宁夏减污降碳，持续改善区域生态环境。例如，当实际碳排放量低于配额时出售多余的配额，当实际碳排放量高于配额时购买不足的配额，通过碳排放权交易市场行为实现区域内及跨区域碳排放指标与碳汇指标的转让。四是积极探索碳汇与碳排放占补平衡等制度。宁夏要精准核算，实时更新储备的碳汇存量、碳汇增量及碳排放量，充分发挥碳交易市场在资源配置中的主导作用，出售多余的碳储量用于企业发展、生产工艺更新等产业升级改造，购买碳排放配额，助推区域经济高质量发展，实现碳汇与碳排放占补平衡。

（三）创新碳金融途径

宁夏要不断探索碳汇生态产品及碳排放权价值转换的模式，依托"碳"储蓄银行发展林下经济、更新仪器及优化工艺等，推进碳交易的"绿票""碳票"等制度改革，为实现碳达峰、碳中和提供投融资渠道，建立生态环境保护者受益、使用者付费、破坏者赔偿的利益导向机制，出售碳金融所得的资金全部用于生态项目的投资建设，实现绿色循环发展，形成在全国可借鉴、可推广、可复制的碳排放权改革模式。一是积极探索建立符合宁夏实际的绿色股票指数（包括指标体系、评估方法、绿色企业的覆盖范围等），从制度、组织、市场、产品、服务、政策保障等方面入手，探索发展碳排放期货交易。鼓励发展绿色信贷服务、绿色债券、绿色保险产品等绿色金融改革，探索发展生态产业链金融模式，为生态保护提供进一步的资金支持。二是创新发展碳普惠机制。鼓励全社会公民参与减污降碳行动，推动生产和生活方式绿色低碳变革（如绿色出行、绿色消费等），将减碳量用于碳交易或领取低碳积分兑换普惠权益，获取的利益以碳普惠的形式奖励减污降碳行动的参与者，让更多的民众参与到减污降碳行动中，形成良性循环，助推形成绿色低碳生活新风尚。

（四）推动新能源替代高碳排放能源

宁夏太阳能、风能、生物质能等资源丰富，是构成碳达峰、碳中和目标的主要替代能源。一是光伏发电潜力大。宁夏年均日照时间2800—3100小时，太阳辐射达每年每平方分米148卡路里，各地年太阳能总辐射5195.3—6344.2兆焦/平方米。经测算，全区集中式光伏发电技术可开采量约 4.54 亿千瓦，分布式光伏技术可开发量约 2770 万千瓦，光伏发电潜力大。二是宁夏风能发电利用前景广阔。宁夏风电的技术开发量为 5193 万千瓦，可开发面积为 18965 平方公里。现阶段，宁夏要积极通过技术攻关，解决储能问题和发挥新能源调峰并网问题。三是生物质能资源丰富。宁夏位于黄河上游地区，是我国重要的粮食基地，水稻、玉米等农作物产生的生物质能资源丰富，是现阶段及今后发展绿色低碳产业的重要原料。四是发展绿氢产业。利用宁夏丰富的光伏发电及风电等新能源、淘汰的高耗能产业及使用节水设施结余的优质水资源，结合高新技术电解水制氢（绿氢产业），作为未来调峰电源和备用电源。电解水产生的氢气也可直接用于重载车、公共交通等，实现绿色、零碳全产业链。

（五）科技引领碳排放权改革

充分发挥科技引领作用，加大宣传并积极推进节能降碳增效技术改造，优化工艺流程，重塑产业链整合等改造升级，推动新科技和新产品落实落地，激活企业发展活力，切实提高能源利用效率和水平，使碳排放权改革落实落地，实现节能降碳增效目标。

领域篇
LINGYU PIAN

2022年宁夏大气环境状况研究

王林伶

党的二十大报告指出："推动绿色发展，促进人与自然和谐共生。"自治区第十三次党代会提出要实施生态优先战略，建设天蓝、地绿、水美的美丽新宁夏，宁夏在学习贯彻习近平生态文明思想和习近平总书记视察宁夏重要讲话和重要指示批示精神，深入打好污染防治攻坚战，推动全区生态环境质量持续改善，大力探索以绿能开发、绿氢生产、绿色发展为主的能源转型、减煤加氢、减碳增效、生态优先、绿色环保的发展新路子。

一、2022宁夏大气环境改善成效与空气质量排名

（一）宁夏空气环境改善成效

1. 宁夏空气质量持续改善

宁夏持续开展的大气污染物防治治理已从城市集中式治理转向县域与工业园区"改造+治理"模式，主要对区域内的煤尘、违规建设燃煤锅（茶）炉进行治理与改造，对65蒸吨/小时及以上燃煤工业锅炉进行超低排放改造，尤其对县域冬季清洁取暖项目进行了深入推进，使一些乡村有了清洁取暖设施，使污染物排放从源头得到了有效控制，达到了标本兼治。

作者简介　王林伶，宁夏社会科学院综合经济研究所副所长，副研究员。

全区空气质量好于往年，空气质量优良天数比例再创新高，宁夏各地再现蓝天、白云。

总体来看2022年1—10月，宁夏环境空气质量总体改善，优良天数比例达到84.2%，较2021年同期提高了2.1个百分点，与同期相比较表现为"四提高一不变"，即固原市、中卫市、银川市、石嘴山市4市的空气质量进一步提升，吴忠市保持不变。五市空气环境综合指数稳中有升。

分市来看。银川市2022年1—10月，空气质量优良天数比例达到82.9%，同比提升0.7%；可吸入颗粒物PM_{10}平均浓度为63微克/立方米，同比上升6.8%；细颗粒物$PM_{2.5}$平均浓度为29微克/立方米，同比上升20.6%。石嘴山市2022年1—10月，优良天数比例达到81.6%，同比提升2.3%；可吸入颗粒物PM_{10}平均浓度为69微克/立方米，同比不变；细颗粒物$PM_{2.5}$平均浓度为29微克/立方米，同比上升16.0%。吴忠市2022年1—10月，优良天数比例达到79.9%，同比保持不变；可吸入颗粒物PM_{10}平均浓度为66微克/立方米，同比上升11.9%；细颗粒物$PM_{2.5}$平均浓度为31微克/立方米，同比上升19.2%。固原市2022年1—10月，优良天数比例达到92.8%，同比提升3.0%；可吸入颗粒物PM_{10}平均浓度为46微克/立方米，同比上升4.5%；细颗粒物$PM_{2.5}$平均浓度为23微克/立方米，同比上升21.1%。中卫市2022年1—10月，优良天数比例达到83.6%，同比提升4.4%；可吸入颗粒物PM_{10}平均浓度为63微克/立方米，同比降低1.6%；细颗粒物$PM_{2.5}$平均浓度为29微克/立方米，同比上升了11.5%（见表1）。

表1　2022年1—10月宁夏五市空气质量优良天数比重　　单位：%

月份	银川市	石嘴山市	吴忠市	固原市	中卫市
1月	61.3	51.6	58.1	80.6	67.7
2月	89.3	82.1	92.9	100.0	92.9
3月	71.0	71.0	64.5	74.2	58.1
4月	83.3	80.0	76.7	83.3	70.0
5月	83.9	80.6	71.0	93.5	77.4
6月	70.0	76.7	86.7	100.0	86.7
7月	71.0	77.4	77.4	96.8	87.1

续表

月份	银川市	石嘴山市	吴忠市	固原市	中卫市
8 月	100.0	100.0	83.9	100.0	96.8
9 月	100.0	100.0	93.3	100.0	100.0
10 月	100.0	96.8	96.8	100.0	100.0

资料来源：由宁夏回族自治区生态环境厅网站及银川市、石嘴山市、吴忠市、固原市、中卫市生态保护局网站相关资料整理所得。

2. 坚持生态优先，持续厚植绿色发展

自治区第十三次党代会提出"生态优先战略"，走绿色发展之路，全区上下深入贯彻落实习近平生态文明思想，坚决守好改善生态环境生命线。持续实施黄河宁夏段水污染治理、贺兰山生态保护修复、宁夏南部生态保护修复和水土流失综合治理、六盘山生态功能区山水林田湖草一体化保护修复等生态建设重点工程。

固原市全面巩固国家生态文明示范市创建成果，全年完成营造林 45 万亩，森林面积达到 484.68 万亩，森林覆盖率达到 30.71%，草原综合植被盖度达到 85%。隆德县被命名为国家"绿水青山就是金山银山"实践基地。石嘴山市锚定国土造林绿化任务，以贺兰山生态修复、乡村绿化、绿色园区和城区绿化美化为重点，全年完成营造林面积 8.02 万亩，绿化面积 1.08 万亩，栽植各类苗木 15.65 万株，各类果树 1.15 万株。贺兰山生态保护修复被自然资源部和世界自然保护联盟列为十大典型案例，向全球公布推广。大武口区被国家命名为"两山论"实践创新基地，在全区尚属首家。银川市坚持"生态立市"战略，守好"一河一山"生态屏障，持续在控治煤尘、整治烟尘、严治汽尘、防治扬尘上下功夫，治理修复矿山环境 7000 亩，恢复治理湿地 5.3 万亩，完成营造林 6.4 万亩、草原修复 2 万亩、防沙治沙 6.54 万亩，新增城市绿地 1500 余亩。改造农村清洁取暖 1.2 万户，更新新能源公交车 600 辆，新增新能源装机规模 50 万千瓦，生活垃圾资源化利用率 52% 以上。淘汰贺兰县弘通热力有限公司等燃煤锅炉 11 台，对贺兰县习岗镇等 253 户实施散煤"双替代"项目。灵武市扎实开展国土绿化行动，完成苗木栽植 29.8 万株，加强矿山扬尘污染专项整治，恢复治理矿山企业

22 家。中卫市持续实施大规模国土绿化行动，完成营造林 44.7 万亩，修复治理矿山和退化草原 6.5 万亩，治理水土流失 29.4 万亩、荒漠化土地 34 万亩，森林覆盖率达 12.2%；香山湖获评国家级湿地公园，城市建成区绿地率达 39.7%。

3. 坚持绿色发展，推进人与自然和谐共生

黄河流域沿线城市共同抓好大保护，协同推进大治理，在打好"蓝天、碧水、净土"三大保卫战，在扎实开展国土绿化行动中不懈推进人与自然和谐共生，取得了可喜的成效。

石嘴山市印发《石嘴山市野生动植物保护工作联席会议制度》，成立由 11 个部门组成的联席工作小组，持续开展"清风""绿盾""护飞"各类专项联合执法活动，严厉打击各种破坏野生动植物资源违法犯罪行为，野生动植物资源保护力度持续加大。贺兰山、黄河、沙湖等自然保护地及动物生境质量稳步提升，每年迁徙留居的黑鹳、大鸨、苍鹭等候鸟数量多达 5 万余只，灰鹤数量从 2014 年的近 50 只增加到 2021 年的 6000 余只，生物多样性保护成效显著。

灵武市在草原生态保护修复治理、城区绿化项目加快推进过程中，与中国林业科学院、北方民族大学等合作成立宁夏沙产业研究院，推动建立野外观测研究站，加强草原管护、野生动物监测巡护以及动植物保护，对推进人与自然和谐共生奠定了基础。

4. 坚持创新突破，推动改革落地见效

在生态保护和环境治理领域，宁夏做了有益的探索，尤其在山林权、排污权改革方面成效显著。

银川市通过制定《银川市政府储备排污权管理办法》《关于加强碳排放管理推进碳排放权改革的意见》《银川市生态环境损害赔偿磋商办法》等办法意见，定期调度辖区政府、工业园区，以及审批、发改等部门新增项目、关停淘汰项目清单，建立新增排污权、政府储备排污权底数清单动态更新机制，进一步规范政府储备排污权运行管理，为排污权改革奠定坚实的数据支撑。银川市共开展排污权交易 80 笔，交易数量位列全区第一，占比 58%，共交易二氧化硫 11.926 吨、氮氧化物 39.275 吨、化学需氧量 24.505

吨、氨氮 6.4508 吨，成交总额 177.348 万元。全市碳排放权配额共成交 15 笔，累计成交量 220.04 万吨，累计成交额 9304.5 万元。

石嘴山市在以"植绿增绿护绿"为核心的山林权改革方面，探索出台"以林养林、能耗换林"等相关政策，建立"林票+能票"制度，着力破解植绿增绿、能耗双控难题，实现国土增绿、林业增效、农民增收。宁夏首单山林权改革"林票"认购仪式诞生于石嘴山市惠农区，石嘴山市盛港煤焦化有限公司以 4200 万元完成"以林换能""以林换碳"的第一单认购，标志着石嘴山市山林权改革迈出了关键一步。惠农区在 2022 年国土绿化工作中社会投资占比达到 54%，有效缓解了当地政府在生态建设方面的财政压力。平罗县规划建设沙漠生态示范园及以林换能项目基地，营造碳汇林 1.1 万亩，结合山林权改革和双碳目标，为造林企业颁发林权证，为今后开展碳汇交易、企业实现碳中和奠定基础，最终实现"以林换能"。

中卫市严格排污许可管理，积极促进排污权交易，按照"应确尽确"的原则，为宁夏国源化肥有限公司等 65 家企业进行初始排污权确权。宁夏全通枸杞供应链管理股份有限公司等 13 家企业符合新增排污权，已完成 3 家企业 7 笔交易，交易二氧化硫 0.3179 吨、氮氧化物 16.2469 吨、化学需氧量 3.046 吨、氨氮 0.23 吨，交易总金额 11.5 万元。

（二）宁夏五市环境空气质量综合指数与排名

宁夏五市在治理空气环境质量上积极作为，认真落实年度计划，采取各样措施来降低污染物排放，确保实现年度目标任务，在空气质量治理上取得了阶段性果效。从 2022 年 1—10 月环境空气质量监测、环境空气质量综合指数、优良天数比例和各个月份综合排名情况可以看出，在宁夏五市中固原市空气环境质量最好，已经连续多年排在第一位，其次是中卫市排名第二，吴忠市排名第三，银川市排名第四，石嘴山市排名第五（见表2）。

表2　2022年1—10月宁夏五市环境空气质量综合指数与排名

月份	指标		银川市	石嘴山市	吴忠市	固原市	中卫市
1	平均浓度（μg/m³）	可吸入颗粒（PM₁₀）	123	118	120	64	103
		细颗粒物（PM₂.₅）	78	74	83	49	65
		二氧化硫（SO₂）	19	34	20	6	13
		二氧化氮（NO₂）	51	46	39	27	37
		一氧化碳（CO）	2.4	2.6	2.2	1.2	1.4
		臭氧（O₃）	75	75	77	94	84
	综合指数		6.66	6.64	6.42	3.98	5.34
	优良天数比例（%）		61.3	51.6	58.1	80.6	67.7
	综合排名		5	4	3	1	2
2	平均浓度（μg/m³）	可吸入颗粒（PM₁₀）	66	79	70	55	72
		细颗粒物（PM₂.₅）	35	43	37	32	36
		二氧化硫（SO₂）	14	23	17	5	12
		二氧化氮（NO₂）	31	30	23	19	25
		一氧化碳（CO）	1.3	1.8	1.1	1.0	0.8
		臭氧（O₃）	88	88	88	105	93
	综合指数		3.82	4.49	3.75	3.17	3.66
	优良天数比例（%）		89.3	82.1	92.9	100.0	92.9
	综合排名		4	5	3	1	2
3	平均浓度（μg/m³）	可吸入颗粒（PM₁₀）	121	139	148	116	168
		细颗粒物（PM₂.₅）	33	41	44	34	50
		二氧化硫（SO₂）	18	20	15	6	11
		二氧化氮（NO₂）	30	28	24	19	25
		一氧化碳（CO）	1.2	1.5	1.0	0.8	0.6
		臭氧（O₃）	111	111	109	111	111
	综合指数		4.71	5.26	5.15	4.10	5.47
	优良天数比例（%）		71.0	71.0	64.5	74.2	58.1
	综合排名		2	4	3	1	5
4	平均浓度（μg/m³）	可吸入颗粒（PM₁₀）	106	126	130	95	144
		细颗粒物（PM₂.₅）	31	37	47	31	49
		二氧化硫（SO₂）	12	18	11	5	9
		二氧化氮（NO₂）	25	23	20	16	20
		一氧化碳（CO）	0.6	0.8	0.7	0.5	0.4
		臭氧（O₃）	113	116	116	121	122
	综合指数		4.08	4.66	4.78	3.61	4.97
	优良天数比例（%）		83.3	80.0	76.7	83.3	70.0
	综合排名		2	3	4	1	5

续表

月份	指标		银川市	石嘴山市	吴忠市	固原市	中卫市
5	平均浓度（μg/m³）	可吸入颗粒（PM₁₀）	81	86	96	53	89
		细颗粒物（PM₂.₅）	24	27	30	20	31
		二氧化硫（SO₂）	12	19	11	5	10
		二氧化氮（NO₂）	23	25	18	15	22
		一氧化碳（CO）	0.6	0.8	0.6	0.5	0.4
		臭氧（O₃）	156	152	165	137	158
	综合指数		3.76	4.09	4.04	2.77	3.97
	优良天数比例（%）		83.9	80.6	71.0	93.5	77.4
	综合排名		2	5	4	1	3
6	平均浓度（μg/m³）	可吸入颗粒（PM₁₀）	61	77	57	36	72
		细颗粒物（PM₂.₅）	20	24	20	14	25
		二氧化硫（SO₂）	12	18	10	5	8
		二氧化氮（NO₂）	24	26	18	14	18
		一氧化碳（CO）	0.6	0.8	0.5	0.5	0.4
		臭氧（O₃）	170	181	163	145	149
	综合指数		3.45	4.07	3.14	2.37	3.35
	优良天数比例（%）		70.0	76.7	86.7	100.0	86.7
	综合排名		4	5	2	1	3
7	平均浓度（μg/m³）	可吸入颗粒（PM₁₀）	48	54	55	32	70
		细颗粒物（PM₂.₅）	19	19	18	14	23
		二氧化硫（SO₂）	11	16	9	6	6
		二氧化氮（NO₂）	22	22	14	13	16
		一氧化碳（CO）	0.7	0.9	0.6	0.6	0.4
		臭氧	174	165	173	141	154
	综合指数		3.23	3.38	3.03	2.31	3.22
	优良天数比例（%）		71.0	77.4	77.4	96.8	87.1
	综合排名		4	5	2	1	3
8	平均浓度（μg/m³）	可吸入颗粒（PM₁₀）	40	45	41	34	47
		细颗粒物（PM₂.₅）	21	21	18	15	19
		二氧化硫（SO₂）	8	15	7	7	6
		二氧化氮（NO₂）	22	21	16	13	13
		一氧化碳（CO）	0.8	1.0	0.7	0.6	0.6
		臭氧（O₃）	149	147	163	114	138
	综合指数		2.98	3.18	2.82	2.22	2.64
	优良天数比例（%）		100.0	100.0	83.9	100.0	96.8
	综合排名		4	5	3	1	2

续表

月份	指标		银川市	石嘴山市	吴忠市	固原市	中卫市
9	平均浓度（μg/m³）	可吸入颗粒（PM₁₀）	52	61	49	36	49
		细颗粒物（PM₂.₅）	21	24	19	16	19
		二氧化硫（SO₂）	13	18	8	6	5
		二氧化氮（NO₂）	31	32	24	16	17
		一氧化碳（CO）	0.7	1.0	0.7	0.6	0.4
		臭氧（O₃）	141	139	154	123	140
	综合指数		3.40	3.78	3.11	2.39	2.72
	优良天数比例（%）		100	100	93.3	100	100
	综合排名		4	5	3	1	2
10	平均浓度（μg/m³）	可吸入颗粒（PM₁₀）	62	80	74	54	77
		细颗粒物（PM₂.₅）	30	34	33	26	31
		二氧化硫（SO₂）	15	22	12	7	8
		二氧化氮（NO₂）	29	33	25	17	18
		一氧化碳（CO）	1.0	1.2	0.9	0.7	0.7
		臭氧（O₃）	122	108	111	111	103
	综合指数		3.73	4.28	3.73	2.92	3.39
	优良天数比例（%）		100.0	96.8	96.8	100.0	100.0
	综合排名		3	5	4	1	2

资料来源：宁夏回族自治区生态环境厅网站及银川市、石嘴山市、吴忠市、固原市、中卫市生态保护局网站相关资料。

说明：1. 环境空气质量自动监测项目：二氧化硫（SO_2）、二氧化氮（NO_2）、可吸入颗粒物（PM_{10}）、细颗粒物（$PM_{2.5}$）、一氧化碳（CO）、臭氧（O_2）。

2. 环境空气质量状况排名采用环境空气质量综合指数和可吸入颗粒物月均浓度两种方法，环境空气质量综合指数越小，可吸入颗粒物月均浓度值越低，表示环境空气质量越好。

二、宁夏环境空气质量面临的问题与挑战

全区在大气治理与生态环境保护工作上取得了一定成效，但还存在固体废物综合利用率低，排污权、碳排放权改革市场不够活跃，部分市县的交易量还较少等短板和不足，还需要持续用力，久久为功。

（一）提升环境空气质量压力增大

随着一些工业项目的推进，尤其是在银川市、石嘴山市、吴忠市、中卫市、宁东基地的项目布局越来越密集，整体排放基数不断增大，加之各

地环境承载能力有限，虽然自治区生态环境保护厅对各地企业提出了严格的排放要求，企业主要污染物实现了达标排放，但污染物排放总量仍然较大。当前和今后一段时期，上述地市及宁东基地将进入项目建设和投产运行的高峰期，污染物排放总量随之增加，在不突破资源环境和能耗等刚性约束前提下，宁夏各地环境空气质量优良天数比例再提升，PM_{10} 和 $PM_{2.5}$ 平均浓度还要降低，统筹实现经济快速增长与环境空气质量持续改善压力加大。

（二）提升工业固废综合利用率难度大

全区各地的综合渣场呈现出工业固废堆放逐年增多的状况，2021 年宁东基地工业固废产生量占全区总量的 40%，随着工业项目持续达产投产，工业固废产生量还将增加。但因宁夏建材市场有限和区位条件制约，挖掘区内市场潜力和拓展区外市场难度大，持续稳步提升综合利用率任务艰巨。全区平均每年填埋处置量在 1000 万—2000 万吨，工业固废综合利用和安全处置已开始制约高质量发展。

（三）多元化投入机制尚不健全，生态资金压力增大

目前宁夏生态建设受自然环境制约，造林以公益性、普惠性生态防护林和公园绿地为主，主要由政府投资建设及养护，管护成本高，成果巩固难度大，生态补偿机制尚不完善，社会资本投入积极性不高，发挥的作用不大。一般财政核定林地管养护投资标准为，一级林地 2000 元/亩，二级林地 724 元/亩，三级林地 405 元/亩。全区各地的标准根据各地财政收支的情况有浮动。近年来，全区各地在山水林田湖草工程试点和实施的林业项目逐年新增，管护林地也逐年增加，每年全区新增管护经费超过亿元，一些市县区管护经费严重不足。

三、2023 年宁夏空气环境质量预测与建议

（一）2023 宁夏空气环境质量预测

根据 2022 年 1—10 月环境空气质量监测和优良天数趋势，预计 2023 年全区五市平均优良天数比重在 50% 至 100% 之间。优良天数比重在 70% 至 100% 的城市为固原市，优良天数比重在 60% 至 90% 的城市是吴忠市、中卫市、银川市和石嘴山市（见图 1）。

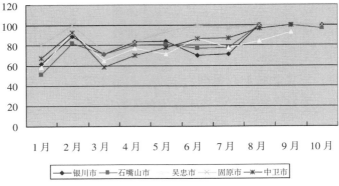

图1　2022年1—10月宁夏五市优良天数趋势（%）

资料来源：宁夏回族自治区生态环境厅网站及银川市、石嘴山市、吴忠市、固原市、中卫市生态环境局网站。

（二）对策建议

提升全区环境空气质量，需全面贯彻落实党的二十大精神和自治区第十三次党代会精神，坚持精准治污、科学治污、依法治污，以实现减污降碳协同增效为总抓手，深入打好污染防治攻坚战，促进经济社会发展全面绿色转型，为建设人与自然和谐共生的美丽新宁夏奠定坚实基础。

1. 深入开展污染防治攻坚战，扎实推进环保督察整改

持续聚焦烟尘、扬尘、煤尘、汽尘"四尘"共治，严格落实"六个标准化"扬尘管控要求，加快推进工业堆场全封闭改造，力争全面完成年度大气污染防治项目。按照企业全覆盖、行业全覆盖要求，全面开展合法性检查专项行动，梳理项目环评、竣工验收、排污许可、固危废管理、污染治理设施运行等方面存在的问题，帮扶企业加快整改，提升环保管理水平。积极开展污染源自动监控第四方监管，定期抽查，严格企业和第三方运维单位管理，有效发挥污染源自动监控作用，确保达标排放。持续开展固废专项整治行动，织密信息化监控网络，强化网格化巡查检查，严厉打击工业固废违法倾倒，形成强有力的警示震慑。强化企业土壤和地下水自行监测，增强重点排渣企业固废消减目标约束，大力推动粉煤灰资源化利用，加快推广气化渣干化焚烧技术成果应用，推动废盐减量化和资源化利用水平，坚决打好净土保卫战。坚持把督察整改和深入打好污染防治攻坚战、坚决遏制"两高"项目盲目发展、有序推进"双碳"目标紧密结合，把生

态环保督察反馈问题与黄河流域生态环境警示片披露问题、督察交办信访问题、自治区督察反馈问题、群众反映强烈问题打捆整改，强化组织领导，压实整改责任，严格整改销号，推动各项反馈问题坚决整改、全面整改、彻底整改。

2. 加快推进环境领域改革创新，促进环境空气质量改善

持续推进排污权改革，以排污权改革倒逼经济结构调整、发展方式转变、新旧动能转换。制定严格能效约束推动重点领域节能降碳工作、用能预算管理、加强能耗和煤炭指标保障支持重点项目建设等实施方案，严格能耗"双控"。深入打好污染防治攻坚战，用好环保帮扶机制和环保管家，做到"一企一策""一格一档"，提高监管效能，全面提升大气污染治理能力，持续改善生态环境质量，努力把宁夏建成黄河流域环境污染治理率先区。积极推进碳排放权交易，开展管控单位碳排放权登记管理工作，组织全区温室气体重点排放单位参与全国碳排放交易。继续探索出台引导社会资本投入生态保护修复相关政策办法，按照"先易后难"原则，探索绿色金融合作机制，进一步拓宽企业融资渠道，鼓励支持企业、合作社、农户等社会资本投身护林、造林事业，发展林菌、林禽等林下经济，深入探索生态产品价值实现和生态修复与保护多元化投入机制，实现以林养林资源管理新模式。积极培育以龙头企业、林业专业大户、家庭林场、专业合作社为重点的多样化、多层次绿化主体和经营主体。在植树方面，进一步加大义务植树力度，加快推进"互联网+全民义务植树"工作，坚持政府投资和引入社会投资相结合，筹建各类"绿基金"，让居民履行法定义务，提高义务植树尽责率，营造全社会植绿爱绿护绿、共筑共建共享新风尚和市民通过捐资、捐种、认种、认养等多种形式开展绿化和养护，为国土绿化长效监管注入动力、增强活力。

3. 加强生物多样性保护，促进人与自然和谐共生

党的二十大报告提出"推动绿色发展，促进人与自然和谐共生"。要以贺兰山、六盘山、罗山、白芨滩国家级自然保护区，各类湿地公园为重点，谋划开展生物多样性保护优先区域调查评估，构建生物多样性监测网络，全面落实"三线一单"管控，优化调整各类自然保护地。大力开展生态环

境保护宣传教育，利用新闻媒体和世界环境日，主动发布生态环境保护工作成效和野生动植物保护面临的问题，吸引社会公众参与生物多样性保护，积极发动群众和企业员工举报生态环境违法行为，选聘一批生态环境保护社会监督员，增强全社会生态环保意识。持续推进"一河三山"重要生态系统保护和修复，提升全区生态系统多样性、稳定性、持续性。

2022 年宁夏水生态环境质量状况研究

杨金海　张宝明　周　翔

宁夏位于黄河上游下段，是全国唯一全境属于黄河流域的省区。天下黄河富宁夏，宁夏因黄河而生、因黄河而兴、因黄河而美，保护黄河义不容辞、治理黄河责无旁贷。近年来，自治区党委、政府高度重视水生态环境保护工作，坚持以习近平生态文明思想为指引，深入学习贯彻习近平总书记视察宁夏重要讲话和重要指示批示精神，大力实施自治区第十三次党代会提出的生态优先战略，加快建设黄河流域生态保护和高质量发展先行区，以打造绿色生态宝地为己任，以深入打好碧水保卫战为抓手，持续推进"五水"共治，实现水生态环境质量稳中向好、好中向优，让黄河母亲河健康安澜。

一、2022 年宁夏水环境质量状况

2022 年 1—10 月，黄河干流宁夏段水质连续五年保持"Ⅱ类进Ⅱ类出"，全区 20 个地表水国控考核断面水质优良比例达到 90%，达到国家下达考核目标任务（国家要求为 80%）。17 个地级城市集中式饮用水源地达到或优于Ⅲ类水质比例达到 68.8%，22 条主要排水沟入黄口全部达到Ⅳ类

作者简介　杨金海，宁夏回族自治区生态环境厅副厅长；张宝明，宁夏回族自治区生态环境厅水生态环境处处长；周翔，宁夏回族自治区生态环境厅水生态环境处副处长。

及以上水质。

（一）黄河干流宁夏段 6 个国控断面水质

2022 年 1—10 月，黄河干流宁夏段 6 个国控断面 Ⅱ 类水质所占比例为 100%，与上年同期相比，6 个断面水质均无明显变化。宁夏境内 10 条黄河支流水质总体为中度污染，主要污染指标为氟化物、氨氮。监测的 21 个断面中，Ⅱ—Ⅲ 类水质断面 10 个，占比 47.6%；Ⅳ 类 3 个，占比 14.3%，劣 Ⅴ 类 8 个，占比 38.1%，同比均持平。全区沿黄 7 个重要湖泊（水库）水质为良好，其中，Ⅱ—Ⅲ 类 5 个，占比 71.4%，同比下降 28.6 个百分点；Ⅳ 类 2 个，占比 28.6%，同比上升 28.6 个百分点。

（二）17 个国家考核城市集中式饮用水源地水质

全区有 17 个国家考核城市集中式饮用水源地（实际监测 16 个，银川市北郊水源地因停止供水未监测），11 个水源地达到饮用水水源标准；5 个水源地未达到饮用水水源标准要求（本底原因）。21 个区控考核集中式饮用水水源地中（实际监测 13 个），11 个水源地达到饮用水水源标准；2 个水源地未达到饮用水水源标准，分别为红寺堡沙泉水源地（总硬度、溶解性总固体、硫酸盐、氯化物超标）、中宁康滩水源地（硫酸盐、铁、锰超标）；银川市贺兰县水源地因停止供水未监测。

（三）全区 22 条主要排水沟水质

全区 22 条主要排水沟水质总体为轻度污染，主要污染物为化学需氧量、氟化物。监测的 38 个断面中，Ⅱ—Ⅲ 类水质断面 18 个，占比 51.4%，同比下降 2.7 个百分点；Ⅳ 类 14 个，占比 40.0%，同比上升 4.9 个百分点；Ⅴ 类 2 个，占比 5.7%，同比下降 2.4 个百分点；劣 Ⅴ 类 1 个，占比 2.9%，同比上升 0.2 个百分点。

二、宁夏改善水环境质量的主要做法及取得的成效

（一）加强顶层设计，压实属地责任

自治区印发了《自治区党委　人民政府关于深入打好污染防治攻坚战的实施意见》（宁党发〔2022〕9 号）、《宁夏回族自治区水生态环境保护"十四五"规划》（宁环发〔2022〕5 号）等一系列政策文件，明确了全区

水生态环境保护工作中长期工作目标和重点任务。自治区生态环境厅印发了《2022全区水生态环境保护重点工作安排》（宁生态环保办〔2022〕2号），对2022年全区水生态环境保护工作作出系统、全面安排，将目标和任务分解到市、县（区）和自治区相关部门，进一步压实工作责任。

（二）补齐城市短板，深化黑臭水体整治

自治区印发了《全区深入打好城市黑臭水体治理攻坚战实施方案的通知》（宁建发〔2022〕34号）、《"十四五"全区城市黑臭水体整治环境保护行动方案》（宁环发〔2022〕28号）及年度方案，明确整治目标和重点任务。指导灵武市、青铜峡市城市建成区完成黑臭水体排查，积极帮助各地摸清城市黑臭水体现状和问题。9月中旬，自治区生态环境厅联合住房城乡建设厅开展全区城市黑臭水体整治情况专项行动，对银川市、吴忠市、中卫市、固原市13条地级城市黑臭水体整治情况开展"回头看"，对县级城市黑臭水体排查情况进行了核查，针对发现的问题，督促各地补齐设施短板、加快治理进度、建立长效机制、及时整改到位。

（三）严格环境监管，强化工业废水治理

加快推进工业园区污水处理厂建设，平罗工业园区污水处理厂和宁东鸳鸯湖污水处理厂已建成。启动涉水特征污染物专项治理行动，自治区安排中央水污染资金1010万元支持石嘴山市平罗县工业园区精细化工产业园开展废水综合毒性管控试点项目，通过综合运用生物毒性检测、特征污染物指纹图谱、大数据平台等物联网技术精准识别特征污染物分布及来源，进一步提高工业园区涉水企业精细化管理水平。

（四）突出以人为本，加强饮用水源保护

实施不达标水源地专项治理行动，动态更新全区水源地名录。有序推进集中式地下水饮用水水源地替代，完成中卫河北地区城乡供水工程饮用水保护区划定和沙坡头区水源地调整。建立完善相应的标志标识、宣传警示和隔离防护设施，制定全区各级水源保护区矢量图层。积极主动与生态环境部水司协调，指导解决中宁县黄河二桥工程穿越水源地一级保护区事宜，为地方经济发展提供有力支持。

（五）完善工作机制，强化系统治理

一是强化监督考核。自治区以河长办为统领，每月调度各地国控、区控断面及饮用水源地水质达标情况，对水质不达标或下降的市、县（区）及时预警，督促各地开展原因分析和问题排查。将水环境质量改善情况纳入自治区效能考核和污染防治攻坚战考核管理，切实发挥考核指挥棒作用。二是完善生态补偿机制。与内蒙古自治区、甘肃省政府签订了《黄河干流（甘肃—宁夏段、宁夏—内蒙古段）横向生态保护补偿协议》，形成了上下游省区"责任共担、流域共治、效益共享"的合作机制。自治区按照《黄河宁夏段干支流及入黄排水沟上下游横向生态补偿机制试点实施方案》，筹措安排生态补偿资金 2 亿元，根据 2021 年各地水环境质量改善情况，积极落实横向生态补偿资金。三是加强联防联控。甘肃、宁夏两省区积极落实突发水污染事件联防联控工作机制。4 月，联合甘肃省及时、妥善处置泾源县一起跨界水污染问题，实现信息共享、联合调查、联合监测、联合处置，未对上下游环境造成影响。

（六）加大资金投入，实施项目带动

自治区生态环境厅把水生态环境保护治理项目谋划、实施作为水环境质量改善的强引擎和硬支撑。坚持流域统筹布局，问题导向，系统治理，指导各地积极谋划流域水环境治理、区域再生水利用、河湖生态修复、饮用水源地保护等项目 24 个。安排中央水污染防治资金 4.1 亿元，支持人工湿地、生态缓冲带建设、饮用水源地保护等 16 个项目，有力保障全区水环境质量持续改善。

（七）推动改革创新，严格排污口监管

加强入河排污口监督管理是党中央、国务院推进的一项重要改革事项。按照国家要求，宁夏积极推进入河排污口监管改革，制定了《关于关于加强入河（湖、沟）排污口监督管理工作方案》，明确开展排查溯源、实施分类整治、严格监督管理等 13 项任务。对排查出的入河（湖、沟）排污口实行清单制管理，按照"依法取缔一批、清理合并一批、规范整治一批"的要求实行整治。计划 2025 年底前，基本完成黄河干流及重要支流、主要排水沟排污口整治。配合生态环境部完成黄河干流入河排污口三级核查，共

核查各类入河排污口 2084 个。自治区生态环境厅组织各地开展入河（湖、沟）排污口监测溯源工作，查清排污口对应的排污单位及其隶属关系，确定责任主体。

（八）加强水资源利用，积极争取再生水利用试点

实施区域再生水循环利用是贯彻落实党中央、国务院有关污水资源化利用决策部署的重要举措。为推动宁夏区域再生水利用工作，自治区生态环境厅会同自治区发展改革委、住房城乡建设厅、水利厅印发了《关于做好区域再生水循环利用试点工作的函》（宁环函〔2022〕51 号）。帮助指导各地级市积极开展区域再生水循环利用试点申报。6 月初，自治区生态环境厅会同相关部门对五地市试点方案开展了竞争性专家评审并向四部委报送了推荐试点城市名单及实施方案。宁夏通过区域再生水试点项目带动，有效缓解区域水资源供需矛盾，进一步改善水生态环境质量，促进减污降碳协同增效，探索形成效果好、能持续、可复制的典型经验做法。

（九）加强科学研究，地质本底认定取得突破

宁夏中南部地区地处高氟化区，地表水中氟化物严重影响全区国控、区控断面水质达标。为客观、真实反映宁夏断面水质状况，自治区生态环境厅积极组织各地开展地质本次成因分析与研究，形成《宁夏中南部地表水环境氟化物、硒及硼元素分布特征及其成因研究》《吴忠市苦水河流域水环境氟化物本底值分析报告》等 6 份研究报告。经生态环境部组织专家现场踏勘和技术论证，最终认定宁夏清水河泉眼山等 8 个国控氟化物指标受环境本底影响大，符合本底判定技术要求。这一成果将切实扭转全区部分国控断面受地质本底影响不达标的被动局面，也为区控断面判定提供了依据。

三、宁夏水环境质量存在的主要问题

2022 年是"十四五"时期的攻坚年，宁夏水生态环境质量总体保持稳定，但是与国家"有河有水、有鱼有草、人水和谐"的目标要求，与让老百姓有更多获得感、幸福感的要求还有较大差距。目前，全区水生态环境保护工作还存在一些问题和短板。

（一）水资源仍然短缺

2021 年，全区水资源总量为 9.336 亿立方米，比往年平均偏少 16.6%，人均水资源量仅为 169 立方米。全区取水总量为 68.091 亿立方米，生态补水仅占 4.9%。宁夏取水严重依赖黄河过境水资源，黄河水源供水量占 89.3%，随着区内用水需求不断增加，水资源短缺更加突出。沙湖、典农河、阅海等重要湖泊主要依赖黄河生态补水，固原清水河、葫芦河、渝河、茹河等 7 条支流天然径流量小，平均流量为 0.79 立方米/秒，枯水期经常出现断流。

（二）部分断面水体水质还不稳定

国家下达宁夏 2022 年和"十四五"水生态环境质量目标均为 20 个国控断面优良比例达到 80%，因此，必须保证 16 个断面达到优良才能确保目标完成，考核压力巨大。1—10 月，沙湖、都思兔河入黄口、苦水河入黄口等国控断面水质还不稳定，个别月份化学需氧量超标，剔除氟化物地质本底影响后，水质仍为Ⅳ类。另外，区控断面中 22 条主要排水沟个别断面仍无法稳定达标。比如，1—10 月三二支沟（贺兰—平罗段）、第三排水沟（贺兰—平罗段）水质为Ⅴ类，化学需氧量超标。说明部分排水沟污染物排放强度仍然很高，各地在污染源管控和水质改善的治理任务推进方面还存在短板弱项。

（三）企业水环境监管还需加强

水环境污染问题在水里，根子在岸上。想要治污，必须从源头抓起。2022 年以来，石嘴山第一污水处理厂、平罗县第一和第二污水处理厂、平罗县循环产业园污水处理厂多次出现污水处理设施运行不正常、违法排污等问题，导致第三排水沟等断面水质下降。部分人工湿地也不能稳定达到Ⅳ类水质。比如，贺兰暖泉污水处理厂尾水人工湿地、平罗威震湖人工湿地、太阳山人工湿地排放不达标，麻黄沟断面氨氮多次出现峰值斜率偏高问题。这些问题反映出各地对涉水企业环境监管不到位，环保执法还不够严。

（四）重点任务推进还不平衡

"十四五"国家在水上的工作重心由水污染防治向水环境、水生态、水资源"三水统筹"转变。但各地水生态环境保护工作的理念还没有完全转变，更侧重于水污染治理，在水生态保护修复、水资源节约集约利用等领域开展的工作还比较少。推进水生态环境质量调查评估、河湖水生态保护修复、生态缓冲带建设、区域再生水循环利用等工作相对滞后。

（五）各地重大项目的谋划和储备不足

水污染防治项目是实现水生态环境质量改善的重要抓手。从目前来看，各地水污染防治项目储备不足，成熟度高、绩效好、可实施的项目偏少。按流域、区域系统谋划、系统治理的大项目、好项目还不多。新申报的项目入库率明显偏低，出现了"资金等项目"的现象。个别项目资金已拨付到位，但因土地、防洪手续办理等原因导致工程进度缓慢，影响资金执行进度。

四、进一步改善宁夏水生态环境质量的对策建议

"十四五"是宁夏建设黄河流域生态保护和高质量发展先行区，实现水生态环境保护工作新突破的关键时期，要贯彻落实党的二十大精神和习近平总书记视察宁夏重要讲话和重要指示批示精神，坚持绿水青山就是金山银山的发展理念，统筹上下游、左右岸、干支流，坚持精准治污、科学治污、依法治污，扎实推进《宁夏水生态环境保护"十四五"规划》各项重点任务落实落地，深入打好碧水保卫战，推动水生态环境质量持续改善。

（一）加强组织领导，压茬推进责任落实

各级党委、政府要进一步提高政治站位，把思想和行动统一到党中央、国务院和自治区党委、政府的决策部署上来。工作安排部署上要再加压、再用力，把水生态环境保护任务落实到重点流域、重点区域、重点部位和具体人员上。形成"一把手"负总责、分管领导专门抓、其他领导分头抓的责任体系。充分发挥政府效能考核、污染防治攻坚战考核指挥棒作用，充分调动各地工作主动性、积极性。市县生态环境部门要发挥好牵头抓总作用，建立完善联动机制，加强汇报沟通，强化日常调度，加大约谈通报力度，督促指导化解难题。充分发挥各方面力量，压紧压实政府、部门、企业"三方责任"，形成工作合力。

（二）不断创新工作方法，找准水生态环境保护工作的突破口

要统筹好水环境、水生态、水资源之间的关系，全面推进自治区水生态环境保护重点工作。加强管控污染源，综合运用工程、管理、督查、执法、公开曝光等手段，力促工业企业、污水处理厂、农村污水处理站等设施稳定运行达标排放，规范入河（湖、沟）排污口管理，进一步降低排水沟和支流的污染负荷。在保证水质的前提下，将工作重心转移到水生态保护修复和水资源节约集约利用上来。要准确把握和领会国家、自治区有关精神，坚持问题导向，结合地方实际，聚焦重点流域、重点区域，找准水生态环境保护工作的突破口，谋划储备一批重大项目，在流域水生态修复、水生态环境调查评估、区域再生水利用等方面先行先试，积累经验，树立典型，以试点推动工作全面铺开。

（三）紧盯重点任务，联防联控提质增效

督促各地对运行不稳定的城镇和工业园区污水处理厂加快提标改造及配套管网建设，解决污水处理厂不能稳定达标等问题。自治区生态环境厅联合住房城乡建设厅开展城市黑臭水体整治专项行动，对县级城市建成区黑臭水体、地级城市黑臭水体治理效果不稳定和新增黑臭水体进行核查，防止水体返黑返臭。巩固现有重点入黄排水沟治理成果，在合适地段建设人工湿地稳定支沟水质，加强人工湿地运维管理，确保稳定发挥环境效益。通过建设生态沟道、污水净塘、人工湿地等氮、磷高效生态拦截净化设施，加强农田退水循环利用。加快推进沙湖、阅海等河湖生态修复与综合治理工程，增强河湖生态调节能力，促进河湖生态系统健康。开展突发水污染事件演练，提高上下游省区及区内市、县（区）间水污染联防联控水平。

2022 年宁夏土壤及农村生态环境状况研究

师东晖　拜丽艳

土壤是农业生产和人们生活的基础，土壤环境和农村生态环境是生态保护和污染治理的重要内容。党的二十大报告中强调，要"加强土壤污染源头防控，开展新污染物治理。提升环境基础设施建设水平，推进城乡人居环境整治"。这为我们开展土壤污染防治和城乡人居环境整治提供了根本遵循。按照自治区第十三次党代会提出"十四五"期间要深入打好污染防治攻坚战、深入实施人居环境整治提升工程，全面建设社会主义现代化美丽新宁夏。2022 年，宁夏以黄河流域生态保护和高质量发展先行区为引领，土壤污染防治取得新进展，农村人居环境显著改善，农村生活污水治理率有所提升，生态环境保护取得一定成效。

一、2022 年宁夏土壤及农村生态环境发展取得的成效

2022 年，宁夏加强土壤污染防治工作，以高标准打好蓝天、碧水、净土保卫战，土壤环境质量总体保持稳定；深入实施农村人居环境整治提升行动，农村人居环境显著改善，农业面源污染得到管控。

作者简介　师东晖，宁夏社会科学院农村经济研究所（生态文明研究所）助理研究员；拜丽艳，宁夏乡镇企业经济发展服务中心农业经济师。

基金项目　国家哲学社会科学规划青年项目"少数民族地区易地扶贫搬迁稳定脱贫长效机制实证研究"（项目编号：20CMZ029）阶段性成果。

（一）土壤污染防治有序开展

土壤污染防治的重点在于预防。2022 年 1 月 28 日，自治区印发了《宁夏回族自治区"十四五"土壤、地下水和农村生态环境保护规划》，明确了"十四五"期间宁夏土壤生态环境、农业农村生态环境的主要目标和主要措施。2022 年 2 月，宁夏以高标准打好蓝天、碧水、净土保卫战，并把固体废物和新污染物治理四大标志性战役列入其中，形成了宁夏生态建设的"四大标志性攻坚战"。同时，宁夏建立了固体废物动态监管信息系统，加强了固体废物对土壤污染的防治，提升了固体废物的治理能力。2022 年 4 月，宁夏公布了《2022 年全区重点排污单位名录》，主要包括水、大气、土壤和其他四类环境要素，该名录将 222 家企事业单位列入土壤环境污染重点监管单位。2022 年 6 月，宁夏先后印发《关于深入打好污染防治攻坚战的实施意见》《宁夏回族自治区工业固体废物污染环境防治"十四五"规划》，为宁夏"十四五"打好污染防治攻坚战提供了目标，同时宁夏加大对危险废物的监管，提升医疗废物处置能力，危险废物处置能力基本满足全区实际需求。2022 年 10 月，自治区印发《宁夏黄河流域生态环境保护与污染治理规划》，为宁夏土壤环境系统防治和农村生态环境改善提供制度保障。2022 年 11 月 11 日，宁夏印发《黄河（宁夏段）生态保护治理攻坚战行动实施方案》《农业农村环境治理行动方案》，进一步加强固体废物协同控制与污染防治。宁夏建立了完善的土壤污染防治政策体系，为土壤污染防治提供了制度保障。

（二）土壤环境质量保持稳定

为进一步摸清土壤环境质量，2022 年 8 月 24 日，宁夏开启第三次全国土壤普查项目及盐碱地普查项目，并在平罗县正式启动普查试点外业调查采样工作，普查内容主要包括土壤条件、土壤类型、土壤质量、土壤利用、土壤产能、土壤强度等方面，此次采样工作样本量 1118 个，截至 2022 年 11 月 15 日，宁夏已完成所有样本量的采样工作，即将进入样本检测化验阶段。在耕地土壤环境方面，自治区通过对耕地环境质量类别进行划分，对全区耕地实施分类管控，截至 2022 年 11 月，宁夏耕地土壤环境总体清洁。在建设用地土壤环境方面，自治区加强对重点企业行业土壤污染的调查与监管，做好对优先管控地块风险评估和重点监管单位污染隐患排查工作，实现建设用地的安全利用，2021年，宁夏受污染耕地安全利用率和重点建设用地安全利用率均达到100%，截至2022年11月底，宁夏建设用地土壤环境总体安全。

（三）农村人居环境显著改善

为有效改善农村人居环境，2022年，宁夏先后制定了《宁夏农业农村污染治理攻坚战行动方案（2021—2025年)》《宁夏农村人居环境整治提升五年行动实施方案（2021—2025年)》，从农业面源污染、农村厕所改革、农村污水治理、农村垃圾治理、村容村貌、长效管护、村民自管自治等制度方面进行了安排部署。近年来，自治区党委、政府深入实施农村人居环境整治行动，取得了较大成效（见表1）。其中农村卫生厕所普及率从2018年的31.8%提高到2022年的64.9%，农村生活污水治理率自2018年实施以来，从2019年的28.79%达到2022年的30%，农村生活垃圾治理率从2018年的90%提高到2022年的95%，农村人居环境显著改善，生态宜居美丽乡村建设取得一定进展，为农村土壤环境防治奠定了基础。同时，自治区积极推进农村生活污水治理，2022年实施农村污水治理项目70个，同时印发了《宁夏回族自治区农业农村污染治理攻坚战行动方案（2021—2025年)》《关于进一步推进农村生活污水治理工作的实施意见》，进一步完善了农村人居环境整治、农村生活污水治理的政策体系。全区18个县（区）采取政府购买第三方服务模式，建立了城乡一体化、运维市场化的环境卫生保洁体系，全面实行环境卫生积分制等激励制度。同时，宁夏深入开展村庄清洁行动春夏秋冬四季战役，引导和发动农民群众清理生活垃圾、沟渠路坝、畜禽养殖粪污，清除残垣断壁，整治村庄风貌，绿化村庄环境，开展美丽庭院评比和美丽乡村示范创建，农村环境面貌焕然一新。

表1　2018—2022年宁夏农村人居环境整治取得的成效

	2018年	2019年	2020年	2021年	2022年
农村卫生厕所普及率(%)	31.8	44.5	58	58.8	64.9
农村生活污水治理率(%)	—	28.79	26	28.96	30
农村生活垃圾治理率(%)	90	90	92	95	95

数据来源：自治区农业农村厅官网。

（四）农业面源污染得到进一步管控

宁夏深入推进农业面源污染防治工作，大力发展绿色、生态、现代农业，农用地土壤污染风险防控工作取得了实质性的进展。为做好农业面源污染治理，宁夏积极推进农作物秸秆、畜禽粪污资源循环再利用，引进现代生物畜禽粪污处理技术，推进畜禽粪污高效还田利用，截至 2022 年 11 月，全区农作物秸秆综合利用率达到 89%，畜禽粪污资源化综合利用率达到 90% 以上。宁夏持续推动化肥农药减量增效行动，大力推广化肥减量增效与有机肥替代技术，支持规模化养殖企业利用畜禽粪便生产有机肥，推广"规模化养殖+有机肥加工"的模式，截至 2022 年 11 月，化肥利用率达到 41%，农药利用率达到 41.5%。为有效控制农用地膜污染、保护耕地环境，宁夏积极推进农膜回收利用，截至 2022 年 11 月，农用残膜回收率达到 87%（见表 2）。为进一步做好畜禽养殖污染防治工作，2022 年 9 月，先后印发《宁夏回族自治区畜禽养殖污染防治"十四五"规划》《宁夏回族自治区畜禽养殖污染防治管理办法》，为宁夏畜禽养殖污染防治提供了政策方向和法律保障。

表2　2018—2022 年宁夏农业生态环境取得的成效

	2018 年	2019 年	2020 年	2021 年	2022 年
化肥利用率(%)	38.7	39.4	40.1	40.5	41
农药利用率(%)	—	40.2	40.8	41.1	41.5
农用残膜回收率(%)	93	91	85	86	87
畜禽粪污综合利用率(%)	88.7	90	90	90	90
秸秆综合利用率(%)	85.14	86	87.6	88.6	89

数据来源：2018—2022 年宁夏生态环境发展公报。

二、2022 年宁夏土壤及农村生态环境存在的问题

2022 年，宁夏土壤污染防治取得了显著成效，农村人居环境进一步改善，农业面源污染得到管控，但长远来看，宁夏土壤污染防治还存在压力、农村人居环境整治有待进一步提升、农业面源污染存在风险等问题。

（一）土壤污染防治面临较大压力

宁夏土壤污染防治工作压力较大，一是由于目前宁夏处于工业结构的

调整期，能源化工业依然占主导地位，高废高排企业较多，加上宁夏绿色农业发展不足，这都给土壤污染带来一定风险。二是全区222家土壤环境污染重点监管单位虽然均已核发排污许可证，但许可证中只规定了许可事项，对于土壤污染防治的义务未予以说明，这反映出土壤污染风险随时存在。三是宁夏对于土壤环境污染重点监管单位存在的风险与隐患排查力度不足、整改措施缺乏。四是土壤污染协同防治机制还需进一步完善，土壤污染防治监管力度不足，其原因是部分地区对土壤污染防治重视程度不够，各部门之间协同治理的机制不完善，缺乏土壤污染治理监督管理指标体系。

（二）农村人居环境有待提升

"十三五"期间，宁夏农村人居环境整治取得了一定成效，但农村人居环境质量有待进一步提升。一是农村厕所革命任务艰巨。2021年底，全区农村卫生厕所普及率仍然低于全国平均水平7.8个百分点，距离2025年农村卫生厕所普及率85%的目标还有一定差距。同时，受改厕技术、农民习惯、项目资金等因素制约，改厕任务十分繁重。乡村公共厕所配套建设不足，部分乡镇政府驻地、村部所在地、民生服务中心、文化广场公共厕所仍然使用简易旱厕，存在卫生不达标问题。二是垃圾污水治理水平还不高。部分行政村生活垃圾治理设施设备、人员力量配备不足，收集和转运处理不及时。目前，全区仅有15%的生活垃圾通过回收、堆肥等方式得到了初步处理和利用，85%的农村生活垃圾通过长距离运输到垃圾填埋场进行填埋处理，资源化利用程度较低。大部分县（区）农村生活污水处理技术模式选择单一，采用低成本、易维护的生态处理模式较少，水资源循环利用程度低，运维成本压力大，特别是中南部地区庄点分散、农户散居，污水收集难度大，处理成本较高。三是长效机制有待完善。农村生活垃圾污水治理、农村卫生厕所等基础设施点多面广，存在重建轻管现象，运维管护制度不完善，服务跟不上，群众满意度有待提升。此外，部分群众受卫生习惯和传统观念影响，认为整治环境、清理垃圾是政府的事，维护村庄环境卫生的意识不强，主动参与改厕、垃圾分类、村庄整治的积极性不高。

（三）农业面源污染问题突出

经过不懈努力，全区农业面源污染防治工作取得了显著成效，但也存在一些问题。一是推进力量不够，农业资源环境保护体系不健全。目前，宁夏只在自治区农业农村厅设立专门的农业环境保护监测站，市、县（区）农业农村部门没有对应的农业环保机构和专业技术人员，农业环保的职责不够明确，开展农业面源污染专业化治理力量薄弱，推进难度较大。二是资金投入依然不足。农业面源污染防治工作涵盖种植、畜牧、渔业、农村环境等多个行业，涉及面广，工作内容多，各领域政策、项目、资金投入的力度不够，资金不足。三是科技支撑能力不强。农业面源污染治理基础监测调查与研究、系统技术数据一直不完善，有效的防控技术措施和标准缺乏数据支撑，可选用的实用技术少，多数还是借用点源污染控制的工程技术，以末端治理为主的工程技术难以达到综合治理效果。四是生态环境基础薄弱。宁夏地处西北，干旱少雨，生态环境脆弱，农村整体点多、面广、线长、分散，农民环保、卫生、文明意识有待提升，各项治理工作起步晚、欠账多。虽经近年来的努力，工作整体推进情况较好，但仍存在工作进展不均衡、偏远分散村庄治理成效不稳定的问题。

三、2023 年宁夏土壤及农村生态环境发展的对策建议

生态文明建设事关中华民族永续发展根本大计，土壤及农村生态环境是生态文明建设的重要内容。2023 年，宁夏应深入贯彻落实党的二十大会议精神和自治区第十三次党代会精神，以习近平生态文明思想为指导，牢固树立"绿水青山就是金山银山"的发展理念，全面落实自治区黄河流域生态保护和高质量发展先行区建设要求，加快建立完善的土壤监管体系，进一步改善农村人居环境，切实加强农业面源污染防治工作。

（一）加快建立土壤监管体系

2023 年，全区应以更高标准打好蓝天、碧水、净土保卫战和固体废物和新污染物治理攻坚战，提升土壤污染防治监督能力，确保土壤环境质量稳中向好。一是加强土壤污染源头排查与监管，对建设用地和耕地土壤产生的新污染物进行动态更新，加强对重点排污行业企业的全面监管，做好土壤污染的排查与整改工作。二是提升土壤污染防治科技支撑能力，鼓励科研院所及高校成立土壤污染防治技术团队，加强对宁夏土壤环境采样、

风险防控、污染治理、绩效评估等管理工作，鼓励第三方评估机构对宁夏土壤的优化及示范推广，提升土壤污染防治的技术能力。三是进一步做好耕地土壤环境保护。一方面，要巩固提升耕地质量分类管理，加强各类耕地风险防控；另一方面，推动耕地质量法治化，提升地区对土地保护的法律意识，联合多部门建立耕地环境协调保护机制，将耕地保护作为年度考核目标。同时建立奖惩机制，对采用生物技术保护耕地质量的人员及公司进行补偿奖励，对污染耕地的行为加大惩罚力度，以最严格的执法监管守住耕地红线。四是构建土壤污染防治协同治理长效机制，联合多部门、多地区加强对土壤污染防治的监管，落实各类企业单位对土壤污染防治应尽的义务，全力确保土壤环境的安全，牢牢守住耕地红线，打造绿色生态宝地。

（二）进一步改善农村人居环境

全面聚焦乡村全面振兴样板区建设，要大力实施城乡面貌提升行动，持续改善农村生产生活条件，努力建设宜居宜业和美乡村。一是高质量推进农村厕所革命。开展问题厕所排查整改常态化，探索人畜分离路径，切实推进符合宁夏季节与生活习惯的"厕所革命"，加强厕所粪污无害化处理与资源化利用。加快推进农村生活污水治理设施建设，优化完善生活垃圾收运处置体系，开展村庄清洁提升行动。持续开展农村人居环境整治提升示范建设，形成良好示范带动效应。二是健全农村环境长效发展机制。鼓励将农村人居环境项目整体打包一体化实施，积极探索建立人居环境管护财政补贴和农户适当付费分担机制。充分发挥农民主体作用，加强宣传教育引导，鼓励农户争当环境整治的维护者和监督者，激发农民群众"我参与、我受益"的内生动力。三是深入推进生活垃圾污水治理和黑臭水体整治，创建一批农村人居环境整治示范县、示范乡、示范村。派强用好驻村第一书记和工作队，切实发挥工、青、妇等群团组织作用，形成政府引导、社会参与、全民共建的新格局，努力打造塞上乡村乐园，绘就宁夏版的"富春山居图"。

（三）加强农业面源污染防治工作

以农业投入品减量化、高效化，农业生产废弃物资源化、无害化为目标，在总结 2022 年农业面源污染防治工作成效的基础上突出抓重点、强基层、补短板。一是全面做好农业面源污染治理工作。严格管理化肥、农药等投入品使用量，扩大测土配方施肥范围，推进有机肥、缓释肥利用，大力推行统防统治，示范推广低毒低残留农药，实现化肥农药零增长。二是进一步加强耕地质量保护。实施全区受污染耕地修复治理，加强永久基本农田保护，推进农村土地整治和高标准农田建设，加大灌排设施、农田林网、土壤改良、盐渍化治理力度。三是做好废弃物资源化利用。加强农作物秸秆资源综合利用，加强农用残膜回收利用，坚持回收与利用兼顾的原则，积极探索创新残膜回收模式。把秸秆资源综合利用和农用残膜回收纳入属地政府生态文明考核目标。四是强化农业生态环境保护意识，全面落实农业面源污染治理各项措施。推进建立农业污染防治长效机制，保护好农业产地生态环境，坚定不移走乡村绿色发展之路，让良好生态成为乡村振兴支撑点，为黄河流域生态保护和农业农村高质量发展作出新的贡献。

2022 年宁夏草原生态建设研究

郭勤华

为贯彻落实习近平总书记视察宁夏重要讲话和重要指示批示精神，自治区围绕建设黄河流域生态保护和高质量发展先行区，以及自治区生态立区战略目标，以草原生态文明建设关键技术体系为主线，坚持山水林田湖草沙一体化保护和系统治理，努力探索生态脆弱、自然环境恶劣地区发展多功能草原生态建设，推进宁夏建设成为黄河流域生态保护和高质量发展先行区。探讨宁夏草原生态建设，对保护宁夏重要生态系统和自然资源，持续推进全区草原生态脆弱区综合治理，全面提升草原生态系统稳定性，促进林草治理体系和治理能力现代化具有十分重要的现实意义。

一、宁夏草原生态建设现状分析

宁夏草原总面积 212.62 万公顷，占全区土地面积的 30.8%，草原综合植被盖度 56.51%。草原类型呈地带性分布且复杂多样，自南向北依此为山地草甸类、温性草甸草原类、温性草原类、温性荒漠草原类、温性草原化荒漠类、温性荒漠类，共 6 大类 41 个草原组 145 个草原型，其中温性荒漠草原和温性草原是天然草原的主体，占全区草原总面积的 84.23%。

作者简介　郭勤华，宁夏社会科学院地方志编纂处副编审。

（一）草原生态功能明显提升

坚持生态立区战略，按照国家黄河流域国土绿化和湿地保护等相关规定，依据国土绿化和湿地保护修复规划的具体要求，结合宁夏地貌特征、区域生态系统，采用空间叠置法、相关分析法、专家集成等方法，科学规划出宁夏北部干旱平原生态区、宁夏中部半干旱台地山地平原干旱风沙生态区和宁夏南部半干旱半湿润黄土丘陵生态区3个生态区，毛乌素沙地边缘灵盐陶台地荒漠草原生态等10个生态亚区和35个生态功能区的草原等级生产服务区。继续推进百万亩草原生态修复工程，"形成退牧还草、退耕还草、已垦草原治理、退化草原人工种草生态修复为主体，草原防火防灾、监测预警、草种基地建设等为支撑的草原工程体系"①。全年造林面积达到150万亩，对荒漠化土地进行修复治理近90万亩，生态性修复草原20万亩，改造完成湿地面积18万亩、修复湿地22.5万亩，从而实现森林覆盖率达到18%，草原综合植被盖度达到56.7%，湿地保护率达到56%，为黄河流域生态保护和高质量发展先行区建设筑牢生态底色。

（二）草原科技管理水平显著提高

1. 建成草原生态系统监测体系

在全区范围内首次建成"集植被、土壤、水环境、昆虫群落为一体的草地生态系统监测体系"②，全区退化草原改良进展速度较快，植被覆盖率达到16.25%，优质牧草改良种植比例增加，牧草比例超过20%，草原虫害防治措施科学有效，害虫防控效率提高80%。全区天然草原禁牧封育成效监测评价工作难度大等问题得到显著改善，促进了草原生态建设和区域经济发展。

2. 完善草原禁牧封育成效检测评价体系

运用3S技术，利用MODIS卫星遥感影像等高科技手段，对2003年以来宁夏草原禁牧封育成效监测评价体系进行全面监测评价，从图斑监测、

---

① 《宁夏将实施百万亩退化草原生态修复工程》，宁夏新闻网，http://www.nxnews.ne。

② 王迎霞：《"科技方"为宁夏草原生态"强筋健骨"》，《科技日报》2022年9月14日。

样地监测、植被长势长时间序列动态、草原植被显著恢复区域分析、典型区域植被恢复高分辨卫星动态监测、典型区域无人机监测、气候因素人为因素影响评价、草原生态系统健康评价、典型区域评价等方面，建构宁夏新的成效检测评价框架体系。

3. 完善草原样地资源数据库建设

构建"互联网+"草原的大数据平台，在各类型草原区设置 408 个草原监测样地，以第三次国土调查及 2021 年度国土变更调查为本底，"开展样地调查，包括样地判读、样地测设、因子调查、样地所在图斑信息核实等，获取草原资源的储量、质量、结构及其变化数据"①。进行草原监测评价样地外业调查和草地图斑监测区划，为草原监测评价工作奠定坚实基础。

（三）草原科研创新成效显著

以草原生态文明建设关键技术为切入点，重点在草原退化分级标准与评价技术研究、生态乡土灌草种选育扩繁技术研发、草原生态修复技术研发、草原生物侵害防范布局技术研发、草原生态产品（服务价值）评价监测及其评价指标研究等方面，特别是针对全区干旱半干旱区草原植被退化、多种类饲草生产面积小造成饲草料生产值小进行关键技术攻关和研发。同时针对种植养殖业互补互利方面缺乏有效衔接、草原轮牧与生态恢复结合不紧密、养殖业收益与养殖户预期值不对等问题，开展退化草地的保护性修复和技术性改造，持续推进退化草原科学研究项目，创新研发科学技术，采取施肥—深松—浅旋—补播等措施，探索草原生态恢复模式，示范推广新技术新方法，以期改进草原生态配套技术体系，实现畜牧业种养殖与草原生态开发利用一体化建设。在不同草原类型建立草原生态修复治理示范区 3 个，示范面积 900 亩，生态修复关键技术 2 项。各县（市、区）设置标准地 1281 个，覆盖草原面积 18761 亩。申报地方标准 1 项，计算机软件著作权登记 2 项，申报新型实用发明专利 1 项。建立有害生物绿色防治新技术示范区 4 个，示范面积 1200 亩，提出全区草原鼠害易生区区划，开展

---

① 《自然资源部、国家林业和草原局关于开展 2022 年全国森林、草原、湿地调查监测工作的通知》，中华人民共和国自然资源部网站，2022 年 3 月 31 日。

草原蝗虫防治药效比对试验 200 亩，探索生境改变与蝗虫种群动态变化的响应机制。采集和保存乡土灌草种 60 份，构建具有前瞻性、可复制、引领全国的黄河宁夏段草原生态修复新模式及技术创新。

（四）草原有害生物防治能力不断提升

为摸清宁夏草原有害生物种类及分布情况，准确评估草原有害生物发生现状及趋势，科学指导草原有害生物防治工作。进行全区草原有害生物普查系统 App 数据录入，21 个县（市、区）共上报并通过生成标本编号 338 条，涉及鼠害 1 条、病害 46 条、虫害 155 条、毒害草 136 条。制作草原虫害、病害、毒害草标本 2706 枚。据此形成草原区域有害生物趋势预测指数模型；建立"技术推广部门+专家团队+县级专业技术人员联动"模式，开展全区草原生态线路踏勘、标准地调查数据采集录入和技术指导 28 次。建成"大型机械+植保无人机+生物制剂"的草原虫害可持续防控技术模式，开展有害生物新技术绿色防治 1.62 万亩，为有效推动全区草原有害生物防治工作提供了借鉴。

二、宁夏草原生态建设存在的突出问题

（一）草原生态系统整体依然脆弱

宁夏草原类型以荒漠草原和干草原为主，地处北方农牧业交替衔接地带，降水严重不足、干旱风沙等自然灾害使草原植被单一、生物多样化率低、天然草场退化严重，这是宁夏草原生态系统整体脆弱的根本原因所在。2022 年，全区降水稀少，蒸发量大，自南向北，降水量由 675 毫米下降至 138 毫米，平均蒸发量高达 1250 毫米，造成天然草原面积持续减少，草场生产能力进一步降低，同心至盐池中部干旱带的天然草原尤为明显，持续干旱和沙化造成草原面积减少 50 多万亩。封山禁牧使草原自然循环减慢，草原质量退化严重。随着新能源的开发利用，光伏、风能、厂矿路线等设施对部分草原踩踏和占用逐年增加，也是造成草原面积持续减少的一个原因。偷牧和过度放牧依然影响着草原生态生产能力的恢复，尤其是南部山区、中卫香山地区、吴忠盐池等农牧兼营地区的草原修复区晨牧夜牧问题突出，成为草原生态修复保障能力低的不可忽视因素。

（二）草原生物灾害威胁草原生态安全

全区草原有害生物防治工作滞后，草原主要有害生物得不到有效遏制，始终威胁草原生态安全。长期以来，草原蝗虫、沙蒿金叶甲等有害病虫几乎覆盖宁夏天然草原和人工草地。全区草原受到甘肃鼢鼠、达乌尔黄鼠、长爪沙鼠等鼠害危害，致使草原大面积斑秃。

（三）草原执法监管不到位

草原管理机构设置和人员配置极为薄弱，乡镇辖区内禁牧封育没有设立专门机构、专门人员，均为临时抽调或聘用监管人员，由于工作经费等各种保障措施不力，不能完全履行执法工作职责。全区生态移民迁出区，因行政归属撤销合并，造成禁牧封育机构不健全，偷牧问题仍然屡禁不止，草原监管能力亟待提升。

（四）草原生态建设可持续发展科技支撑不强

由于草原生态建设科技支撑力量薄弱、人力物力投入不足、人才专业化水平不高等问题，严重影响草原生态修复保障能力。2022 年，启动草原生态建设研究的相关项目仅有 8 项，拥有科研团队不足百人，相关研究的国家社科基金项目、重大自然科学基金项目和能够综合解决重大技术问题的科技创新体系鲜见。高科技运用没有普及。全区虽然建构起草地生态系统监测体系和"互联网+"的大数据平台，但仅仅是为满足国家层面草原样地的数据采集和监测，局限于草原样地监控监测，草原生态建设现代科学技术使用普及推广率不高。

三、加快宁夏草原生态建设的对策建议

（一）多渠道推进草原生态修复，维持草原生态稳定性

1. 建立草原保护修复财政投入保障机制

各级政府要围绕草原生态价值，把"草原保护修复及相关基础设施建设纳入基本建设规划，加大投入力度，完善补助政策。探索开展草原生态价值评估和资产核算。鼓励金融机构创设适合草原特点的金融产品"①。进

---

① 《国务院办公厅关于加强草原保护修复的若干意见》，中华人民共和国中央人民政府网站，2021 年 3 月 12 日。

行草原生态保护修复文创活动，鼓励和支持社会资本参与草原生态保护修复项目。

2. 持续推进百万亩退化草原生态修复工程

建议通过禁牧封育、免耕补播、松土施肥、鼠虫害防治等措施，加快退化草原植被恢复，多维恢复发展草原生态，提升草原生产能力。在"水土条件适宜地区，实施退化草原生态修复，鼓励和支持人工草地建设，恢复提升草原生产能力，支持优质储备饲草基地建设，促进草原生态修复与草原畜牧业高质量发展有机融合"①。

3. 坚持驯化、繁育结合，科学开发草种业

全面系统做好各类草原草种资源普查，摸清土壤供给能力和草种适应性开发，结合野生灌草种质资源圃与乡土灌草种质资源库进行驯化繁育，建立资源库；建立种子繁育基地，繁育已有优良草种，开发实践驯化栽培适应性较强草种，并进行拓展性推广，以开辟草原生态修复中适应性草种的推广繁育；对草种质量进行科学严格的质量监督检测，严格规范草种市场化运作的安全性；科学培育现代草业，利用高新技术推广优质牧草新品种和高产高效种植生产加工利用技术，广辟饲草渠道，提高饲草供给能力。

4. 提升山水林田湖草沙生态综合治理

按照国务院办公厅关于科学绿化的指导意见，坚持山水林田湖草沙全方位保护、整体性修复和多维治理要求，统筹推进草原保护修复和荒漠化治理。年降水量400毫米以下干旱半干旱地区的绿化规划，要经过水资源论证，以雨养、节水为导向，以恢复灌草植被为主，推广乔灌草结合的绿化模式，提倡低密度造林育林，合理运用集水、节水造林种草技术，防止过度用水造成生态环境破坏。水土流失严重地区要优先选用根系发达、固土保水能力强的防护树种和灌草。干旱缺水、风沙严重地区要优先选用耐干旱、耐瘠薄、抗风沙的灌木树种和草种。②同时，探索实践新型牧放方

---

① 《国务院办公厅关于加强草原保护修复的若干意见》，中华人民共和国中央人民政府网站，2021年3月12日。

② 《国务院办公厅关于科学绿化的指导意见》，中华人民共和国中央人民政府网站，2021年5月18日。

式，促进草原生态自然良性循环。推广盐池县草原轮放模式，在实行季节性放牧或划区轮牧的基础上，对长期禁牧区实行一至二年的开放放牧，促进草原自然循环功能。

（二）遵循草原生态自身循环，促进草原生态多样化

要坚持系统治理、分区施策，突出草原生态功能，遵循草原生态自身循环。国家级自然保护区要为野生动植物生存繁衍留下空间，必须有完整连通的草原生态系统。努力打造草原生态系统和野生动植物资源保护先行区。要推进国家级草原自然公园试点建设，搭建展示草原文化魅力和承载草原自然宣教功能的平台。建立各类自治区级草原类型自然保护地，加大典型草原生态系统和野生动植物的保护，促进草原生态多样化建设。

（三）加强草原灾害防控体系建设，提高草原生态安全

1. 构建天空地一体化监测技术体系

加强地面物联网监测技术集成，建立草原有害生物防控体系，全面进行草原有害生物普查。在已有全区草原有害生物普查系统 App 数据录入平台的基础上，实现超远有害生物普查、病虫害监测、日常监测和信息素诱捕数据等联网共享，不断加强智能判读技术研究和应用。

2. "防灭火一体化"建设

要加强"防未、防危、防违"和"打早、打小、打了"全链条管理，持续推进草原火灾风险普查，完善草原火灾处置预案，健全草原火灾应急反应机制，夯实草原防火物质基础。建立起强大的草原防火队伍，建立规范科学的草原火情监测系统，全面提高草原火情防控能力，确保草原资源安全。

3. 提供草原生态安全金融支持

要加大财政预算内投资，以确保各类防治体系布局和机构能力建设；鼓励全区基层单位不断探索草原草地政策性保险试点工作，为草原保护修复提供全方位自然灾害避险保险和商业保险，切实提高草原生态安全。

（四）依法依规保护草原生态，强化责任监管

1. 组织开展联合执法

深入贯彻落实《中华人民共和国草原法》，提高草原生态法律法规执行

力度，依法打击各类破坏草原的违法行为。建立部门联动执法机制，组织开展联合检查、联合调查和联合执法；加强草原征占用审核审批管理，及时发现并坚决查处违法开垦、未批先建、私自占用等各类破坏草原行为。

2. 完善草原承包经营管理

要依法规范草原发包行为，健全草原承包档案，全面梳理和规范草原承包经营合同，明确草原所有权、使用权，稳定承包权，全面解决草原承包四至不清、证地不符、交叉重叠、一地多证和虚假承包等问题，保护草原承包者的合法权益。总结盐池县经验，明确草原承包经营及确权登记政策，实施灵活经营措施。这对不同草原类型和场域，尤其是依托不同地势零散分布的，采取承包到户、到组等灵活多样方式。

（五）加强草原生态建设，提升科技支撑能力

依托宁夏农林院校草原保护修复相关学科专业，扩大草原保护修复相关领域人才培养规模，打造高水平学科团队，培养草原保护修复领域高素质人才。要建立不同区域草原生态保护和修复技术标准体系，进行科技攻关，突破退化草原修复治理、生态系统重建、生态服务价值评估、智慧草原建设等，解决草原保护修复科技支撑能力不足的问题。进行草品种选育、草种生产、退化草原生态修复治理、人工草地建设、草原有害生物防治等关键技术和装备研发推广。加强草原重点实验室、长期科研基地、定位观测站、创新联盟等平台建设，强化草原科技成果转化。加强草原保护修复对外科技合作与交流，提高科技自主创新能力。发展社会化服务组织，充分发挥草原专业学会、协会等社会组织在政策咨询、信息服务、科技推广、行业自律等方面作用，加强草原生态建设研究平台建设。

区域篇

QUYU PIAN

2022 年银川市生态环境报告

陈宁飞

2022 年以来，银川市坚持以习近平生态文明思想和习近平总书记视察宁夏重要讲话和重要指示批示精神为指引，认真贯彻落实党的二十大精神、自治区党委十三届二次全会精神和银川市委十五届六次全会精神，把生态文明建设摆在更加突出位置，坚持走生态优先、绿色发展之路，绵绵用力、久久为功，各项工作取得显著成效。在沿黄城市率先出台"四水四定"方案，首届"黄河流域生态保护主题宣传实践月活动"成功举办，银川市"双碳"研究中心挂牌成立，被生态环境部确定为"十四五"时期"无废城市"建设城市，入围全国首批区域再生水循环利用试点城市名单，排污权交易数位列全区第一，碳排放权交易稳步推进，率先在全区通过环境空气中 116 种挥发性气体资质认可，成功入选北方地区冬季清洁取暖、全国海绵城市建设示范城市，人民群众对生态环境的满意度、获得感明显提升。

一、2022 年银川市生态环境质量状况

2022 年银川市空气质量持续向好，地表水环境质量稳步改善，土壤环境质量安全稳定，人民群众生态环境的安全感、获得感、幸福感不断提升。

作者简介　陈宁飞，银川市生态环境局办公室主任。

（一）环境空气状况

2022 年，自治区下达银川市环境空气质量考核目标为：优良天数比例为 83.0%，PM_{10} 平均浓度为 67.5 微克/立方米，$PM_{2.5}$ 平均浓度为 31.5 微克/立方米。截至 10 月 31 日，银川市环境空气质量有效监测天数为 304 天，优良天数为 252 天，达标率为 82.9%，同比多两天，首要污染物为可吸入颗粒物（PM_{10}）。6 项监测指标同比"两升两降两平"，其中剔除沙尘影响后，PM_{10} 平均浓度 63 微克/立方米，$PM_{2.5}$ 平均浓度 29 微克/立方米。

（二）水环境状况

2022 年，自治区下达银川市水生态保护考核指标为：黄河干流断面水质确保"Ⅱ类进Ⅱ类出"，地表水国控断面水质优良比例达到 80%，劣Ⅴ类水体控制在 10% 以内；城市和县级集中式饮用水水源达到或优于Ⅲ类水质比例为 100%；重要江河湖泊水环境功能区达标率达到国家下达目标，地表水区控断面水质达标率 100%。截至 1 月 31 日，黄河干流银川段继续保持Ⅱ类进出，地表水国控断面水质达标率 100%，无劣Ⅴ类水体；城市和县级集中式饮用水水源达到或优于Ⅲ类水质比例 100%（剔除地质本底因素）；黄河永宁过渡区达到自治区水环境功能区Ⅲ类目标；地表水区控断面水质达标率 90% 以上。

（三）土壤环境状况

2022 年，自治区下达银川市考核指标为：全市建设用地安全利用率达到 100%，危险废物安全处置率达到 100%，一般工业固废综合利用率达到 50%。截至 10 月 31 日，银川市受污染耕地安全利用率、建设用地安全利用率达到 100%，危险废物安全处置率持续保持 100%，一般工业固废综合利用率达到 50% 以上，均达到自治区考核要求；农产品质量和土壤人居环境安全情况总体平稳。

二、2022 年银川市生态环境工作开展和目标完成情况

2022 年，银川市委、市政府坚决贯彻落实习近平生态文明思想和习近平总书记视察宁夏重要讲话和重要指示批示精神，把生态文明建设作为"国之大者"，全市上下团结奋斗、齐心协力，坚决打赢污染防治攻坚战，

全面完成了各项目标任务。

（一）加强组织领导，系统构建顶层设计

市委、市政府高度重视生态环境保护工作，先后召开市委常委会、市政府常务会、专题会等20余次会议听取工作汇报，审议有关方案，研究部署重点工作；实地督导调研、作出批示36次，推动各类突出问题及时有效解决；举办学习贯彻习近平生态文明思想培训班2期，全市上下践行绿水青山就是金山银山的思想自觉、行动自觉进一步坚定；修订《银川市生态环境监督管理责任规定》，健全责任体系；制定印发《银川市深入打好污染防治攻坚战实施方案》《银川市构建现代环境治理体系实施方案》《银川市"银川卫士"生态环境保护基金使用管理办法（试行）》等重点工作方案和专项规划，形成全面系统的路线图和施工图。成立由人大、政府、政协分管市领导任组长的3个督查组和市纪委牵头的专项监督检查组，对全市生态环境风险和安全生产隐患排查整治工作进行全覆盖督导检查，提供路径、整治隐患、完善机制，切实形成党委、政府统一领导，主管部门齐抓共管的工作格局。

（二）构建全民体系，成功举办首届主题宣传实践月活动

制定《银川市黄河流域生态保护主题宣传实践月活动实施方案》《银川市首届"黄河流域生态保护主题宣传实践月活动"工作方案》，廓清工作思路，理顺工作程序；精心制作银川市黄河流域生态保护和高质量发展宣传片和主题标识、吉祥物；高标准策划宣传类、实践类活动20项，并举办启动仪式，沿黄省区首府一致响应，各大央媒广泛报道，从党员干部到学生群众，全民参与、全域实践，190万人直接和间接参与到活动中来，党员和师生参与覆盖率达到100%和95%，有力提升了银川城市影响力。

（三）压紧压实责任，坚决整改反馈问题

始终把各级各类督察反馈问题整改作为一项重要政治任务扎实推进，定期调度通报，及时验收销号。制定《银川市贯彻落实第二轮中央生态环境保护督察反馈意见整改方案》，对整改措施、时间节点、责任落实等进一步细化明确。截至目前，第二轮中央生态环境保护督察反馈的21个问题正在有序推进整改；转交银川市办理的560件信访投诉件，已办结528件，

阶段性办结 32 件，办结率 94.3%；自治区生态环境风险排查反馈的 28 个问题，已完成整改 15 个，剩余 13 个正在有序整改。

（四）全面精准发力，深入打好污染防治攻坚战

蓝天保卫战取得新成效。持续在控治煤尘、整治烟尘、严治汽尘、防治扬尘上下功夫，淘汰贺兰县弘通热力有限公司等公司燃煤锅炉 11 台，对贺兰县习岗镇等乡镇 253 户农户实施散煤"双替代"项目；启动实施一批 VOCs 治理项目，开展挥发性有机物交叉执法专项检查和温室气体排放数据管理专项检查，累计出动执法人员 12000 余人次，检查涉挥发性有机物企业 306 家；加快老旧车辆淘汰，先后注销淘汰大车 1604 辆、小车 9518 辆；积极应对沙尘天气，全面完成臭氧污染防治攻坚目标，臭氧天数同比减少 3 天，银川市和瑞包装、天地奔牛已完成蓄热式催化燃烧改造，宁夏石化 RTO 项目正式投运，赛马水泥、瀚海天琛等水泥生产线超低排放改造任务超前完成；冬春季大气污染防治攻坚行动扎实推进。

碧水保卫战取得新进步。印发《银川市"十四五"期间流域突发水污染事件环境应急"南阳实践"工作方案》，启动银川市水污染应急"南阳实践"项目，黄河银川段上下游突发水污染事件风险防范与应急能力逐步提升；开展人工湿地水质专项监测，对人工湿地运行管理不到位的县区进行通报；积极推进城镇污水、工业废水入河排污口排查整治和农村集中式饮用水水源地规范化建设，共审批（备案）入河排污口 25 个；强化医疗废水和城镇污水常态化管控；持续巩固黑臭水体治理成效，靠前指导城镇污水处理，全市 16 座污水处理厂全部达到一级 A 排放。

净土保卫战取得新作为。强化土壤重点企业监管，依法依规将 38 家企业纳入 2022 年土壤污染重点监管单位名录；抓好优先管控地块监管，指导 5 处优先管控地块加快完成土壤污染状况详细调查和风险评估；加强"一住两公"和重点监管变更地块风险管控，对 42 处变更用地性质的地块进行评审；开展涉重金属排查整治，全市共排查出在产涉镉等重金属重点行业企业 13 家、涉重金属企业 9 家，均已纳入重点监管企业；加强固危废监管，提高一般工业固体废物规范化管理安全处置水平；加强地下水污染防治，持续推进"一企一库""两场两区"地下水污染状况调查；加强农业面源污染综合治理，截至目前，农村生活污水治理率达到 72%；地下水生态环境保护、重点重金属减排工作稳步推进。

（五）勇于创新突破，全力推动改革落地见效

排污权改革成效显著。制定《银川市政府储备排污权管理办法》等文件，进一步规范政府储备排污权运行管理。定期调度辖区政府、工业园区、审批、发改等部门新增项目、关停淘汰项目清单，建立新增排污权、政府储备排污权底数清单动态更新机制，为排污权改革奠定坚实的数据支撑。截至 10 月 31 日，银川市共开展排污权交易 80 笔，交易数量位列全区第一，占比 58%，其中：一级市场交易 71 笔、二级市场交易 9 笔，共交易二氧化硫 11.926 吨、氮氧化物 39.275 吨、化学需氧量 24.505 吨、氨氮 6.4508 吨，成交总额 177.348 万元。碳排放权改革扎实推进。制定印发《关于加强碳排放管理推进碳排放权改革的意见》，积极组织重点排放单位开展注册登记、交易系统开户、注册登记系统和交易系统绑定激活等工作，动态掌握火电行业企业交易意愿，加快推动全市 10 家发电行业企业（含自备电）进入全国碳排放权交易市场开展交易。截至目前，全市碳排放权配额（CEA）共成交 15 笔，累计成交量 220.04 万吨，累计成交额 9304.5 万元。生态环境损害赔偿改革可圈可点。率先在全区印发《银川市生态环境损害赔偿磋商办法》，办理灵武市昊盛达农牧有限公司擅自排污和宁夏晨宏科技有限公司生态环境损害赔偿案件，其中昊盛达农牧有限公司擅自排污例代表宁夏参加生态环境部生态损害赔偿磋商十大典型案例评选活动。企业环境信息依法披露改革系统推进。梳理全市大气、水、土壤重点排污单位 82 家，强制性清洁生产企业 5 家，并及时挂网公示，切实保障企业知情权，维护企业合法权益。

（六）强化边治边建，不断完善生态环境法治建设

以开展专项执法行动和环境执法大练兵为抓手，聚焦重点领域、关键问题和薄弱环节，严厉打击环境违法行为，制定印发《银川市 2022 年生态环境保护交叉执法工作方案》《2022 年度银川市突发环境事件风险隐患及生态环境领域安全生产执法检查工作方案》等方案，扎实开展农村饮用水水源地执法检查，城市基础设施生态环境问题排查和辖区非煤矿山（含砂石料厂、石料加工厂）企业排查等。截至 10 月 31 日，累计出动执法人员 11800 人次，检查企业 5900 余家次；下达行政处罚决定书 39 件，罚款金额约 257.77 万元，收缴入库罚款金额共计 400 万元；组织召开听证会 6 次，申请法院强制执行 3 件；受理各类环境污染投诉 5617 件，较上年同期下降 289 件，下降率 4.9%，办结率 100%，满意率为 85% 左右。

（七）凝聚工作合力，切实提升执法服务效能

探索实施包容审慎监管。制定《银川市生态环境局对轻微环境违法行为依法不予行政处罚实施办法》，创新执法理念和方式，营造法治化、便利化、人性化营商环境，构建现代化环境治理体系，服务经济高质量发展。构建执法联动机制。市公安局、市生态环境局与市综合执法监督局联合组建"生态 110 办公室"，全面建立执法联动机制，优化生态安全保障，先后对黄河银川段生态环境联合巡查执法 28 次，检查黄河流域重点区域 100 余处，制止非法捕捞 30 余次。落实企业环境信用评价。先后开展环境信用评价 257 家次，对信用等级低的 83 家次企业从严审查行政许可事项，倒逼企业守信经营；广泛公开环境信用信息，先后公开行政处罚、行政许可信息 603 条，广泛接受社会监督；严格落实正面清单动态调整制度，对符合准入条件的 30 家企业纳入正面清单，有序开展非现场监管，对正面清单外企业开展"双随机"抽查检查 234 家次，检查结果及时在银川市政府、市生态环境局网站公开。扎实做好疫情防控。制定印发《新冠肺炎疫情期间医疗废物废水处置监管工作实施方案》等文件，成立新冠肺炎疫情防控医废处置专班、消毒消杀等专班，加强信息共享和部门协调联动，确保涉疫医疗废物、涉疫垃圾收运处置、消毒消杀及时有序开展，规范高效处置。累计出动执法人员 2900 余人次，检查医废处置机构 29 家次，督促德坤、中科公司规范处置医疗废物 7305.71 吨。2022 年以来，银川市未发生因涉疫医疗废物和涉疫垃圾收集、转运、处置不及时造成的二次污染。

（八）全力守护绿水青山，走好走实新发展之路

坚持"生态立市"战略不动摇，守好"一河一山"生态屏障，治理修复矿山环境 7000 亩，恢复治理湿地 5.3 万亩，完成营造林 6.4 万亩、草原修复 2 万亩、防沙治沙 6.54 万亩；新建小微公园 6 个，实施团结路等城市

道路绿化项目 21 个，新增城市绿地 1500 余亩，打造农村人居环境整治示范村 12 个、美丽庭院 1000 户；新增城市集中供热 550 万平方米，完成农村清洁取暖改造 1.2 万户；新增新能源装机规模 50 万千瓦，更新新能源公交车 600 辆，生活垃圾资源化利用率 52%以上。

三、进一步改善银川市生态环境的对策建议

2022 年，银川市生态环境保护工作有力推进，各项工作取得了一定成效，但还存在臭氧污染防治难度大，水生态保护修复基础性工作薄弱，固体废物综合利用率低，排污权、碳排放权改革市场不够活跃等短板和不足等问题。2023 年，我们将全面贯彻落实党的二十大精神和自治区决策部署，结合银川市"十四五"生态环境保护规划，协同推进降碳、减污、扩绿、增长，坚决完成国家、自治区、银川市各项考核目标，为建设人与自然和谐共生的美丽新银川奠定坚实基础。

（一）在深入打好污染防治攻坚战上下功夫

开展重点行业绩效分级评价工作，加大臭氧污染精准化治理，推动大气污染治理向农村延伸，深入打好蓝天保卫战；开展入河排污口监测溯源和排查整治，深化工业废水综合管控，全面推开区域再生水循环利用试点建设，深入打好碧水保卫战；严管土壤重点监管单位，持续整治农村黑臭水体，2023 年底，预计农村生活污水治理率达 73%，实现全市区控农村黑臭水体"动态清零"，深入打好净土保卫战。

（二）在筹办主题宣传实践月活动上求突破

认真贯彻落实自治区"内联四市、外联八省"和市委、市政府"上下贯通、内外联动，加强宣传、打造品牌"安排部署，以项目为依托和抓手，精心筹办第二届主题宣传实践月活动，推动生态优先、绿色发展理念更加深入人心。

（三）在持续抓好反馈问题整改上出实绩

紧盯各级各类生态环境保护督察反馈问题清单，对已完成的整改任务，全面评估核查，严防反弹；对正在整改的问题，明确整改时限，严把时间节点，逐项挂账督办，确保所有问题按时高质高效整改到位。

（四）在"无废城市"建设上走在前

加快推进西夏热电固废综合利用示范基地、餐厨废弃物处理能力提升改造等重点项目建设；建设无废学校、无废小区、无废景区等9类"无废城市细胞"100个，打造"无废城市"建设银川样板。

（五）在推进区域再生水循环利用上作表率

全面推开国家首批区域再生水循环利用试点建设，实施第二、第四、第六污水处理厂片区河湖生态再生水利用等重点工程，强化人工湿地、调蓄库塘等再生水循环利用基础设施项目储备，建立试点建设联席会议制度，谋划建设再生水循环利用监测监管互联平台。

（六）在全力推进改革落地见效上做文章

持续推进排污权改革，探索绿色金融合作机制，进一步拓宽企业融资渠道，以排污权改革倒逼经济结构调整、发展方式转变、新旧动能转换；积极推进碳排放权交易，加强与银川市"双碳"研究中心合作，积极开展管控单位碳排放权登记管理工作，组织全市温室气体重点排放单位参与全国碳排放交易。

（七）在加强生物多样性保护上做示范

以白芨滩国家级自然保护区为重点，谋划开展生物多样性保护优先区域调查评估，构建生物多样性监测网络；全面落实"三线一单"管控，优化调整各类自然保护地；持续推进"一河一山"重要生态系统保护和修复，提升全市生态系统多样性、稳定性、持续性。

（八）在打击生态环境违法行为上见真效

全面推进生态环境执法、监测能力标准化建设，建立健全执法责任制；加强黄河流域入河排污口执法力度，持续推进危废三年整治行动，强化"绿盾"自然保护地执法监督，扎实开展"清废行动"，有效防范环境污染和生态环境风险。

2022 年石嘴山市生态环境报告

童 芳 高 媛

2022 年是党的二十大召开之年，是实施"十四五"规划关键之年，石嘴山市以习近平新时代中国特色社会主义思想为指导，深入贯彻落实习近平生态文明思想，全面贯彻落实中央、自治区关于生态文明建设和生态环境保护的各项决策部署。牢固树立"绿水青山就是金山银山"理念，牢记和践行社会主义是干出来的伟大号召，大力弘扬担当实干精神，实施"生态立市"战略，深入打好污染防治攻坚战，推动生态环境领域各项工作落到实处，全市环境质量不断改善。

一、石嘴山市生态环境质量状况

（一）大气环境质量

1—10 月，全市优良天数 248 天，同比增加 7 天，达标率 81.6%。剔除沙尘影响，可吸入颗粒物（PM_{10}）平均浓度 69 微克/立方米，同比持平；细颗粒物（$PM_{2.5}$）平均浓度 31 微克/立方米，同比上升 6.9%。

（二）水环境质量

1—10 月，黄河石嘴山出境断面平均水质为 II 类，沙湖水质稳定达到

作者简介　童芳，石嘴山市生态环境局办公室主任；高媛，石嘴山市生态环境局三级主任科员。

Ⅲ类，典农河入黄口平均水质为Ⅳ类，星海湖中域、北域平均水质均为Ⅳ类，全市集中式饮用水水源地达标率100%，四二干沟、三五排入黄口等10个区控考核断面均达到自治区考核目标。

（三）土壤环境质量

1—10月，土壤环境持续安全稳定，危险废物和医疗废物安全处置率保持100%，涉疫医废安全及时处置。未发现污染地块和受污染耕地，未发生重特大土壤污染事故。

二、石嘴山市生态环境建设取得的成效

（一）加快环保督察整改，切实履行生态环境保护责任

2016年，中央环保督察反馈的20项整改任务已完成并验收报备；2018年，中央督察"回头看"及水环境问题专项督察反馈的24项整改任务完成23项；2019年，自治区环保督察反馈27项整改任务完成16项，长期坚持9项，正在推进2项；2021年，自治区专项督察反馈28项整改任务完成21项，长期坚持4项，正在推进3项。中央第二轮生态环境保护督察反馈石嘴山市29项整改任务，已完成整改待自行验收3项，149件转办件已办结137件，办结率为91.9%。制定《党委和政府及有关部门生态环境保护责任》《关于深入打好污染防治攻坚战的实施方案》，扎实开展工业企业生态环境保护和安全隐患"大排查大整治大提升"工作，督促崇岗、长胜和"104"3个煤炭集中区雨水收集池建设，加快园区基础设施建设，不断提升园区环境治理水平。

（二）工业企业深度治理，不断刷新蓝天成绩单

一是以治理项目推进污染减排。实施了晟晏脱硫项目、维尔铸造无组织烟气深度治理等85个大气治理项目。"104"煤炭加工区建设100个封闭式储煤仓，涉煤企业全面实现物料入仓存储。持续推进钢铁、水泥行业超低改造，水泥行业实现新提升，建龙钢铁新建4个封闭式料仓，实施高炉煤气精脱硫和螺纹钢生产线湿电除尘改造，有效减少大气污染物排放。二是强化工业重污染天气绩效评级管控。对污染治理技术、排放限制、无组织排放、监测监控水平等9个差异化指标进行评定，对标国家重污染天

气应急减排清单，帮扶企业提档升级，创 B 争 A。经审核，自治区公布全区绩效评级企业 8 家，其中石嘴山 7 家，含 A 级企业 3 家、B 级企业 3 家、绩效引领性企业 1 家。承办全区大气污染防治和应对气候变化工作现场推进会，石嘴山市重污染天气应急响应绩效评级工作经验在全区推广学习。三是把脉问诊企业异味。开展夏季臭氧专项行动，对西泰煤化工、丽珠制药等重点企业实施深度治理工程，完成 32 家企业泄露检测与修复。创新异味治理渠道，在平罗县建立 2 个异味体验馆，邀请人大代表、政协委员、企业负责人等 70 余人次入馆体验，出谋划策共治企业异味。截至 10 月 31 日，全市臭氧污染天数同比减少 6 天。

（三）打好碧水保卫战，入黄排水沟水质稳中向好

印发《石嘴山市水生态环境保护"十四五"规划》，加强联防联治，与乌海市人民政府签订《黄河流域水污染联防联治合作协议》，共筑黄河流域水污染防治堡垒，沙湖水生态治理成效从全国 133 个申报案例中脱颖而出，入选生态环境部首批美丽河湖提名案例。联合清华大学、生态环境部南京环科所等 4 家区内外优势单位承担典农河流域水质改善与提升关键技术研究与示范项目，初步掌握典农河流域水环境污染水平与污染特征，构建流域污染源清单和水质指纹数据库，助推排水沟水环境质量持续改善。在 6 家污水处理厂安装电动阀门，控制超标废水外排。开展县级以上集中式饮用水水源地风险隐患排查和人工湿地运行管理专项检查。

（四）固危废协同处置，守牢土壤环境安全防线

2022 年，市洁达环保产业有限公司医疗废物处置中心二期项目建成并投运，将全市医疗废物处置能力由 3 吨/日提升至 6 吨/日；宁夏滨河海利建材有限公司、宁夏珂林美环保科技有限公司被列入医疗废物协同应急处置单位，进一步提升全市疫情期间医疗废物处置能力，有效保障疫情医疗废物安全处置。承接"9·20"突发疫情风险人员转运隔离点危废处置监管工作，对 59 个隔离点、方舱医院和医废处置中心派驻专人，做好医废处置单位协同配合，确保医废规范收集处置，对 10 家医疗机构和 9 家城镇污水处理厂污水开展监测，严控风险外溢。截至 10 月 31 日，全市累计收集医疗机构、隔离点、核酸检测点和方舱医院医疗废物（含涉疫生活垃圾）247.8

吨，处置 247.25 吨。完成 2022 年度土壤污染重点监管单位名录公示，排查涉镉重金属企业 25 家，全市 6 个"一住两公"地块完成土壤污染状况调查报告编制。

（五）积极争先进位，强化试点推进，坚持示范引领

石嘴山市成功入选国家"十四五"时期"无废城市"建设名单，成为全区唯一入选生态环境部首批生态环境智慧监测试点城市，并列入中央生态环境管理项目库。生态文明示范区创建被推荐至生态环境部，申报第六批国家生态文明建设示范区。石嘴山市工业园区及周边地下水污染调查项目成功列入中央财政污染防治专项资金支持，争取国家资金 1013 万元。平罗县黄渠桥农村生活污水治理、惠农区尾闸镇清洁取暖等 13 个项目获得中央、自治区 11749.6 万元专项资金支持，招商引资 3000 万，争资金 12861 万元。星海湖补水水质提升工程、中国环境科学研究院驻点工作站等项目柔性引进 30 余名高学历人才，推进项目顺利实施。

（六）强化确权赋能，排污权交易机制不断完善

拟定《石嘴山市政府储备排污权管理办法（试行）》，建立项目审批与排污权交易协同机制、排污权交易费用征收机制和排污权抵押融资机制，夯实排污权改革制度根基。挖掘政府储备量二氧化硫 1600 余吨、氮氧化物 2400 余吨，协助企业挖掘可交易排污权各 100 余吨，增加市场基础量。将挥发性有机物进行确权，完成污染因子全覆盖；将铁合金、活性炭行业纳入排污权确权范围，完成特色行业管理全覆盖；指导两区一县开展排污权改革，完成区域确权全覆盖。截至 10 月 31 日，共完成排污权交易 15 笔，交易总金额 180 余万元，核发排污许可证 417 家，平罗县盛达活性炭有限公司以高于基础价格 12.5 倍向石嘴山市海原化工厂出售氮氧化物 3.504 吨，成交总价 8.76 万元，创全区二级市场交易最高记录，减污增益进一步彰显。

（七）织密监测网络，着力提升生态环境监测能力

开展国家环境空气自动监测站新增调整，争取自治区生态环境专项资金 79.5 万元，建成石嘴山市首个非甲烷总烃自动监测站，对声环境功能区进行优化调整，科学实现城市声环境分区分类管理，不断完善生态环境质量监测网络建设，印发环境监测报告 350 余份。

（八）抓典型出重拳，严厉打击环境违法行为

充分发挥生态环境指挥调度"1+2+9+700"管理模式，强化"监测+监察+监管"联动格局，发布巡查通报 310 期，查处石嘴山市首例违反排污许可制度未提交执行报告案件，对 2 家违反《排污许可管理条例》的企业依法立案调查并处罚款，被自治区生态环境厅作为典型案例报生态环境部。加强与公安、检察院等部门的司法联动，严厉打击环境违法犯罪行为，移交常某等人在红果子镇五渠村利用渗井灌注有毒有害废水犯罪案件。出动监察监测人员 8000 余人次，立案查处环境违法企业 158 家，处罚金额 2038.19 万元，查封扣押 23 起，移交环境犯罪 2 起 6 人，下达责令改正违法行为决定书 269 份，立案数和处罚金额均居全区第一。

三、石嘴山市生态环境建设存在的问题

（一）环境空气质量改善难度大

受疫情和市场行情影响，个别企业履行生态环境保护责任不到位，污染防治设施运行不正常、烟气逸散时有发生，精细化管理有待提升。进入秋冬季后，高湿静稳天气增多，大气扩散条件差，环境空气质量改善不稳定。

（二）排水沟水体达标难度大

2022 年 1—10 月自治区区控采测分离数据显示，第三排水沟入境（贺兰）断面 2022 年 3 月、4 月、6 月、7 月和 10 月均为 V 类或劣 V 类水质，三二支沟入平罗（贺兰）断面 2022 年 1—5 月连续 5 个月均为 V 类水质，均未达到自治区 IV 类水质目标。石嘴山市位于全区排水沟末端，除境内污染负荷外，上游来水水质状况也严重影响第三排水沟石嘴山段水质，稳定保持在 IV 类压力巨大。

（三）医疗废物转运能力有待提升

石嘴山市现有医疗废物处置中心 1 个，可以维持正常医废处置，但疫情期间医废产生量暴增，存在转运压力大、成本高等问题，影响医废转运处置效率。

四、推动石嘴山市生态环境改善的对策建议

(一)加快环保督察反馈问题整改

始终坚持把生态环境保护督察反馈问题整改落实作为重要政治任务,切实发挥综合协调作用,坚持严的基调,压紧压实各级各部门生态环境保护责任,严把验收销号关口,高位推动第二轮中央生态环境保护督察反馈问题整改,及时提请召开整改领导小组会议,调度整改进展。加快推进自治区生态环保督察反馈问题整改、崇岗煤炭集中区废水外溢问题和"大排查大整治大提升"问题整治,分门别类建立整改清单,持续跟踪问效,推动问题真改实改彻底改。突出整改重点,加快推进第二轮中央环保督察反馈石嘴山市的29项整改事项及阶段性办结的11个转办件,压紧压实各级各部门生态环境保护责任,按照时间节点加快推进整改。

(二)凝心聚力打好污染防治攻坚战

紧盯自治区实施生态优先战略、打造绿色生态宝地这一总目标,以更高标准深入打好蓝天、碧水、净土、固危废等标志性战役,推进黄河石嘴山段生态环境质量持续改善。坚决打好蓝天保卫战。拓宽资金渠道,以项目为支撑,不断完善污染防治短板弱项,持续开展工业污染治理,加快西北矿产品仓储加工区储煤仓建设,深化钢铁行业超低排放改造和碳基材料行业大气污染防治,启动焦化行业超低升级改造,开展铁合金行业规范化深度治理,持续推进石化、原料药、农药及中间体等重点行业挥发性有机物综合治理和天然气锅炉低氮燃烧改造,争取65蒸吨以上燃煤锅炉超低排放改造,开展崇岗园73家企业80台燃煤锅炉清洁取暖改造以及燃煤锅炉淘汰工作,实现氮氧化物的持续减排,坚持区域联防联控,全力以赴推动冬春季大气污染防治攻坚专项行动。着力打好碧水保卫战。加强水污染防治,开展黄河石嘴山段入河排污口排查整治专项行动,制定"一口一策"整治方案,加快推进红崖子园污水处理厂及配套管网建设和再生水资源化利用工程建设,开展流域水生态环境质量调查评估,为河湖健康评价奠定基础,深化第三排水沟石嘴山段治理,提升第三排水沟水环境质量,开展典农河流域水质改善与提升关键技术研究与示范项目,确保黄河出境断面

平均水质保持Ⅱ类优。扎实推进净土保卫战。全面开展"无废城市"建设，围绕五大类固废，落实四项清单，进一步加强固体废物管理工作。实施石嘴山市工业园区及周边地下水污染调查评价项目，摸清工业园区及周边地下水环境现状。严格落实土壤污染风险管控责任，做好疫情防控医疗废水、废物管控。

（三）积极推进重点项目谋划

谋划 2023 年储备环境保护项目 49 个，总投资约 17.1 亿元，其中大气污染治理项目 24 个，水污染治理项目 8 个，农村环境综合整治项目 5 个，土壤和地下水综合整治项目 1 个，固危废生态环境综合整治项目 6 个，监管能力建设 5 个。目前已申报中央项目储备库 17 个，获得资金支持项目 4 个，累计下达资金 6623 万元。

（四）全力推进绿色低碳转型

探索排污权交易奖补机制，推动企业积极入市交易，广泛推行二级市场交易，完成 2022 年度各类减排项目的核算，深挖政府储备量，为重大项目做好总量储备。开展石嘴山市"三线一单"动态更新工作。督促重点排放单位严格按照国家标准，科学编写排放报告和监测计划，充分利用全国碳市场机制，积极鼓励和引导企业参与碳排放交易。

（五）着力提升监察监测能力

进一步加强建设项目环境管理，严格规划环评审查，依法查处未批先建、未落实环保"三同时"、未验先投等生态环境违法行为；开展规模化畜禽养殖场生态环境专项执法检查和集中式污水处理设施运行情况排查；巩固生态文明示范区创建成果，增加 4 套功能区声环境自动监测站，2 套碳试点监测，1 套生物多样性监测，在石嘴山市工业园区建设 4 座环境空气自动监测站，在主要交通主干道建设 5 套微型空气质量自动监测站，在惠农区和平罗县各建设 1 套 VOCs 自动监测系统，在重点工业园区和重点区域建设 50 套小型 VOCs 无组织监测站点及 1 套 VOCs 污染传输分析设备，不断优化生态环境智慧监测创新应用试点工作，促进石嘴山市生态环境质量不断改善。

2022 年吴忠市生态环境报告

刘　明　周紫娟

2022 年，吴忠市坚持以习近平新时代中国特色社会主义思想为指导，坚定不移深入学习贯彻习近平生态文明思想，认真贯彻习近平总书记视察宁夏重要讲话和重要指示批示精神，坚持以改善环境质量为核心，以整改中央环保督察反馈问题为抓手，突出重点，凝心聚力，深入打好污染防治攻坚战，生态环境建设取得显著成效。

一、吴忠市环境质量目标完成情况

（一）环境空气质量

2022 年 1—10 月，吴忠市优良天数为 253 天，同比增加 2 天，优良率 80.6%。剔除沙尘影响，可吸入颗粒物（PM_{10}）平均浓度为 66.3 微克/立方米，细颗粒物（$PM_{2.5}$）平均浓度为 31.7 微克/立方米。

（二）水环境质量

1—10 月，国控黄河吴忠过境段水质稳定保持"Ⅱ类进Ⅱ类出"，苦水河入黄口（扣除本底值）达到地表水Ⅳ类；清水沟、南干沟等 10 个区控断面水质保持在 Ⅳ 类及以上；全市县级以上集中式饮用水源地达到Ⅲ类

作者简介　刘明，吴忠市生态环境保护综合执法支队工程师；周紫娟，吴忠市生态环境局副科长。

水质。

（三）土壤环境质量

1—10月，全市工业危废和医疗废物安全处置率达到100%，土壤环境质量总体保持稳定。

二、2022年吴忠市生态环境工作成效

（一）积极主动服务，全面推进先行区建设

编制完成生态环境保护及水生态环境保护、空气质量改善、畜禽养殖污染防治、生物多样性保护等7个"十四五"规划，形成"1+6"规划体系。深化"放管服"改革，实施三线一单环境分区管控，严把建设项目环境准入关。制定出台《吴忠市生态环境局关于稳经济保增长促发展若干措施》，前移重大项目和民生工程关口、延伸服务，环评审批办结时限比法定时限整体压缩50%以上，基本实现固定污染源排污许可全覆盖。加强企业环保帮扶指导，对全市21家温室气体排放重点企业进行培训。积极开展排污权改革，完成449家排污单位初始排污权确权，开展3批次线上竞价交易，出让政府储备排污权178.5吨，达成交易30笔，成交总金额142.6万元。实施重点减排工程14个，已完成9个。

（二）坚持多措并举，深入打好蓝天保卫战

紧盯环境空气质量改善目标，强化多污染物协同控制和区域协同治理，实施大气污染治理项目23个，淘汰燃煤锅炉7台，淘汰老旧车辆8620辆。精细化防控重污染天气，完成全市274家企业重污染天气绩效评估，修订应急减排手册，完善重污染天气联防联控机制。开展臭氧污染防治攻坚，制定印发《吴忠市2022年臭氧污染防治攻坚专项执法方案》，召开全市臭氧攻坚推进会，成立工作专班，加大加油站、印刷厂等企业执法检查力度，积极推进自治区臭氧污染防治帮扶反馈问题整改，6—9月，臭氧污染天同比减少3天。立足"双碳"目标，指导国能宁夏大坝发电有限公司等21家企业完成了碳排放报告编制，对2家未按期履约碳排放管理的企业进行了行政处罚。

（三）全面综合施策，深入打好碧水保卫战

编制《吴忠市水生态环境保护"十四五"规划工作要点》，统筹推进水污染防治、水资源利用、水生态保护。印发《2022年全市水生态保护工作重点安排》《吴忠市"十四五"城市黑臭水体整治环境保护行动方案》《2022—2023年全市冬春季水污染强化治理攻坚行动方案》，持续开展"五水共治"。新建牛家坊等6个人工湿地项目，建成吴忠市第一再生水循环利用工程，在建第二再生水利用工程，构建"污水处理厂废水—人工湿地—中水设施"的区域再生水循环利用新路径，推广人工湿地尾水循环利用典型经验做法。开展排污口排查整治，完成黄河干流497个排污口点位现场核查及精准识别工作，封堵南干沟排污口4个，完成清水沟19个雨水排放口规范化整治。开展全市人工湿地常规监测、城市建成区黑臭水体监测、重点湖泊监测工作，完成苦水河、清水河、红柳沟流域本底调查工作，地表水氟化物本底剔除通过生态环境部评审，水生态环境质量稳定提升。

（四）精准靶向施策，深入打好净土保卫战

持续推进危险废物专项整治三年行动，深入开展"清废行动"，加大涉危险废物企业规范化管理监督检查力度。积极应对新冠肺炎疫情防控，扎实抓好医疗废物监管，全年共监督规范处置新冠肺炎疫情医疗废物604.8吨、涉疫生活垃圾1044吨，全市工业危废和医疗废物安全处置率达到100%，坚决筑牢疫情防控环境安全防线。制定出台的《吴忠市突发疫情医疗废物处置应急预案》被自治区生态环境厅转发各市和宁东管委会借鉴。强化土壤污染重点监管单位监管，在2021年土壤污染重点监管单位名录基础上，增加土壤污染重点监管单位56家。强化农业面源污染防治，制定《吴忠市畜禽养殖污染防治规划》，建立了畜禽养殖废弃物环境污染监管常态化工作机制，有效推进畜禽养殖污染防治与资源化利用。加强农村生活污水治理力度，实施全市26个农村生活污水治理项目，已建设完成25个，以项目投资助推脱贫攻坚成果同乡村振兴有效衔接。切实履行生物多样性保护和可持续发展战略，组织编制《吴忠市生物多样性保护规划》。开展"5·22"国际生物多样性宣传活动，进一步提高公民的生物多样性保护意识。

（五）坚持问题导向，扎实整改生态环保督察反馈问题

对于中央环保督察通报的"宁夏吴忠盐池县工业园无序发展，违法排污多发，违反有关规定，威胁古长城安全"的问题，加快整改，明确了14项整改措施，已完成9项，正在推进5项；关于"宁夏宁东基地和吴忠、中卫、石嘴山等地违规上马'两高'项目问题突出"的问题，明确了18项整改措施，已完成11项，正在推进7项。中央生态环境保护督察宁夏协调联络工作组转办件32批271件，已办结240件，阶段性办结31件。加快推进中央环保督察反馈意见整改，对照《吴忠市贯彻落实第二轮中央生态环境保护督察报告整改方案》中确定的28项整改任务跟踪督办、逐项落实，目前已完成整改8项，剩余20项正在有序推进中。加快推进自治区环保督察问题整改，2020年自治区生态环境保护督察反馈吴忠市整改任务48项，完成整改47项，剩余1项正在积极整改；2021年，自治区生态环境保护专项督察反馈吴忠市整改任务19项，完成整改16项，剩余3项正在积极整改。

（六）认真举一反三，扎实开展生态环境领域风险隐患排查整治

深刻汲取崇岗园区环境污染教训，按照自治区党、吴忠市委工作要求，制定印发《吴忠市生态环境风险隐患排查整治工作方案》，抽调骨干执法人员成立5个工作指导组，由市级领导带队，实地指导各县（市、区）、各工（农）业园区研判风险、强化措施，全力做好排查整治工作，坚决做到隐患不查清不放过、责任不落实不放过、问题不整改不放过。强化专业指导力量，聘请多名生态环境领域专家，成立专家组，分赴各组把脉问诊突出环境问题，找准污染治理的"痛点、堵点、难点"，有效推动生态环境领域风险隐患问题排查整治工作顺利开展。累计出动执法人员270人次，检查企业135家次，对反馈的405项风险隐患问题建立整改台账，督促整改落实。

（七）强化执法监管，稳步提升环境风险管控能力

严格落实"双随机、一公开"制度和生态环境保护交叉执法检查，开展挥发性有机物、危险废物、畜禽养殖、农药中间体等各类专项执法检查16次，出动执法人员4337人次，现场检查企业1928家次，建立问题整改销号清单30余份，累计作出行政处罚71件，罚款1246余万元，实施查封扣押 1 件，谷禾川农牧有限公司涉嫌违反固体废物管理制度案等 3 起行政处罚案件，被自治区生态环境厅评选为全区 2022 年生态环境执法典型案例。以全年开展环境执法大练兵活动为抓手，推动执法信息化建设和新装备应用，深度融合传统检查手段和现代化科技手段，充分运用在线监控、视频监控、无人机巡查、大数据分析等方式进行非现场检查，不断提高发现环境违法问题能力。落实有温度执法和首违免罚制度，坚持环保执法与服务企业并举，将环境执法以罚代管的监管方式转变为"执法+指导"的帮扶模式，现场帮扶指导企业 1151 家次，解决企业环境问题 400 余个。持续抓好突发环境应急预案备案、应急演练、"南阳实践"工作落实，完成企业突发环境应急预案备案 326 家，参与及组织开展应急演练 5 次。积极做好舆情风险管控，及时派出执法人员进行信访案件办理，妥善处理并回复环境信访案件 473 件。开展环境安全百日专项整治、生态环境领域隐患排查、危险废物专项检查等执法检查，督促企业整改各类环境风险隐患问题 400 余项，全市未发生重特大及以上环境污染事件。

（八）强化监测支撑，全力推动精准治污科学治污

持续开展水、空气、土壤、声环境质量监测工作，完成污染源执法监测、国控及区控水环境质量采测分离、质量审核等任务，地表水采测分离监测工作及 2022 年度国家和自治区能力验证考核受到中国环境监测总站和自治区环境监测中心通报表扬。上报监测数据 1.5 万余条，在线监测数据有效传输率达 99.61%，开展自动监控数据远程检查 488 次，为深入打好污染防治攻坚战提供有力的数据支撑。开展环境统计工作，调查工业企业 246 家、集中式污染治理企业 81 家，完成前三季度环境统计季报工作。审核完成 2021 年第四季度和 2022 年前三季度青铜峡铝业等 37 家环境统计季报企业填报数据，确保环境统计数据真实有效。做好环境监测信息公开，每月编辑发布环境空气质量、水环境质量报告，对重点污染企业监督性监测数据、功能区噪声监测数据进行政府网上公开，充分保障公众知情权与监督权。

三、吴忠市生态环境质量存在的问题

（一）大气环境污染治理成效还不稳固

臭氧污染明显增加，区域传输特征明显，随着秋冬季来临，静稳、沙尘等不利气象因素增多，环境空气质量改善形势异常严峻。

（二）水污染防治面临瓶颈

苦水河、清水河、红柳沟生态环境脆弱，天然本底较差，剔除氟化物后不能稳定达到地表水Ⅲ类水质（自治区下达考核任务达到地表水Ⅳ类），吴忠市参与排名断面较其他地市水质目标上存在明显差距，优良水体比例上升空间有限。

（三）工业园区环境治理水平和能力有待提高

部分工业园区缺乏循环经济理念，资源型、原料型产业及初级产品比重大，较少考虑资源及"三废"综合利用，环保配套设施不足，存在环境污染风险隐患。

（四）排污权交易改革深挖不足

"十四五"期间企业提标改造项目少，可交易排污权、政府储备排污权来源有限，新上大排放量项目或将面临无排污权可以交易的局面。

四、推动吴忠市生态环境质量改善的对策建议

（一）继续深入打好蓝天保卫战

扎实做好应对气候变化工作，积极推进重点企业清洁生产审核，稳步推进行业节能改造，严控煤碳消费增量。指导青铜峡水泥等21家企业积极参与全国碳市场交易，不断深化低碳试点城市创建成果。统筹推进大气污染物防治，聚焦冬春季颗粒物和夏季臭氧污染，深化挥发性有机物综合治理和燃煤锅炉、工业炉窑等深度治理，实现挥发性有机物和氮氧化物协同减排。完善优化区域联防联控机制，主动有效应对重污染天气和不利气象因素，确保"十四五"环境空气质量改善目标顺利完成。谋划一批污染物减排提标改造项目，进一步提升吴忠市大气污染治理本质化水平。

（二）继续深入打好碧水保卫战

以黄河宁夏吴忠段水生态环境质量改善为核心，突出"一源一湖三河四沟"综合治理，深化"五水"共治。加强饮用水水源保护，实施青铜峡黄河水源规范化建设工作。加强入河排污口监督管理，推进排污口溯源监测。开展工业园区涉水特征污染物专项治理行动，完成化工园区工业废水综合毒性评估工作。加强流域生态修复，谋划实施吴忠市城市西区污水处理厂尾水人工湿地建设及水资源综合利用、利通区五里坡奶牛养殖基地污水处理厂尾水人工湿地等重大项目，着力提升流域优良水体比例，多措并举精心呵护母亲。

（三）继续深入打好净土保卫战

加强畜禽养殖污染防治，制定印发《吴忠市畜禽养殖污染防治规划》，扎实有效推进畜禽养殖污染防治与资源化利用。强化历史遗留地块土壤污染风险防控，组织开展高风险遗留地块和涉镉等重金属企业排查清单中遗留地块土壤污染状况调查，划定管控区域，防范土壤污染风险。强化土壤污染重点单位监管，组织开展土壤污染隐患排查"回头看"，进一步完善隐患排查制度，打牢隐患排查整改工作基础。加强土壤污染源头防控，开展新污染物治理。持续开展生物多样性保护宣传，不断完善社会参与生物多样性保护机制。

（四）持续优化行政服务

全面开辟重大基础设施、民生工程、重大产业布局、能源保供等项目环评审批"绿色通道"，实行即报即受理即转评估，进一步压缩审批时间。持续推进排污权改革工作，推动环评审批、排污权交易、排污许可证核发与变更、执法监管等工作的无缝衔接，探索开展排污权抵押贷款、租赁、融资等工作，支持社会资本参与污染物减排和排污权交易，提高排污权改革规范化、制度化、常态化水平。

（五）抓好环保督察反馈问题整改

严格按照整改方案明确的整改措施、整改时限要求，按月调度进展，定期督查督办，确保整改任务如期完成。对正在推进的整改任务，紧盯目标、强化措施，进一步加强统筹协调，确保未按期完成的和出现反弹的重难点问题整改到位。

（六）继续加强环境执法监测力度

以环境执法大练兵为抓手，强化联合执法、专项执法，持续紧盯在线监测、危险废物、排污许可等领域执法监管，加大重点排污企业执法检查力度，提高执法效能，查办大案要案，推动形成环保守法的新常态。更新升级监测设备及实验室基础设施运维，及时发布监测预警信息，为环境管理提供科学依据。

2022 年固原市生态环境报告

赵克祥　赵万川

2022 年，固原市深入学习贯彻习近平生态文明思想和习近平总书记视察宁夏重要讲话和重要指示批示精神，全面落实党的十九大、二十大和自治区第十三次党代会精神，牢固树立和践行"绿水青山就是金山银山"理念，坚定不移走生态优先、绿色发展之路，高站位谋划生态环境保护工作，高质量抓好环保督察反馈问题整改，高标准打好污染防治攻坚战，高要求推进生态环保领域改革，全市生态环境质量稳中向好、好中向优，持续厚植了全面建成小康社会的绿色底色和质量成色，人民群众对良好生态环境的获得感进一步增强。

一、2022 年固原市生态环境质量状况

1 月至 10 月底，市区优良天数 282 天，同比增加 9 天，优良天数占比为 92.8%，高于年度目标值 1.6 个百分点，位居全区第一。PM_{10} 和 $PM_{2.5}$ 平均浓度分别为 46 微克/立方米和 23 微克/立方米，分别比年度目标值下降 10 微克/立方米和 1 微克/立方米；7 条主要河流 8 个国控断面水质优良水体比例稳定保持在 87.5%，除清水河三营断面水质为Ⅳ类外，葫芦河玉桥、

作者简介　赵克祥，固原市生态环境局副局长；赵万川，固原市生态环境局隆德分局副局长。

蒲河石家河桥 2 个断面水质为 Ⅲ 类，泾河弹筝峡、清水河二十里铺、渝河联财、红河常沟、茹河沟圈等 5 个断面水质均为 Ⅱ 类，10 个县级以上城市饮用水源地和 4 个农村千吨万人水源地水质达到或优于 Ⅲ 类水质比例为100%；土壤、地下水环境质量保持稳定。气、水、土等环境质量均达到或优于考核指标要求，生态环境总体安全。

二、固原市改善生态环境主要做法及成效

固原市坚决贯彻中央和自治区关于生态环境保护的决策部署，聚焦"红色固原、绿色发展"战略定位，以减污降碳协同增效为总抓手，坚持精准治污、科学治污、依法治污，着力守好改善生态环境生命线，助力经济社会高质量发展。

（一）坚持合力攻坚，环保督察整改工作取得新成效

固原市委和市政府始终把中央和自治区党委生态环保督察反馈问题整改作为一项重要政治任务，聚焦全面彻底整改反馈问题这个关键，制定整改方案，成立市委和市政府主要领导任"双组长"的整改领导小组，建立市级领导带头包抓领办、市直部门牵头抓总、领导小组办公室协调推进的整改工作机制，强化督查督办，压实整改责任，市县一体、部门联动，全力推动反馈问题整改。按照自治区统一安排部署，制定印发了《全市生态环保问题排查整治专项行动方案》，在全力起底排查隐患的同时，对 2016 年以来中央及自治区环保督察反馈问题整改情况全面"回头看"，持续巩固整改成效，确保反馈问题整改到位、不反弹。针对第二轮中央生态环保督察组督察反馈的 17 个问题逐项制定了整改措施，正在稳步有序推进整改，转办的 112 件群众投诉件已办结 110 件；2021 年自治区生态环保专项督察反馈的 12 项问题全部整改完成；全区生态环保问题排查整治专项行动排查生态环境和安全生产问题 186 个，整改完成 176 个。环保督察以来，解决了一批突出生态环境问题，攻克了许多长期没有解决的难题，完善了生态环保体制机制，人民群众对良好生态环境的获得感、幸福感、安全感显著增强。

（二）坚持精准发力，生态环境质量有了新提升

聚焦持续改善生态环境质量这个目标，对标自治区和固原市生态环境保护"十四五"规划，制定了固原市"十四五"大气、水、土壤和固废污染防治等专项规划。

1. 高标准打好蓝天保卫战

聚焦扬尘、煤尘、烟尘和汽尘污染，制定印发了《2022 年度全市大气污染防治和应对气候变化重点工作安排》《2022 年全市臭氧污染防治攻坚方案》《2022—2023 年固原市冬春季大气污染防治攻坚行动方案》，各县（区）、各部门（单位）紧盯年度目标和重点任务，各司其职、各负其责，多措并举，统筹推进大气污染防治措施落实。一是聚焦扬尘污染抓重点。以面源防控为重点，严格落实建筑施工工地"6 个 100%"抑尘措施，加大渣土运输车辆管控力度，全面推行湿法清扫作业，增加喷雾降尘频次，道路机械化清扫率达到 85% 以上。二是聚焦煤尘污染抓关键。以城乡散煤整治为抓手，深入开展城中村、城乡接合部、农村等区域在用散煤经营单位和清洁煤配送中心排查整治，推广使用洁净煤及技术设备，严厉打击劣质煤销售。2022 年配送清洁煤 8100 吨、环保炉具 2420 台，抽检煤炭质量 81 批次，取缔煤炭经营户 17 户。三是聚焦汽尘污染抓源头。以尾气治理为支点，加快淘汰国 Ⅲ 及以下柴油货车，实施高污染高排放机动车全过程监管，检测机动车 54608 辆，非道路移动机械登记 56 辆，淘汰老旧车 375 辆。四是聚焦烟尘污染抓结果。加大对六盘山热电厂、金昱元等重点企业管理，实施宁夏金昱元广拓能源有限公司挥发性有机污染物治理项目，宁夏金昱元炔烃节能有限公司、宁夏金昱元资源循环有限公司工业炉窑治理等大气环境治理项目，重点排污单位主要污染物达标率达到 95% 以上。在全区率先制定《关于开展燎疳节大气污染防治专项整治工作的通知》和《烟花爆竹禁限放通告》，依法查处非法运输烟花爆竹行为 1 起，非法燃放烟花爆竹案件 2 起，收缴烟花爆竹 230 余件。

2. 高标准打好碧水保卫战

一是强化涉水企业监管。持续推进城镇生活污水提质增效，建成固原市第三污水处理厂和彭阳县第二污水处理厂并按期投运，提高城镇污水处

理能力 2 万立方米/天；加大城乡生活污水处理厂和工业园区涉水企业监管，将 5 个工业园区、13 座重点城镇污水处理厂和 16 家二级以上医疗单位的污水处理设施全部纳入市级智慧环保监管平台，推进污水处理设施规范运行、污染物达标排放。二是强化入河排口管理。组织开展主要河流入河排污口排查，健全完善 76 个入河排污口和 19 处人工湿地台账信息，为后续整治工作提供基础数据支撑。结合黄河流域生态环境警示片披露的市区东关路面污水溢流问题整改，实施市区雨污分流和初期雨水收集调蓄设施建设，基本消除城市建成区生活污水直排口。三是强化水质预警监测。定期或不定期对各城镇污水处理厂尾水及配套的人工湿地、考核断面、主要水库、集中饮用水源水质开展水质监测，对水质下降及时预警，以水质结果倒逼责任落实；编制完成清水河水环境应急"南阳实践"方案，抓好源头防控，增强应对突发水环境事件能力；实施固原市主要河流水质监测自动站建设项目，设置自动监测站 6 个，实现七条河流域自动监测全覆盖。四是强化再生水资源化利用。及时启动固原市区域再生水利用试点工作，编制《固原市区域再生水循环利用试点方案》；大力推动城镇生活污水、马铃薯淀粉加工混合汁水、矿井水资源化利用，实施清水河至毛家沟水库连通、库坝连通等一系列工程，促进再生水资源化利用，城市再生水利用率达到 40%，马铃薯淀粉加工废水全部肥力化还田，实现了低品质水入河量和新鲜水用量"双减"。

3. 高标准打好净土保卫战

一是持续开展危险废物专项整治。持续开展隐患排查整治，推进规范化管理，将 42 家危险废物产废单位和 38 家固废企业处置纳入宁夏固体危险废物动态监管信息系统，对 9 家危险废物产生单位和经营单位进行了评估，完成 20 个隐患问题整改。二是持续推进农村生活污水治理。以污水资源化利用为途径，2021 年实施农村生活污水治理项目 46 个，已全部完成工程建设。2022 年共实施农村生活污水处理设施建设项目 20 个，覆盖 40 个行政村。坚持建管并重，选择专业机构专职负责污水处理设施项目"投、建、管、运"全过程，基本形成了"有制度、有标准、有队伍、有经费、有督查"的"五有"长效运行维护管理机制。固原市生态环境局抽调 30 余人开展了交叉执法大督查活动，对日处理能力 20 吨及以上农村生活污水处理设施进行了监测，并督促责任单位对农村生活污水处理设施出水水质进行自行监测，确保农村生活污水处理设施正常运行、出水水质合格。三是持续跟进土壤地下水监测。将土壤重点监管企业、城乡生活垃圾填埋场、地下水水源地全部纳入环境质量监测，完成 10 家土壤重点监管企业环境质量自行监测、57 个城乡生活垃圾填埋场环境质量监测和 2 处水源地水质地质背景判定等，全市土壤质量保持良好，无污染地块。

（三）坚持依法行政，生态环境监管展现了新作为

一是持续推动绿色发展。按照《固原市三线一单生态环境分区管控实施意见》，严把生态环境准入关，强化建设项目与"三线一单"和相关规划环评符合性核查，实行新（改、扩）建项目重点污染物排污权全部通过市场交易取得；开展"两高"项目专项执法检查，严把审批关口，创新环评管理方式，稳步推进排污许可证核发与质量复核，2022 年共审批环评文件 61 份，切实保障排污许可"一证式"监管职能。开展固定污染源排污许可证核查工作，共审核排污证 58 个，完成 163 家排污单位排污许可证申领。二是持续提升执法能力。严格落实行政执法三项制度、"双随机、一公开"和"互联网+监管"制度，推行在线监控等非现场执法和日常巡查相结合执法监管，公布 2022 年固原市重点排污单位名录，公开环境影响评价、排污许可、行政处罚案件等环境信息。2022 年，共检查各类污染源 1592 家（次），下达责改决定书 27 份、行政处罚决定书 15 份，罚款 80.67 万元，受理办结环境信访投诉举报 165 件，办结率 100%。三是持续夯实应急能力。组建了固原市生态环境系统环境应急救援队伍，组织开展环境应急宣传、培训和演练，不断提高应对处置突发环境事件的能力；开展主要河流、水源地水质等预警监测，及时处置环境突发事件；加强隐患排查整治，共出动执法人员 494 人次，检查企业（单位）224 家（次），对排查的 84 个隐患点逐一整改。

（四）坚持服务大局，助力先行区建设迈出了新步伐

一是以排污权改革助力高质量发展。在全面完成改革阶段初始权、新增权、可交易权、储备权"四项权"确权工作基础上，不断拓展确权范围，扩大交易主体基数。健全完善排污权交易指南、操作指引，逐步引导企业减污降碳、扩大交易。2022 年共确权 155 家排污单位二氧化硫 2380.1 吨、氮氧化物 2768.6 吨、化学需氧量 1969.8 吨、氨氮 231.7 吨；对政府储备权和可交易权挖蓄掘潜，共计认定 312 家二氧化硫 1817.06 吨、氮氧化物 662.66 吨、化学需氧量 218.22 吨、氨氮 37.66 吨，累计交易金额 8.73 万元，交易排污权指标二氧化硫 19.7 吨、氮氧化物 17.26 吨。二是以示范引领提升生态环保水平。隆德县成功入选第六批"绿水青山就是金山银山"实践创新基地，生态文明示范市建设成果进一步巩固和扩大；成功申报固原市北方地区清洁取暖项目，争取中央专项资金 9 亿元；2022 年全区"无废城市"建设现场观摩会和生态环境监测质量提升年活动（生态篇章）现场会在固原成功召开，彭阳县鑫卓能源科技有限公司煤矸石固废综合利用项目、西吉县宁夏源龙现代农业服务有限公司畜禽粪便资源化利用项目（"牛粪银行"）入选自治区"无废城市"典型案例，并在全区推广学习；彭阳县被生态环境部纳入全国农业面源污染治理与监督指导试点县，争取自治区生态环境厅试点县建设资金 1000 万元；在全区率先完成全域声环境功能区划分，设置监测点位 745 个。三是以大项目夯实治理基础。2022 年谋划项目 24 个，总投资 103427.05 万元。其中通过中央和自治区评审入库 8 个，争取到补助资金 3305 万元。开工实施水气土能力提升、农村生活污水治理、西吉县清洁取暖试点、泾河支流及县城段治理、隆德县无集中供热区煤改电试点示范和原州区再生水利用等 7 个项目，有序推进原州区、泾源县煤改电和泾河香水河段生态修复等 3 个续建项目，新开工和续建项目共完成投资 13800 万元。

三、固原市生态环境建设存在的问题

（一）生态环境质量还不够稳固

七条主要河流均为季节性河流，受降水量影响，水源涵养能力不足，个别断面甚至会出现断流情形，在保持稳定上存在一定的风险和压力。大气环境仍未摆脱气象因素影响，极端沙尘天气和输入性污染一直困扰着大气环境质量改善提升。

（二）基础设施建设还存在短板

随着城市化进程的加快，个别县区城市生态环境基础设施建设跟不上发展步伐，特别是城市雨污分流管网敷设还不到位，导致个别县区污水未能全部有效收集，增加了环境风险。

（三）科学精准治污方面还存在不足

执法监管手段较为单一，以现场执法为主，运用大数据监管平台发现问题、解决问题的能力还不足；监测能力建设不足、力量薄弱，对污染源溯源追踪的能力跟不上、源解析方面欠缺，在精准治污上还需持续发力。

四、推动固原市生态环境保护的对策建议

（一）打好"三大战役"

持续深入打好蓝天、碧水、净土保卫战，推动污染治理向广度拓展、深度迈进，在环境污染防治率先区建设上取得新成效。落细"四尘同治"。统筹考虑氮氧化物和挥发性有机物"双减"，强化源头、过程、末端全流程控制；综合考虑细颗粒物和臭氧污染区域传输规律和季节性特征，加强重点时段、重点领域、重点行业大气面源污染治理，分区分时分类差异化精细化协同管控，基本消除重污染天气。统筹"三水融合"。积极争取国家区域再生水循环利用试点市建设，加快推进马铃薯淀粉企业废水汁水还田深度处理与循环利用，严格饮用水源地保护，强化清水河、葫芦河等主要河流源头管控、污染治理和生态保护，有序开展入河排污口排查溯源整治，督促市区范围加快推进城镇污水处理设施配套收集管网建设，按照"整村推进、整县提升"的思路，积极推进农村生活污水治理，从源头上减少污染。推进"六废"联治。持续开展土壤污染防治攻坚行动，深入开展农业面源污染治理，指导彭阳县做好农业面源污染治理试点工作，持续加强固体废物监管，逐步引导企业走资源化利用新路子，巩固危险废物专项整治成果，探索微小企业危险废物收集、转运和新污染物治理试点，精细化、常态化抓好医疗废物收集处理。

（二）突出"三个重点"

突出环保领域改革这个重点。持续深入推进排污权改革，完善排污权

有偿使用、市场交易、监测监管等制度和政策体系，倒逼企业履行环保主体责任，实现降污增益。探索开展碳排放权交易改革，逐步引导重点企业积极参与碳市场交易，助力高质量发展。突出督察反馈问题整改这个重点。坚决扛牢整改政治责任，从严从实抓好总书记批示问题、黄河流域生态环境警示片披露问题、中央和自治区党委环保督察反馈问题整改，提前备战，精准高效做好中央环保督察"回头看"准备工作；持续开展整改"回头看"，确保督察反馈17项问题整改任务按期推进，112件转办件全部办结、销号。突出服务先行区建设这个重点。强化源头防控和准入管理，把牢"三线一单"生态环境分区管控单元，把好环评审批服务关口，坚决遏制"两高"项目建设。优化环评审批服务，对涉及的民生工程、就业密集型产业等重大项目，建立环评服务责任清单，主动上门服务，开辟"绿色通道"，提高审批效能，确保稳经济一揽子政策落实。

（三）提升"三个能力"

提升执法监管能力。围绕执法队伍年轻化、专业化要求，按照"置换一批、招考一批、调整一批"的方式，充实优化执法队伍；强化执法培训，严格执法程序，把普法融入执法全过程，实行包容审慎执法，杜绝以罚代管。提升监测预警能力。实施生态环境监测能力提升项目，采购更新一批生态环境监测设施设备，提高监测信息化、智能化水平。探索利用走航车等先进技术手段，开展预警监测，强化污染源成因分析，提升环境污染防控能力。提升应急处置能力。健全完善跨区域、跨部门环境污染事件应急协调联动机制，建立市、县、企业三级预警应急网络，建设环境应急物资储备库（点），开展突发环境事件应急能力演练，提升突发环境事件应急处置能力。

（四）实现"三个突破"

在污染防治攻坚战法治保障上实现新突破。总结污染防治经验，谋划制定适合固原市的饮用水源地保护条例等地方性法规，积极争取出台马铃薯淀粉加工混合汁水肥力化还田利用技术地方标准，为持续深入打好污染防治攻坚战提供坚实法治保障。在生物多样性保护上实现新突破。在完成六盘山自然保护区生物多样性调查基础上，以3个国家级、2个自治区级自然保护区和 7 条主要河流为主，开展生物多样性资源普查，摸清现状底数，完善生物多样性监测网络，提高生物多样性保护水平。在生态示范市成效巩固上实现新突破。以生态文旅特色市创建为契机，依托丝路公园，按照"发展历程、污染防治、生态修复、警示教育、'两山'转化"等五大篇章，打造六盘山国家生态文明教育实践基地，展示固原生态文明建设史，见证"两山"转化成效，促进人与自然和谐共生价值观形成。启动彭阳、西吉"两山"实践基地创建工作，力争"十四五""两山"实践基地全覆盖。

2022年中卫市生态环境报告

孙万学

2022年，中卫市认真学习习近平生态文明思想，坚决贯彻落实习近平总书记视察宁夏重要讲话和重要指示批示精神，坚持以高水平保护推动高质量发展，在高质量发展中实现高水平保护，深入推进自治区党委《关于建设黄河流域生态保护和高质量发展先行区的实施意见》及中卫市委《关于建设黄河流域生态保护和高质量发展先行市的意见》各项工作任务，持续打好蓝天、碧水、净土保卫战，推动全市生态环境质量持续改善。

一、2022年中卫市环境质量状况

（一）环境空气质量

2022年1—10月，中卫市优良天数254天，达标率83.6%，优良天数同比增加14天。PM_{10}平均浓度为63微克/立方米，同比下降1.6%；$PM_{2.5}$平均浓度为29微克/立方米，同比上升11.5%。

（二）水环境质量

2022年1—10月，黄河下河沿、金沙湾、清水河泉眼山断面及香山湖水质均达到自治区考核目标；中卫市第一排水沟、中卫市第四排水沟、中宁县北河子沟、第九排水沟、红柳沟（南河子沟）入黄口断面、王团（海

作者简介 孙万学，中卫市生态环境局科长。

原至同心交界）断面、南河子沟水文站等均达到或优于自治区考核目标；沙坡头区城市饮用水水源地、中宁县康滩水源地、海原县南坪水库和老城区水库水质均达到自治区考核目标。全市水环境质量五市排名第二。

（三）土壤环境质量

全市土壤环境质量整体安全稳定，土壤环境质量状况良好，农用地土壤环境均为未污染的优先保护类用地，重点建设用地土壤环境质量得到保障。

二、中卫市改善生态环境的主要做法及成效

（一）坚决扛牢生态环保政治责任

坚持把学习贯彻习近平生态文明思想作为增强"四个意识"、坚定"四个自信"、做到"两个维护"的政治自觉，切实把党中央和自治区党委、政府，中卫市委、政府关于生态环境保护重大决策部署落实到位，坚决守好改善生态环境生命线。中卫市委常委会和市政府常务会定期听取生态环境保护工作汇报，主要领导现场实地查看历年各级生态环境保护督察反馈重点问题整改情况，分管市领导通过现场督查、专题研究环保工作、召开推进会及时协调解决生态环境保护工作中存在的突出问题，有力推动了生态环境保护工作。

（二）多措并举打赢蓝天保卫战

保持先扫"自家尘"再战"外来沙"攻坚思路，认真落实中卫市2022年污染防治攻坚战暨夏季臭氧攻坚工作会议，扎实推进各行业监管单位主体责任的落实，确保大气污染防治各项工作措施落到实处。一是紧抓城市扬尘管控。要求建筑工地严格落实"六个百分百"扬尘防控措施，对扬尘防控措施达不到要求的工地依法予以处罚并计入企业不良信用记录，及时发布督办函、提醒函，并对扬尘管控不力施工方进行约谈，进一步提高扬尘管控时效。二是加强烟尘治理管控。对45家重点涉气工业企业错峰生产落实情况进行检查，督促推进宁钢、胜金水泥、天元建材等企业超低排放改造，摸底排查餐饮经营单位的油烟治理400余家，下达责令限期改正通知书20家。三是开展煤尘治理工作。加强煤炭市场监管，提高煤炭质量水

平，严厉打击劣质煤销售行为。截止目前，检查燃煤经营户 40 余家，抽检煤质 83 批次。四是落实汽尘治理措施。摸底排查了全市 142 家加油站的油气回收设施运行情况，联合市商务局组织召开全市加油站、储油库油气回收在线监控系统建设推进会 2 次，对加油站、移动源排放等进行专项检查，督促 2022 年安装在线监控系统的 12 家加油站按期完成建设任务。开展机动车维修行业专项治理行动，检查机动车维修单位 80 余家次，下达整改通知书 2 份。对全市 11 家机动车排放检验机构进行了现场检查，淘汰老旧车辆 1639 辆。五是全力应对污染天气。加强重点管控和适时调度，发布环境空气质量预警预报信息等 250 余期，印发督办通知、提醒函等 8 份，污染天气应对调度指令 102 次。

（三）系统治理推进打赢碧水保卫战

全面落实"四水四定"原则，统筹推进"五水共治"，坚持源头治理，巩固提升水环境质量。一是加强水源地保护。加快推进中卫市河北城乡供水工程饮用水水源地保护区划分工作，并获得自治区人民政府关于该水源保护区划分方案的批复。组织开展"千吨万人"水源地规范化建设和环境违法行为专项整治，切实保障饮水安全。二是强化入河排污口监管。组织开展入河排污口排查，更新完善辖区内入河排污口审批、备案清单，制作中卫市现有入河排污口分布图。配合完成生态环境部入河排污口三级核查工作。依法依规审批莫楼人工湿地、中宁县第三污水处理厂入河排污口。结合生态环境部反馈中卫市入河排污口清单，组织开展中卫市入河排污口排查及溯源工作。三是加强疫情防控期间废水监管力度。印发《关于进一步做好新冠肺炎疫情期间医疗废物（废水）及城镇污水处理厂排查工作的通知》，对全市医疗卫生机构废水处理情况进行进一步排查，定期调度城镇污水处理厂、定点医院、留观点废水消杀情况，守好疫情防控最后一道防线。四是积极推进区域再生水循环利用试点申报工作。严格按照试点申报相关要求，编制《中卫市区域再生水循环利用试点实施方案》，并按照专家意见修改完善后，呈送生态环境部审查。五是推进重点项目建设。加快推进实施中卫市第一排水沟余丁段人工湿地工程，中宁县第一、二污水处理厂再生水利用系统工程等重点项目建设。

（四）突出重点打好净土保卫战

聚焦重点任务，突出源头管控，确保全市土壤环境总体安全。一是切实加强医疗废物监管。市、县（区）疫情指挥部成立了医疗废物应急处置工作专班，认真落实自治区生态环境厅对医疗废物处置工作专人管理，医疗废物专车转运、专区收集、专送处置工作要求。强化对医疗废物处置中心、医疗机构、集中隔离点、高速公路卡口等重点防控单位（区域）的医疗废物收集转运和医疗废水处理等检查指导力度，坚决守好疫情防控最后一道防线。2022年以来，共收集处置医疗废物3763吨。二是强化固体废物、危险废物监管。进一步加强固体废物、危险废物监管力度，加强对《固体废物污染环境防治法》等法律法规知识的宣传培训，督促企业全面落实污染防治措施，完成30家重点监管企业土壤污染隐患排查，持续推进危险废物规范化管理工作，加强危险废物从产生、收集、贮存、利用、处置等环节的监管，消除环境安全隐患。三是强化建设用地准入管理。组织土地使用权人严格按照相关技术规范要求，完成全市30个"一住两公"（住宅用地，公共管理用地，公共服务用地）建设用地土壤环境质量状况的调查，重点建设用地土壤环境质量得到有效保障。四是深入推进农业面源污染防治。印发《中卫市2022年畜禽养殖污染治理工作方案》，通过项目引导、政策推动、技术支撑，全市畜禽养殖转型升级步伐加快，规模养殖比例逐年增加，粪污资源化利用水平不断提高，逐步由无序散养向农牧结合、生态循环的现代畜牧业方向转变。畜禽规模养殖场治污设施配套率达到97%，通过腐熟还田利用、推进种养结合、生态循环等现代农业发展模式，逐步提高了畜粪资源化利用率，粪污资源化利用率超过93%。实施化肥农药减量增效行动，主要粮食作物化肥利用率达到41%、农药利用率达到41.5%。五是持续推进农村生活污水治理。强化农村生活污水处理项目顶层设计，统筹推进农村生活污水治理项目建设。2022年，全市共完成农村生活污水治理项目17个，全市农村污水治理率达到32.5%。突出重点抓好建管并重，督促县（区）建立完善农村生活污水治理长效运维机制，目前，三县（区）农村污水运维全部交由社会第三方运行，推动农村生活污水治理县域统一规划、统一建设、统一运行、统一管理，提高污水收集和处理率，确保农村生活污水处理设施正常运行。

（五）推进农村人居环境整治，改善乡村面貌

持续开展农村人居环境整治行动，将改善农村人居环境、弘扬生态文明理念纳入公益性宣传范围，深入开展"建设美丽宜居乡村""乡村环境改善我们在行动""感党恩、听党话、跟党走"等系列主题宣传活动，推进人居环境整治落到实处。全市所有行政村常态化开展村庄清洁行动，农村从普遍脏乱差转变为基本干净整洁有序，累计建设美丽小城镇 28 个、美丽宜居村庄 132 个。稳步推进农村厕所革命。2022 年新改建卫生厕所 4000 户，全市累计完成户厕改造 13.4 万户，普及率达到 61%；推动"以克论净"城市深度保洁机制向农村延伸，农村生活垃圾得到治理的村庄达到100%，乡村绿化率 20% 以上。

（六）保持高压态势，加大环境执法力度

制定中卫市环境污染分布图，全面加强监管和执法。截至 2022 年 10 月，全市共检查污染源 1051 家次，出动监察执法人员 2100 余人次，下达行政处罚决定书 44 份，罚款 676.87 万元，下达责令改正违法行为决定书 80 份。适用环保法 4 个配套办法查处环境违法行为案件 3 起，其中停产 1 起、移送公安 2 起。受理环境信访投诉举报 89 件，均已调查处理完毕，办结率 100%。不断完善大气智能网格化监管项目运行，通过实时监测中卫市 3 个国控站、1 个标准站及 113 个微观站数据，人机结合巡查检查，发现污染事件 648 起，编写周报 37 份、月报 8 份、季报 2 份、半年报 1 份。

（七）开展噪声污染防治

一是推进工作体制机制完善。制定印发了《中卫市沙坡头区城区声环境功能区调整划分方案》《中卫市"十四五"噪声污染防治工作方案》，对城区环境噪声功能区进行区划调整，为城区经营场所、广场舞等娱乐社会生活噪声污染防治提供了标准和依据，综合推进社会生活、建筑施工、交通运输噪声等群众关心的噪声污染治理。二是开展重点领域污染防治。围绕建筑噪声、社会生活噪声、交通噪声三大噪声污染，加强巡查检查，严格源头管控。组织对 100 余个工地进行巡查，下发整改通知书 19 份，禁止夜间施工。对经营场所检查 210 余家次，联合检查 10 次。针对广场舞噪音

扰民问题，向组织者下发责令（限期）整改通知书15份，安排人员不定时进行巡查监管。处理处置建筑施工、广场舞、经营场所等各类噪声投诉918起，开展噪声监测20余次。对重点时段、重点路段的机动车噪声进行控制和整治，对乱鸣喇叭行为从严处罚，查处禁鸣区鸣笛违法207起，非法改装56起。

三、中卫市生态环境质量存在的问题

一是在农村生活污水治理、农业面源污染等环境治理基础设施建设方面还存在短板弱项，需要进一步加大投资力度进行完善。

二是环境空气质量受气象条件影响明显。中卫市地处腾格里沙漠边沿，每年受到沙尘等天气的影响，对环境空气质量优良天数比例、可吸入颗粒物和细颗粒物平均浓度影响非常大，各项空气质量指标变化波动明显。

四、进一步改善生态环境质量的对策建议

我们将持续深入学习党的二十大精神，学习习近平总书记关于黄河流域生态保护和高质量发展系列重要讲话，坚决贯彻落实自治区第十三次党代会精神，立足新发展阶段，贯彻新发展理念，融入新发展格局，切实增强生态文明建设和生态环境保护的政治自觉，认真落实国家、自治区和中卫市委、市政府工作安排部署，进一步坚定污染防治攻坚必胜的信心，以昂扬的精神状态，确保圆满完成各项目标任务。

（一）提高政治站位

进一步提高政治站位、强化政治担当，不断提高政治判断力、政治领悟力、政治执行力，坚决把市委、市政府关于生态文明建设的各项决策部署落实落细落到位，切实履行行业污染治理的政治责任、主体责任、属地责任，坚决守好生态保护红线、环境质量底线。

（二）落实监管责任

各县（区）、相关部门要贯彻落实"党政同责、一岗双责"和"管发展必须管环保、管行业必须管环保、管生产必须管环保"的要求，切实担负起污染防治和监管主体责任，严格按照市委、市政府办公室《关于印发

〈党委和政府及有关部门生态环境保护责任〉的通知》有关要求，各县（区）、部门对照工作责任，从日常工作抓起，加强重点任务推进、积极主动出击、严格依法执法，切实做到责任到位、措施到位。

（三）加强联防联治

各县（区）、市直相关部门要认真落实《中卫市生态环境保护工作会商督办制度》，积极响应污染防治要求，高度重视督办通知（函）反映的问题并认真抓好整改工作；各部门抓好各自行业、领域范围内的环境污染防治工作，主动作为，积极开展联合督查检查行动，部门之间紧密配合，合力攻坚，形成齐抓共管的常态化工作格局。

（四）加强督查检查

各县（区）要进一步统筹安排，加大日常督查检查力度，对存在问题及时下发督办函（通知），督促相关部门履行监管职责，对工作任务落实情况和存在问题及时进行通报，协调各方，一体推进生态环境各项治理和监管工作。市直各相关行业部门要加强行业监管，实行集中与分散结合、执法与巡查结合等措施，对行业污染治理工作的监督指导要及时跟进，促进行业污染治理水平和能力进一步提升。

（五）加大执法力度

生态环境保护涉及各行各业，生态环境、农业农村、自然资源、住建、公安、交通、市场监管、城市管理等各部门要充分利用执法力量，加强工业污染、裸露空地及非煤矿山污染、施工扬尘、劣质散煤及油品销售、餐饮油烟污染、烟花爆竹燃放、噪声污染等执法检查，加大行业执法处罚力度，始终保持高压态势，鼓励群众举报环境违法问题，及时发现和查处环境违法行为。

附 录

FULU

宁夏生态文明建设大事记

（2021 年 12 月—2022 年 11 月）

师东晖

2021 年 12 月

1 日 宁夏印发《自治区"十四五"期间流域突发水污染事件环境应急"南阳实践"工作方案》，增强全区突发水污染事件应急能力。

2 日 宁夏公布第三次国土资源调查主要数据。

3 日 宁夏全面开展排污权有偿使用和交易。

是日 中央第四生态环境保护督查组督查宁夏回族自治区动员会在银川召开。

5 日 宁夏固海扩灌扬水更新改造、清水河流域城乡供水、银川都市圈城乡东线供水 3 项重大水利工程建设获国家发展改革委中央预算内补助资金 15.7 亿元。

6 日 宁夏首宗地下水用水权交易在石嘴山市公共资源交易中心成交。

7 日 宁夏"互联网+城乡供水"管理服务平台全面启动建设。

8 日 宁夏、内蒙古、陕西三省区签订行政边界地区生态环境执法联动协议，加强黄河流域生态环境保护，保障生态环境安全。

9 日 宁夏对全区生态环境投诉件办理情况、办结答复质量等进行定

作者简介 师东晖，宁夏社会科学院农村经济研究所（生态文明研究所）助理研究员。

期回访，确保生态环境投诉高质高效办理。

是日 中卫市排污权一级市场完成首单交易。

是日 宁夏22个县区全部完成末级渠系水价的监审和批复，12个县区已执行新水价。

12日 宁夏印发《宁夏水安全保障"十四五"规划》。

是日 吴忠市排污权市场首单交易成功。

13日 彭阳县首笔山林权抵押贷款签约发放，敲开生态资源"融资大门"。

14日 青铜峡市第二批第四宗用水权交易在自治区公共资源交易平台顺利成交。

15日 自治区生态环境厅办结自治区十二届人大四次会议代表建议和自治区政协十一届四次会议提案51件。

17日 自治区政府到银川市、吴忠市调研督导中央生态环境保护督察边督边改工作情况。

是日 第三届陕甘宁三省（区）八市"保护母亲河·服务黄河流域高质量发展"公益诉讼电视电话联席会议在吴忠市召开。

20日 《宁夏排污权出让收入和使用管理实施办法（试行）》印发。

21日 宁夏回族自治区人民政府办公厅印发《关于加快推进高效节水农业发展的实施意见》，打造国家现代高效节水农业示范区。

22日 宁夏"四权"市场交易实现"零质疑""零投诉"，总成交额5491.442万元，共有80家市场主体参与交易。

是日 宁夏黄河流域生态环境警示片突出问题整改工作推进会在银川召开。

是日 宁夏公布2021年1—11月城市环境质量状况，空气质量总体改善，水环境质量总体保持稳定。

23日 宁夏清洁能源产业产值近600亿元。

24日 宁夏加快建立生态产品价值实现机制，银川市贺兰县"稻渔空间"一二三产业融合项目成功入选自然资源部第三批11个生态产品价值实现典型案例，并在全国范围推广。

是日　宁夏集体经营建设用地使用权首单交易成功，标志着宁夏"四权"市场全面实现线上交易。

25 日　黄河宁夏段出现流凌，进入 2021 年至 2022 年凌汛期。

27 日　银川市完成水权交易 533.4 万立方米，建成 1 个工业和 9 个农业用水权改革示范点，盘活处置低效闲置土地 1770 亩。

是日　自治区自然资源厅与农业农村厅联合印发《关于化解农村宅基地确权登记历史遗留问题若干措施》。

是日　宁夏盐池县、隆德县、原州区获得全国水土保持示范县（区）荣誉。

28 日　石嘴山市首批 4 宗农村集体经营用地在宁夏公共资源交易平台自然资源要素交易市场交易系统挂牌成交。

29 日　宁夏盐环定扬黄灌区和红寺堡扬水灌区被推选为全国第二批灌区水效领跑者称号。

是日　自治区生态环境厅出台生态环境交叉执法、违法案件专案查办、典型执法案例指导、行政执法人员人身安全保障等 4 项制度，全面提升生态环境执法效能。

是日　宁夏灵武市举行山林资源政府回购信贷合作签约仪式。

30 日　《宁夏回族自治区用水权价值基准（试行）》发布，确定黄河水、地下水和山区地表水三类水 9 项价值基准。

31 日　《宁夏排污权电子化交易规程（试行）》印发。

是日　宁夏首单山林权改革"林票"认购仪式在石嘴山市惠农区举行。

2022 年 1 月

2 日　宁夏山林权首单交易在石嘴山市惠农区成交。

3 日　《宁夏空气质量改善"十四五"规划》正式发布。

4 日　自治区生态环境厅印发《宁夏生态环境监测"十四五"规划》。

是日　自治区发展改革委核准批复牛首山抽水蓄能电站工程项目。

是日　《宁夏应对气候变化"十四五"规划》正式发布。

是日　宁夏固原地区（宁夏中南部）城乡饮水安全水源工程获得 2019

年至 2020 年度中国水利工程优质(大禹)奖。

7 日 宁夏重点整治 2021 年新增农村乱占耕地建房等五类违法违规占用耕地问题。

9 日 宁夏发布重污染天气黄色预警,启动 III 级应急响应,积极采取多项措施应对重污染天气。

10 日 《宁夏回族自治区"十四五"主要污染物减排综合工作方案》正式发布。

14 日 自治区党委、政府印发《关于完整准确全面贯彻新发展理念做好碳达峰碳中和工作的实施意见》。

是日 宁夏在土地权改革方面取得七项突破,形成保护有责有利、利用有主有辅、建设有占有补、交易有价有市、监管有效有为的耕地管理格局。

是日 中卫市沙坡头区全面完成前一轮退耕还林工程 16.144 万亩和新一轮退耕还林工程 2.047 万亩核查工作。

15 日 宁夏全面推进农业绿色发展。

16 日 自治区党委全面深化改革委员会召开第十六次会议,汇报"四权"改革推进落实情况。

17 日 《自治区人民政府关于加快建立健全绿色低碳循环发展经济体系的实施意见》印发。

18 日 宁夏公布 2021 年城市环境质量状况排名,固原市空气质量最优,宁东基地水环境最好。

19 日 宁夏强化生态建设,保护生态、修复生态、治理生态,推进山水林田湖草沙一体治理。

20 日 固原市计划 2022 年新建 33.36 万亩高效节水灌溉农田。

是日 宁夏完成 2021 年环境质量"国考"任务。

21 日 宁夏加强跨县域补充耕地指标交易管理。

是日 黄河干流宁夏段水质连续五年 II 类优水质。

23 日 宁夏回族自治区第十二届人民代表大会第五次会议表决通过《宁夏回族自治区建设黄河流域生态保护和高质量发展先行区促进条例》。

26 日　黄河宁夏段平稳开河。

是日　宁夏生态环境保护工作大会在银川召开，明确 2022 年持续攻坚生态环境治理目标任务。

29 日　吴忠市青铜峡市、固原市原州区入选 2021 年全国村庄清洁行动先进县。

2022 年 2 月

7 日　宁夏从审批、备案、批后监管等方面提出具体要求，强化临时用地全过程管理，确保临时用地"批得准、用得好、管到位"。

是日　自治区生态环境厅环境空气质量监测数据显示，2022 年 1 月 31 日至 2 月 6 日，全区平均优良天数 7 天，与 2021 年春节期间相比，全区平均优良天数增加 0.4 天，6 项主要污染物平均浓度同比均下降，全区烟花爆竹禁限放效果显现。

8 日　自治区党委常委会召开会议，提出坚决扛起"双碳"政治责任，积极有序落实减排任务。

是日　石嘴山市水务局为宁夏天地奔牛实业集团有限公司开具了首张 230 万元用水权使用费缴费通知单，标志着石嘴山市工业企业水资源有偿使用迈出实质性步伐。

9 日　宁夏下达 2022 年水量分配及调度计划，分配各市、县（区）年度取水总量指标计划为 76.02 亿立方米。其中，黄河水总量为 66.93 亿立方米，当地地表水 1.63 亿立方米，地下水 6.38 亿立方米，非常规水 1.08 亿立方米。

13 日　《国家林业和草原局关于 2021 年国家湿地公园试点验收结果的通知》显示，宁夏中卫香山湖湿地公园顺利通过评估验收，正式成为国家湿地公园。

是日　宁夏深化排污权有偿使用和交易改革，优化完善交易平台和综合管理系统，扩大企业确权范围，将符合条件的简化管理、登记管理企业全部纳入确权范围，实现有效活跃二级市场交易，推动排污权交易工作规范化、制度化、常态化。

是日 宁夏启动联防联控机制，积极应对重污染天气。

20 日 宁夏新乔能源开发有限公司积家井矿区新乔矿井及选煤厂项目环境影响报告书获得生态环境部批复。

22 日 自治区党委常委会会议暨推动黄河流域生态保护和高质量发展先行区建设领导小组会议召开，会议提出始终牢记总书记殷切嘱托，扛起先行区建设时代重任，当好黄河流域生态保护和高质量发展先遣队排头兵。

27 日 《宁夏光伏产业规划（2021—2030 年）》出台，拓展绿色减碳发展新空间。

28 日 截至 2021 年底，宁夏农村集中供水率达 98.5%、农村自来水普及率达 95.8%。

是日 宁夏全面启动固废企业排污许可证变更申领工作。

是日 宁夏发布最新环境空气质量预报分析及大气污染防治防控建议。

是日 宁夏完成黄河宁夏段排污口排查任务。

2022 年 3 月

1 日 《宁夏回族自治区建设黄河流域生态保护和高质量发展先行区促进条例》正式实施，是全国率先就黄河流域生态保护和高质量发展进行的地方立法。

7 日 自治区政府督导检查贺兰山国家级自然保护区森林草原防灭火工作。

9 日 自治区对青铜峡"四权"改革推进工作进行督查。

是日 自治区政府调研西吉县生态保护、修复治理和保障性住房建设等工作，督导中央生态环保督察反馈典型案例整改情况。

是日 宁夏按照北部绿色发展区、中部封育保护区、南部水源涵养区区域划分，加快推进水生态保护修复重点任务，有效推动宁夏河湖生态保护修复工作。

12 日 中国青少年发展基金会与蚂蚁集团共同发起主题为"春天守护幸福黄河"的互联网植树活动，号召全国网友参与"浇水"，并计划在宁夏中卫市种下一片黄河锁边林，为保护母亲河贡献绿色力量。

14日 宁夏以中央、地方、市场"三驾马车"为核心，建立多元化、可持续的综合水利投融资机制，力争2022年投资规模达到72亿元。

是日 宁夏生态修复监测监管系统全面建成并启动运行。

15日 宁夏多措并举加强森林草原防灭火工作。

是日 宁夏印发《关于在国土空间规划中明确造林绿化空间的通知》。

是日 宁夏引黄灌区春灌正式启幕。

是日 自治区生态环境厅出版发行《宁夏生态环境志》，该书填补了宁夏生态环境领域编史修志的空白，是宁夏生态环境保护史上首部专业志。

是日 宁夏建成首个地下水动态监测系统。

16日 宁夏全面推进产业用地标准地出让。

是日 宁夏中宁县排污权一级交易市场正式开市。

17日 宁夏2022年消防工作暨森林草原防灭火工作会议召开。

是日 宁夏首座抽水蓄能电站牛首山抽水蓄能电站项目正式开工建设。

18日 宁夏出台《支持高效节水农业财政政策措施的实施方案》，力争新建改造高效节水农业300万亩。

是日 中部干旱带海原西安供水水源工程开工建设。

20日 宁夏发布2022年1—2月城市环境质量排名。

22日 中央第四生态环境保护督察组向宁夏回族自治区反馈督察情况。

是日 宁夏启动"世界水日""中国水周"系列活动，活动主题是"节水宁夏　你我同行"。

是日 自治区政府督导检查森林草原防灭火生态保护修复和林长制工作。

23日 宁夏设定限排区域，推进排污口整治。

是日 银川市对三区两县一市257家企业进行2021年度环境信用评价。

是日 自治区水利厅发布2021年度《宁夏水资源公报》，公报数据显示：2021年宁夏取水耗水量实现"双减"。

24日 2022年"中华环保世纪行——宁夏行动"启动，以"保护黄河生态、建设美丽宁夏"为主题。

25 日　宁夏固海扬水灌区拉开春灌序幕。

是日　自治区召开中央生态环保督察反馈意见整改工作专题会。

27 日　固海扩灌扬水更新改造工程十二座主泵站全部改造完成。

30 日　宁夏构建"空天地一体"智慧环境监测体系，强化监测数据信息公开、共享与整合应用，全面提高宁夏环境应急监测能力水平，提升突发事故应急监测响应时效，用大数据守护绿水青山。

是日　宁夏调整黄河宁夏段禁渔期制度，禁渔时间为 2022 年 4 月 1 日至 7 月 31 日。

是日　宁夏对 6 个国家级自然保护地进行确权登记。

是日　宁夏开展生态环境执法"零点行动"，严查严打偷排偷放伪造篡改监测数据等恶意违法行为。

31 日　宁夏启动古树名木抢救复壮试点工作。

2022 年 4 月

1 日　宁夏召开全区国土绿化工作电视电话会议。

4 日　宁夏公布 2021 年企业环境信用评价结果：969 家企业获绿牌，3 家企业被亮红牌。

是日　宁夏林草系统召开清明期间森林草原防火工作视频调度会。

7 日　银川市政府储备排污权一期交易在宁夏公共资源交易平台启动。

12 日　银川市出台排污权有偿使用和交易改革方案。

是日　针对中央环保督察反馈的矿井水综合利用率低问题，宁东能源化工基地召开整改推进会，督促提高反馈问题的整改力度和进度。

14 日　自治区防汛抗旱工作电视电话会议召开。

是日　自治区人大常委会划定 2022 年重点环保立法监督工作。

是日　宁夏发布《2022 年全区重点排污单位名录（试行）》。

是日　宁夏三大扬水系统恢复满负荷运行，春灌供水全面进入高峰期。

15 日　宁夏"三个百万亩"高效节水农业工程建设现场会在中卫市沙坡头区召开。

17 日　自治区黄河流域生态环境问题整改推进会在银川召开。

是 日　自治区向银川市、石嘴山市、吴忠市发出空气质量预警函。

18 日　宁夏第一季度优良天数达 73.8%。

19 日　宁夏对全区已纳入绿色矿山名录的矿山展开"回头看"，通过重点实地核查矿容矿貌、开发利用方案落实、环境保护和生态修复等，及时发现并推动解决绿色矿山建设中存在的问题，持续强化绿色矿山动态管理。

25 日　宁夏国土空间规划全面落实碳达峰、碳中和战略。

26 日　第二轮第六批中央生态环境保护督察全面完成督察进驻工作。

是 日　国务院批复支持《宁夏建设黄河流域生态保护和高质量发展先行区实施方案》。

27 日　自治区第三次全国土壤普查领导小组会议暨全区土壤普查动员部署电视电话会议召开。

2022 年 5 月

1 日　宁夏农垦大沙湖区域生态环境导向开发项目列入国家试点项目。

是 日　宁夏印发《关于金融支持山林权改革的指导意见》。

是 日　宁夏 5 个地级市 22 个县（市、区）实现农村环境监测全覆盖。

6 日　宁夏"互联网+城乡供水"示范省（区）建设取得新成效，骨干水源工程累计完成投资 61.89 亿元，完成率 74.7%。

7 日　宁夏召开大气污染防治和应对气候变化工作推进会。

是 日　宁夏免收 6.02 亿立方米生态补水水费。

8 日　宁夏发出臭氧污染防控建议。

12 日　宁夏中部干旱带春灌供水工作圆满结束。

是 日　宁夏公布 2022 年首批生态环境执法典型案例。

是 日　银川市针对中央环保督察反馈问题整改情况及重点排污单位、非煤矿山、建材行业企业等 13 个重点领域，开展生态环境保护交叉执法专项行动。

16 日　宁夏召开全区全民所有自然资源资产所有权委托代理机制试点

专项小组会议。

是日　宁夏启动耕地资源质量分类年度更新与监测。

是日　宁夏启动生态环境风险隐患排查整治执法行动。

23 日　宁夏印发《自治区深入开展公共机构绿色低碳引领行动促进碳达峰实施方案》。

24 日　宁夏 10 家企业获 2022 年自治区绿色工厂称号。

26 日　宁夏公布 2022 年第二批生态环境执法典型案例。

31 日　宁夏印发《关于推动城乡建设绿色发展的实施意见》。

2022 年 6 月

1 日　银川市正式启动首届"黄河流域生态保护主题宣传实践月活动"。

2 日　宁夏发布 2021 年生态环境状况公报。

是日　宁夏 22 个"三山"生态修复项目获 3.8 亿余元资金支持。

是日　宁夏回族自治区第十二届人民代表大会常务委员会第三十五次会议通过关于修改《宁夏回族自治区节约用水条例》等两件地方性法规的决定。

3 日　宁夏印发《关于深入打好污染防治攻坚战的实施意见》。

5 日　宁夏分类防控重点噪声污染源。

9 日　中央一批生态环境领域项目落地宁夏。

10 日　中国共产党宁夏回族自治区第十三次代表大会在银川开幕，会议主题是：坚持以习近平新时代中国特色社会主义思想为指导　奋力谱写全面建设社会主义现代化美丽新宁夏壮丽篇章。

16 日　宁夏印发《关于全面推行森林警长制的实施意见》。

是日　宁夏印发《宁夏回族自治区在建与生产矿山生态修复管理办法（试行)》。

18 日　宁夏生态环境绿色智能模块化机房建成投运。

20 日　自治区生态环境厅出台《重点能源生产和消费单位环保问题整改暨烟气深度治理实施方案》。

是日　宁夏开展跨省域国家统筹补充耕地项目实地核查。

是日　宁夏推进塑料污染源头治理。

22 日　2022 年宁夏臭氧污染防治攻坚行动调度会议在银川召开，靶向施策"围剿"夏季臭氧污染。

是日　宁夏 2022 年森林草原湿地调查监测启动。

24 日　宁夏围绕"节约集约用地　严守耕地红线"主题开展了"全国土地日"宣传活动。

27 日　宁夏通报生态环境领域风险隐患排查情况。

28 日　宁夏召开黄河流域生态保护和高质量发展先行区建设民主监督工作启动会。

29 日　《宁夏回族自治区贯彻落实中央生态环境保护督察整改任务验收销号办法》出台，全力推进中央生态环境保护督察问题整改落实。

2022 年 7 月

1 日　《宁夏交通运输绿色发展路径与战略研究》重大咨询研究项目在银川正式启动。

是日　宁夏首次林木种质资源普查进入成果验收阶段。

6 日　黄河宁夏段河道治理工程通过环评技术评估。

是日　2022 绿色发展国际科技创新大会在银川举行，会议以"绿色低碳　合作共享"为主题，其中绿色发展——大数据赋能黄河流域生态保护和高质量发展专题研讨会在线上举行。

10 日　宁夏气象部门多级联动强化灾害性天气预警预报。

11 日　宁夏强化防范汛期固体废物领域环境风险。

14 日　宁夏印发《宁夏回族自治区节约用水奖补办法》。

是日　宁夏印发《宁夏回族自治区非常规水源开发利用管理办法（试行）》。

是日　宁夏启动防汛 IV 级应急响应。

18 日　宁夏发布 2022 年上半年城市环境质量状况排名。

19 日　宁夏出台《宁夏回族自治区河湖管理范围内建设项目管理办法

（试行）》。

26 日 黄河流域生态环境突出问题整改任务基本完成，取得阶段性成效。

是日 宁夏农村生活污水和黑臭水体治理攻坚提速。

2022 年 8 月

1 日 宁夏臭氧污染防治攻坚行动视频调度会在银川召开。

2 日 宁夏对 2017 年至 2021 年国有土地供应和土地储备基本情况、2022 年土地储备项目计划以及土地储备专项债券有关情况开展专题调研，进一步摸清全区储备土地资产家底。

8 日 宁夏绿色金融服务用水权改革迈出第一步。

9 日 宁夏召开"以先行区建设为牵引　推动高质量发展实现新突破"系列新闻发布会·打造绿色生态宝地专题发布会。

是日 宁夏开展 2022 年 8 月汛期地质灾害再排查。

10 日 宁夏排污权交易改革取得新突破。

11 日 宁夏启动新一轮防沙治沙工作。

是日 宁夏兑现 2022 年纵向生态补偿资金 2.18 亿元。

14 日 宁夏完成用水权交易 95 笔 3.21 亿元。

是日 宁夏成功研发河湖健康评价与决策支持系统。

16 日 宁夏发布 2022 年 1—7 月全区城市环境质量状况排名。全区地级市及宁东基地环境空气质量平均优良天数比例为 78.2%；黄河干流宁夏段水质优良，达到 II 类进 II 类出。

17 日 自治区对《宁夏回族自治区水资源管理条例》实施情况开展执法检查。

是日 宁夏黄沙古渡湿地公园生态修复成效明显。

22 日 宁夏用水权确权工作完成。

24 日 宁夏用 48 个人工湿地变身水质"净化器"，创新黄河流域上游地区水污染治理新模式。

是日 宁夏地级市建成区实现黑臭水体全面消除。

26 日 宁夏五级林长组织体系全面建立，林长制各项制度落地运行。

29 日　宁夏全面加强草原生态脆弱区综合治理，持续推进草原生态保护和修复。

30 日　宁夏修订发布突发环境事件应急预案。

是日　宁夏生态环境展示馆与生态环境监测中心入选教育部、科学技术部、工业和信息化部等 8 部门联合公布的全国首批美丽中国专题实践教学基地名单。

31 日　宁夏农村环境监测"大数据"助推乡村振兴。

2022 年 9 月

1 日　宁夏健全完善重污染天气应急响应机制。

2 日　宁夏召开"六权"改革推进会。

是日　宁夏召开深入学习贯彻习近平生态文明思想会议，会议指出从"两个维护"的政治高度坚决整改生态环保问题。

3 日　宁夏印发《"十四五"节能减排综合工作实施方案》。

6 日　宁夏开展危险废物突发环境事件应急演练。

7 日　宁夏制定并公开《宁夏回族自治区贯彻落实第二轮中央生态环境保护督察报告整改方案》。

13 日　宁夏 2022 年度秋冬农田水利基本建设现场启动会在固原市西吉县召开。

15 日　宁夏加快 193 个大气重点治理项目建设。

18 日　宁夏举行重大水利工程秋季线上集中开工仪式。

是日　宁夏首个大气污染三级防控监测网络正式运行。

19 日　宁夏首笔山林地资源股金分红发放。

21 日　宁夏优化环境空气质量监测网。

是日　《宁夏回族自治区自然资源领域生态产品价值实现机制建设方案（试行）》出台。

23 日　《宁夏回族自治区用水权收储交易管理办法》正式发布。

30 日　宁夏出台《宁夏回族自治区河湖管护群众监督有奖举报实施办法（试行）》。

2022 年 10 月

1 日　宁夏实施生态环境领域包容免罚清单。

7 日　《宁夏回族自治区 2021 年水土保持公报》正式发布。

13 日　宁夏 2022 年秋冬农田水利基本建设已完成年度总任务的 50%。

14 日　宁夏建立"十四五"生态环境领域工程项目清单。

20 日　宁夏引黄灌区冬灌开闸。

21 日　宁夏制定并印发《2022—2023 年全区冬春季大气污染防治攻坚行动方案》。

25 日　宁夏开展入河排污口排查整治专项行动,推进工业污染防治和城镇污水处理提质增效等工作,进一步强化水污染综合治理。

27 日　宁夏通报 2022 年全区臭氧污染防治攻坚行动落实情况。

28 日　宁夏盘活批而未供土地和闲置土地 4.41 万亩。

是日　宁夏落实中央生态环保督察反馈问题整改。

是日　《宁夏回族自治区新污染物治理工作方案(送审稿)》通过专家评审会。

29 日　宁夏计划 2022 年 11 月 1 日至 2023 年 3 月 31 日开展冬春季大气污染防治攻坚行动。

31 日　宁夏强化"四尘"同治,防治大气污染。

是日　宁夏通报 2022 年 1—9 月环境空气质量状况。

2022 年 11 月

1 日　宁夏引黄灌区冬灌全面开启。

4 日　宁夏回族自治区第十二届人民代表大会常务委员会第三十七次会议决定,批准《银川市水资源管理条例》。

是日　宁夏回族自治区第十二届人民代表大会常务委员会第三十七次会议对《宁夏回族自治区污染物排放管理条例》作出修改。

是日　宁夏回族自治区第十二届人民代表大会常务委员会第三十七次会议第三次修订《宁夏回族自治区土地管理条例》。

　　6 日　宁夏全面加强入河（湖、沟）排污口监管，截至 2022 年 11 月 6 日，宁夏已完成 65 个城镇、工业园区污水处理厂排污口设置审批和 97 个农村污水处理站排污口备案。

　　8 日　宁夏地级市建成区黑臭水体治理取得实效。

　　是日　宁夏数字治水科技创新模式取得新成效。

　　9 日　宁夏召开会议调度 2022 年生态环境污染防治等工作。

　　是日　固海扬水系统和固海扩灌扬水系统首次汇流。

　　是日　《宁夏城市应急备用水源"十四五"规划》印发实施。

　　10 日　宁夏发布最新环境空气质量变化趋势预测。

　　是日　《2022 年全国生态环境质量报告质量检查工作总结》（总站综字〔2022〕456 号）在全国评比中取得佳绩。

　　是日　宁夏印发《宁夏回族自治区建设项目环境影响评价文件分级审批规定（2022 年本）》。

　　11 日　宁夏印发《黄河（宁夏段）生态保护治理攻坚战行动实施方案》《河湖生态保护治理行动实施方案》《减污降碳协同增效行动实施方案》《补齐城镇环境治理设施短板行动实施方案》《农业农村环境治理行动实施方案》《生态保护修复行动实施方案》等 5 个专项行动实施方案。

　　15 日　宁夏 5 县区"互联网+城乡供水"项目建设基本完成。

　　是日　宁夏首届危险废物鉴别专家委员会成立。

　　是日　宁夏出台《关于进一步推进农村生活污水治理工作的实施意见》。

　　16 日　宁夏有序开展第三次全国土壤普查工作。

　　17 日　宁夏五部门联合打击危险废物破坏环境违法犯罪。

　　是日　宁夏发布 2022 年 1—10 月全区城市环境质量状况排名，其中固原市空气质量及地表水环境质量状况均排名第一。

　　21 日　宁夏贺兰山东麓葡萄酒产业园区、固原市隆德县成功入选"绿水青山就是金山银山"实践创新基地。

　　22 日　宁夏发布环境空气质量分析及大气污染防治防控建议。

　　23 日　固原市原州区建成全区首套森林防火卫星遥感监测系统。

　　24 日　宁夏公布 4 起环境违法行为举报奖励案例。

是日　宁夏印发《关于推动城镇低效用地再开发的若干措施》。

25 日　银川市印发《"十四五"时期"无废城市"建设实施方案》，标志着银川市"无废城市"建设全面启动。

是日　宁夏引黄灌区 2022 年冬灌圆满收官。

27 日　宁夏生态环境监测中心完成汝箕沟煤田火区环境空气质量和生态地面样地监测点位现场踏勘。

29 日　以"保护黄河绿色发展"为主题的黄河流域生态保护和高质量发展省际合作联席会议在银川召开。

是日　中宁县建立全区首个"六权"改革交易专区。

30 日　宁夏发布《黄河（宁夏段）生态保护治理攻坚战行动实施方案》。

（根据《宁夏日报》及相关文件资料整理）